この1冊で腑に落ちる

統計学のための数学教室

HIROYUKI NAGANO
永野裕之 著

KENSUKE OKADA
岡田謙介 監修

ダイヤモンド社

JN270141

はじめに

「統計リテラシー」の世代間格差

　2015年1月、いわゆる「脱ゆとり世代」の高校生がはじめてセンター試験を受験しました。下の問題はその受験生たちに対して数学Ⅰの必答問題として出題されたものです（いま解く必要はありません。流し読みしてください。答えは最後に記します）。

　ある高校2年生40人のクラスで一人2回ずつハンドボール投げの飛距離のデータを取ることにした。次の図2は、1回目のデータを横軸に、2回目のデータを縦軸にとった散布図である。なお、一人の生徒が欠席したため、39人のデータとなっている。

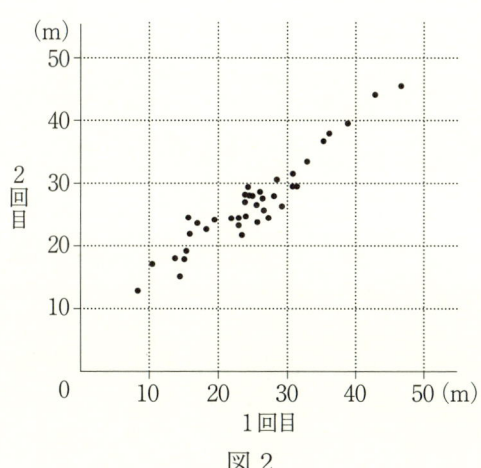

図2

	平均値	中央値	分　散	標準偏差
1回目のデータ	24.70	24.30	67.40	8.21
2回目のデータ	26.90	26.40	48.72	6.98

| 1回目のデータと2回目のデータの共分散 | 54.30 |

（共分散とは1回目のデータの偏差と2回目のデータの偏差の積の平均である）

(1) 次の ク に当てはまるものを、下の⓪～⑨のうちから一つ選べ。

1回目のデータと2回目のデータの相関係数に最も近い値は、 ク である。

⓪ 0.67　　① 0.71　　② 0.75　　③ 0.79　　④ 0.83
⑤ 0.87　　⑥ 0.91　　⑦ 0.95　　⑧ 0.99　　⑨ 1.03

(2) 次の ケ に当てはまるものを、下の⓪～⑧のうちから一つ選べ。

欠席していた一人の生徒について、別の日に同じようにハンドボール投げの記録を2回取ったところ、1回目の記録が24.7m、2回目の記録は26.9mであった。この生徒の記録を含めて計算し直したときの新しい共分散をA、もとの共分散をB、新しい相関係数をC、もとの相関係数をDとする。AとBの大小関係およびCとDの大小関係について、 ケ が成り立つ。

⓪ $A>B$, $C>D$　　① $A>B$, $C=D$　　② $A>B$, $C<D$
③ $A=B$, $C>D$　　④ $A=B$, $C=D$　　⑤ $A=B$, $C<D$
⑥ $A<B$, $C>D$　　⑦ $A<B$, $C=D$　　⑧ $A<B$, $C<D$

「脱ゆとり世代」の高校生は理系・文系の区別なく「データの分析」という数学Ⅰに新設された必須単元の中で、ヒストグラム、箱ひげ図、分散、標準偏差、相関係数といった統計の基礎を身につけています。

一方1974年生まれの私も含め、この本の読者のほとんどにとって統計は（大部分の人が選ばない）選択単元だったはずです。統計を学校で学んだことのある人はごく一部でしょう。この問題をサラサラと解ける人はそう多くないと思います。

脅かすわけではありませんが、2015年3月以降に高校を卒業する世代にとって、この問題は決して難しいものではありません。まもなく社会人としてデビューする若い人たちと現在社会人の私たちの間には「統計リテラシー（統計が使える能力）」の点で大きな世代間格差があるのです。

統計が大きく注目されるきっかけになった西内啓氏のベストセラー『統計学が最強の学問である』（ダイヤモンド社）の中にこんな一節があります。

「統計学は今、ITという強力なパートナーを手に入れ、すべての学問分野を横断し、世界のいたるところで、そして人生のいたる瞬間で、知りたいと望む問いに対して最善の答えを与えるようになった」

情報が溢れ価値観が変化・多様化する現代にあって、統計が示す「エビデンス」を理解し、それを作り出す能力の必要性はどんどん高まっているといえるでしょう。今さら私がいうまでもなく、統計リテラシーが現代人にとって必須の能力であることは疑いようのない事実です。

社会人が統計を理解できない理由

私は永野数学塾という個別指導塾で社会人の方に数学を教えています。数学を学び直そうとする動機はそれぞれ多岐にわたっているものの、最近は「統計を教えてほしい」というリクエストがとても多いです。私は最初「これだけ世にたくさんの統計の本が出ているのに、わざわざ習いに来るということは、きっと踏み込んだ統計の話が聞きたいんだろう」と想像していました。しかし実際に指導を始めてみると、ほとんどの生徒さんは統計そのものより、そこに登場する数学に躓いていることがわかりました。統計本に出てくる中学〜高校レベルの数学がわからないために、本当に基礎的な統計のことすらも理解できないでいるのです。逆に言うと、数学に

明るくなれば統計そのものを学ぶこと自体はたくさんの良書が助けてくれます（巻末に「参考書籍」をまとめました）。

不思議なことに「統計に使う数学」自体を解説している本はほとんどありません。だからこそ私は本書の筆を取りました。この本は学校で統計を習わなかった社会人が統計を自学自習するのに必要な数学を学んでもらう本です。

本書の内容

本書では中学〜高校で学ぶ数学の中から統計に必要な数学を厳選してあります。割り算の意味や割合（第1章）といった小学校レベルの算数から始まり、平方根、多項式の計算（第2章）、関数とグラフ（第3章）、場合の数、確率、Σ記号（第4章）、極限、積分（第5章）へと至りますので、内容はかなり欲張りです。どの項目もできる限り「わかりやすさ」を最優先して書きました。きたみりゅうじさんのイラストにも大いに助けていただいております。また例題や練習問題も紙幅の許す限り掲載しましたので、内容が身についたかどうかを確認するためにもぜひ飛ばさずに取り組んでみてください。(^_-)-☆

もちろんご紹介した数学を統計ではどのように使うのかも解説してあります。統計部分の解説については専修大学心理統計学研究室の岡田謙介先生に監修をお願いしました。先生には本文中にもたびたび登場していただきます。

本書では「脱ゆとり世代」が必須単元として学ぶ統計の内容は第3章までにまとめ、第4章では離散型データ（バラバラのデータ）の確率分布、第5章では連続型データの確率密度関数等を理解することを目指します。つまり集めたデータから必要な情報を読み取る記述統計を総括し、部分的なデータから全体を推し量る推測統計の入口までをご案内する

岡田謙介先生

のが本書の目的です。

統計のための数学は社会人に必須の数学リテラシー

　私は本書を書きながらつくづく思いました。ここに登場する数学は（統計のために選択したものではありますが）社会人ならば誰もが身につけておくべき「数学リテラシー」そのものだと。本書に登場する数学を身につけてもらえれば、数学に明るい商談相手に臆することはなくなるでしょうし、数字が踊る資料やExcelの関数を理解したり、グラフを使ってより説得力のあるプレゼンをしたりすることもきっとできるようになります。もちろん、論理的な思考力も磨くことができるでしょう。

　さあ、それではいよいよ始まりです！　最短距離でゴールができるよう、誠心誠意ナビゲートさせてもらいますので、どうか私を信じてついてきてください！

永野裕之

冒頭のセンター試験の答え：(1) ⑦　(2) ⑦

目次

この1冊で腑に落ちる
統計学のための数学教室

はじめに

- 「統計リテラシー」の世代間格差
- 社会人が統計を理解できない理由
- 本書の内容
- 統計のための数学は社会人に必須の数学リテラシー

第1章
データを整理するための基礎知識

第1章のはじめに —————————————— 2

平均 ———————————————————— 4

割り算の2つの意味 —————————————— 7
- (A) 割り算の意味・その1〜全体を等しく分ける〜 —— 8
- (B) 割り算の意味・その2〜全体を同じ数ずつに分ける〜 — 8

割合 ———————————————————— 11
- 同じ単位どうしの割合は包含除 ————————— 12
- 違う単位どうしの割合は等分除 ————————— 12

いろいろなグラフ —————————————— 17
- (i) 棒グラフ〜大小を表す ——————————— 17
- (ii) 折れ線グラフ〜変化を表す ————————— 18

- (iii) 円グラフ〜割合を表す　20
- (iv) 帯グラフ〜割合を比べる　21

統計に応用！　33

データと変量　35
- 質的データ　35
- 量的データ　36
- 度数分布表　38
- 度数分布表を見るときの注意点　41

ヒストグラム　42
- ヒストグラムを作成する上での注意点　44

代表値　45

データのばらつきを調べる　49
- 最小値と最大値　49
- 四分位数　50

箱ひげ図　54

第2章
データを分析するための基礎知識

第2章のはじめに — 60

平方根 — 61
- ルート（根号） — 62

平方根の計算 — 66
- 平方根を簡単にする — 67
- 文字式のルール — 69

分配法則 — 71
- 分配法則を暗算に応用 — 73

多項式の展開 — 74
- 乗法公式 — 75
- 多項式の展開の練習 — 76

統計に応用！ — 86

分散 — 88

標準偏差 — 91

偏差値 — 95

CONTENTS

第3章
相関関係を調べるための数学

第3章のはじめに ─ 100

関数 ─ 102
- 関数とグラフの関係 ─ 104
- 関数と、原因と結果の関係 ─ 104

１次関数 ─ 109
- 傾きの正負とグラフについて ─ 114
- １次関数のグラフの式の求め方 ─ 115

２次関数の基礎 ─ 119

グラフの平行移動 ─ 122

平方完成と２次関数のグラフ ─ 126
- 平方完成の素 ─ 126
- 平方完成 ─ 127
- ２次関数のグラフの書き方 ─ 130

２次関数の最大値と最小値 ─ 132

２次関数と２次方程式 ─ 135
- ２次方程式の解き方(その１：因数分解) ─ 136

- 2次方程式の解き方（その2：解の公式） ——— 137

グラフと判別式の関係 ——— 140

2次不等式 ——— 144

 統計に応用! ——— 157

散布図 ——— 159
- 相関関係についての注意点 ——— 164

相関係数 ——— 166
- 相関係数の求め方 ——— 166
- 相関係数の解釈 ——— 169

相関係数の理論的背景 ——— 171

相関係数の「直感的」理解 ——— 179
- 相関係数が最大値や最小値をとるとき ——— 185

第4章 バラバラのデータを分析するための数学

第4章のはじめに ——— 188

CONTENTS

階乗 — 190

順列 — 191
- 0! について — 193

組合せ — 195
- $_nC_r$ の注意点 — 197

二項係数 — 202

集合 — 205

確率 — 207

和事象と積事象 — 213

独立な試行 — 219

反復試行 — 222

等差数列 — 227
- 数列とは — 227
- 等差数列の和 — 228

等比数列 — 232
- 等比数列の和 — 233

Σ記号の導入 — 236
- Σ記号の意味 — 236

Σの基本性質 ———————————————————— 240

統計に応用! ———————————————————— 251

確率変数と確率分布 ———————————————— 253

期待値 ————————————————————————— 258

$aX+b$の期待値 ————————————————————— 263

● 確率変数の分散と標準偏差 ————————————— 264

$aX+b$の分散と標準偏差 ———————————————— 270

確率変数の標準化 ————————————————————— 274

和の期待値 ———————————————————————— 276

積の期待値 ———————————————————————— 281

和の分散 ————————————————————————— 283

二項分布 ————————————————————————— 285

第5章 連続するデータを分析するための数学

第5章のはじめに ── 292

「無限」の理解 ── 295
- 0.999…＝1 or 0.999…≒1？ ── 296
- 無限とは ── 298

極限 ── 300

ネイピア数 e ── 308

積分 ── 312
- アルキメデスの求積法 ── 314
- 積分の記号と意味 ── 316

統計に応用！ ── 327

連続型確率変数と確率密度関数 ── 329
- 確率密度関数の性質 ── 332

連続型確率変数の平均と分散 ── 335

正規分布 ── 340
- 標準正規分布 ── 342

正規分布表 ———————————————————— 344

推測統計とは ———————————————————— 348
- 標準正規分布の性質を使ってできる「推定」———————— 348
- 標準正規分布の性質を使ってできる「検定」———————— 350
- ここまで来ればt検定も簡単！ ————————————— 352

練習問題の解答
- 《第1章》———————————————————————— 354
- 《第2章》———————————————————————— 357
- 《第3章》———————————————————————— 360
- 《第4章》———————————————————————— 365
- 《第5章》———————————————————————— 371

おわりに

参考（推薦）書籍
- 《初級編》
- 《中級編》
- 《上級編》

第 1 章

データを整理するための基礎知識

第1章のはじめに

　大雑把にいってしまえば、統計というのは集めたデータ（資料）を整理し分析する学問です。

[　注）資料とデータは同じ意味ですが、小中学校では「資料」、高校以降は「データ」と
　　　呼ぶことが多いようです。本書では今後「データ」で統一したいと思います。　　　]

　この章ではまずデータを整理するために必要な平均と割合、そしてグラフについて学んでいきたいと思います。これらはどれも数学というより小学校の算数で学ぶ内容ですが、だからといって「そんなのわかっているよ」とバカにすることはできません。「いやいや大丈夫だって！」という人は下の問題を見てください。

問題

　ある中学校の三年生の生徒100人の身長を測り、その平均を計算すると163.5cmになりました。この結果から確実に正しいといえることには○を、そうでないものには×を、左側の空欄に記入してください。

□(1) 身長が163.5cmよりも高い生徒と低い生徒は、それぞれ50人ずついる。

□(2) 100人の生徒全員の身長をたすと、163.5cm×100 = 16350cmになる。

□(3) 身長を10cmごとに「130cm以上で140cm未満の生徒」「140cm以上で150cm未満の生徒」…というように区分けすると、「160cm以上で170cm未満の生徒」が最も多い。

　　　　　　　　　　　　　　　　[出典：日本数学会ホームページ]

これは2011年に日本数学会が、全国約6000人の大学生を対象に行った「大学生数学基本調査」の第一問です。この問題の正答率は76%で、当時「大学生の4人に1人は平均がわからない」と大きく報道されました。どうですか？　自信を持って解答することができますか？（この問題についてはこの章の最後で解説します）。

　また「割合」は算数で学ぶ内容のうち、苦手な生徒が最も多い単元です。実際、国立教育政策研究所が平成25年度に行った「全国学力・学習状況調査」においては割合に関する問題が正答率ワースト1でした。実は割合の正確な理解には、割り算には2つの意味があることをきちんとわかっている必要があるのですが、私の経験上、「割り算の2つの意味」をしっかりと認識できている人は大人でも決して多くはないようです。割合の理解は統計に必須である確率の理解に繋がるので少しでもここに不安があると、後で統計がわからなくなる原因になってしまいます。

　そしてグラフ。グラフはデータをまとめてその特徴を一目瞭然にするために大変便利なものです。でも扱うデータの種類や見せたい内容にそぐわないグラフを選んでしまうと、見る人に誤解や混乱を与えます。読者の中には、プレゼン資料などに記載したグラフに関して上司から「こんなグラフでは何もわからんじゃないか！」と叱られた経験のある人もいるでしょう。(∩_∩;)
　と、いうことでこの節では資料の整理に必要な平均と割合、それにグラフについてしっかりと学び直していきたいと思います！

平均

「平均」とは読んで字の如く、平(たい)らに均(なら)すことです。
　例えばここに3つの長方形があって、それぞれの高さが2、7、3だとします。これらの高さを均す（揃える）にはどうしたらよいでしょうか？一番高い「7」の長方形を切り崩し、他の2つに振り分ければいいですよね。図にするとこんな感じです。

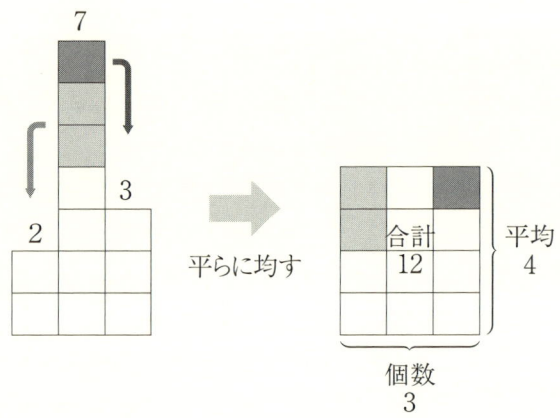

　高さを揃えると大きな長方形が1つできますが、この大きな長方形の**縦の長さが平均**であり、**横の長さが個数**、そして**面積が合計**になります。すなわち、

　　　　　　　平均 × 個数 ＝ 合計
　　　　　　（縦）　（横）　（面積）

だというわけです。これから、

$$\text{平均} = \frac{\text{合計}}{\text{個数}}$$

であることもわかります。

以上を、文字を使って一般化しておきましょう。今、

$$x_1, x_2, x_3, \cdots, x_n$$

と全部でn個のデータがあるとします。これらの合計をデータの個数nで割ったものが平均です。数学ではふつう平均のことを「$\bar{x}$」というふうに文字の上に横棒（バー）をつけて表します。

平均の定義

$$\bar{x} = \frac{x_1 + x_2 + x_3 + \cdots + x_n}{n}$$

では、早速使ってみましょう。

例題1-1 次の表はそれぞれ6人の生徒がいるA組と5人の生徒がいるB組の数学のテストの点数をまとめたものです。それぞれのクラスの平均点を求めなさい。

A組[点]	50	60	40	30	70	50
B組[点]	40	30	40	40	100	

【解答】

A組の平均点

$$\frac{50 + 60 + 40 + 30 + 70 + 50}{6} = \frac{300}{6} = 50 \quad [\text{点}]$$

B組の平均点

$$\frac{40+30+40+40+100}{5}=\frac{250}{5}=50\quad[点]$$

どちらも平均は50点ですね。このように平均は人数（個数）が違っても互いを比べることができます。

ただし、A組とB組のそれぞれの生徒の点数を見てみるとA組は平均点未満が2人、平均点と同点が2人、平均点より上が2人と満遍なく分布しているのに対し、B組は平均点未満が4人、平均点より上が1人です。B組の場合は明らかに100点の人が全体の平均を押し上げています。

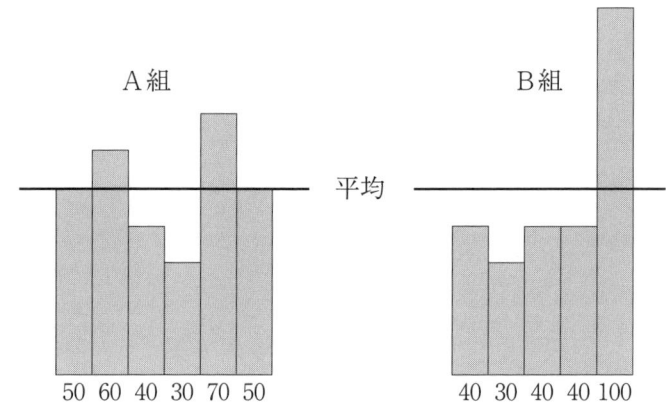

このようにデータには平均からは見えてこない特徴もあります。そこで、統計ではデータの特徴を表す数値として平均の他にも中央値や最頻値なども使います（これらについては後述します）。

続いて「割り算の2つの意味」についてお話しします。拙書『大人のための数学勉強法』と重複する部分もあるのですが、割合や確率の理解のためには欠かせませんので、改めて詳しく解説したいと思います。

第1章 データを整理するための基礎知識

割り算の２つの意味

ちょっと実験をさせてください。
ここに、○が6つあります。

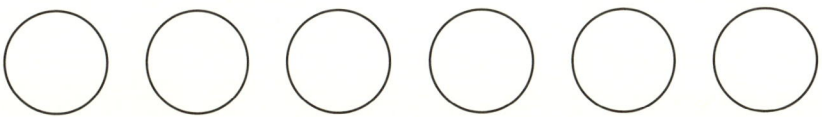

これを使って、

$$6 \div 3 = 2$$

を図にしてみましょう。特に正解というのはありませんから、どうぞ気軽にやってみてください。そしてできれば家族や友人の方にも同じことをしてもらってください。すると……ちょっと面白いことになると思います。

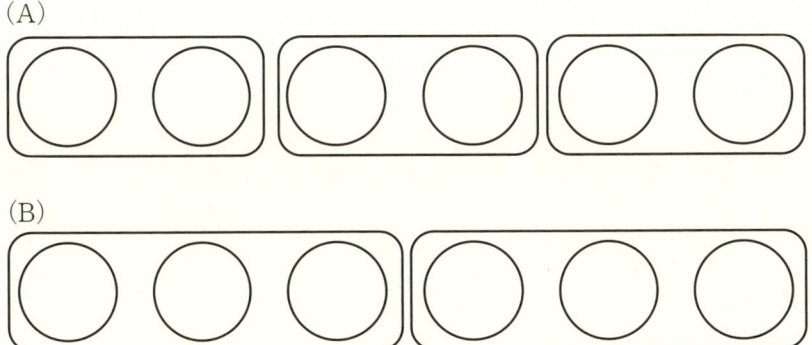

さあ、あなたはどちらの図を書きましたか？　おそらく（A）の図を書

いた人のほうが多いだろうとは思いますが、(B) の図を書いた人も一定数はいるでしょう。最初にいった通り、どちらかが間違いということはありません。両方とも正しく、

$$6 \div 3 = 2$$

を表している図です。

(A) 割り算の意味・その1 〜全体を等しく分ける〜

次のような問題があるとします。
「饅頭が6個あります。
3人で分けると1人いくつもらえますか？」
この場合、もちろん、

$$6 \div 3 = 2$$

の計算から「1人2個もらえる」とわかるわけですが、この計算の意味は、「6個のものを3等分すると、1つあたり2個になる」ですね。

このように全体を同じように分ける割り算のことをちょっと難しい言葉では「等分除」（とうぶんじょ）と言います。
割り算を掛け算の逆の計算と捉えるならば、(A) の考え方は、

$$(1つあたりの量) \times 3 = 6$$

の「1つあたりの量」を求めるための計算であると考えることもできます。

(B) 割り算の意味・その2 〜全体を同じ数ずつに分ける〜

次に、
「饅頭が6個あります。
1パック3個のセットは何パック作れるでしょうか？」

という問題があったとします。今度も、

$$6 \div 3 = 2$$

という（A）の場合と同じ計算から「2パックできる」とわかりますね。

ただし、このときの計算の意味は、

「6個のものを3個ずつに分けると2つになる」

となります。あるいは

「6個は3個2つ分である」

という言い方もできそうです。

このように全体を同じ数ずつに分ける割り算のことを「包含除（ほうがんじょ）」といいます。

先ほどと同じように掛け算の逆として考えるなら、（B）の考え方は、

$$3 \times (いくつ分) = 6$$

のように「1つあたりの量」を3としたときの「いくつ分」を求める計算であると考えることができます。

どちらのほうがしっくりきますか？

繰り返しますが、どちらも正しい割り算の理解です。割り算には（A）と（B）の2つの意味があります。大切なのはそのことをしっかりと認識することです。

割り算の2つの意味を一般化すると次の通りです。

割り算の2つの意味

$$a \div n = p$$

$\begin{cases} (A)\ a を n 等分すると1つあたり p 個である［等分除］ \\ (B)\ a を n ずつに分けると p 個になる（a は n が p 個分である）［包含除］ \end{cases}$

こうして見るとどちらも至極当たり前ですが、この違いが認識できていないと、足し算、引き算、掛け算、割り算の中で割り算だけがぼやっとした曖昧な理解になり、割合がわからなくなる原因にもなりますから要注意です。

　以上を準備として、いよいよ割合の理解に入っていきたいと思います。

第1章　データを整理するための基礎知識

割合

まずは**割合の定義**から入ります。

> **割合の定義**
> $$\text{割合} = \text{比べる量} \div \text{基準にする量}$$
> $$\left(\text{割合} = \frac{\text{比べる量}}{\text{基準にする量}}\right)$$

簡単な例題です。

例題1-2　50人のクラスがあります。このクラスの中に男子は30人です。クラス全体に対する男子の割合を答えなさい。

【解答】
　この場合は、比べる量（男子）が30人で、基準にする量（クラス全体）が50人ですから、

$$30 \div 50 = 0.6$$

となり、求める男子の割合は **0.6（60％）** ということになりますね。

　ただしこれは単に割合の定義の式に値をはめこんだだけなので割合をわかったことにはなりません。割合をきちんと理解するためにこの計算の意味を改めて考えてみることにしましょう。

同じ単位どうしの割合は包含除

同じ単位どうしの割合は**包含除**であるということができます。先の例題の場合30人は50人のクラス0.6クラス分（60％）である、という風に考えられるからです。

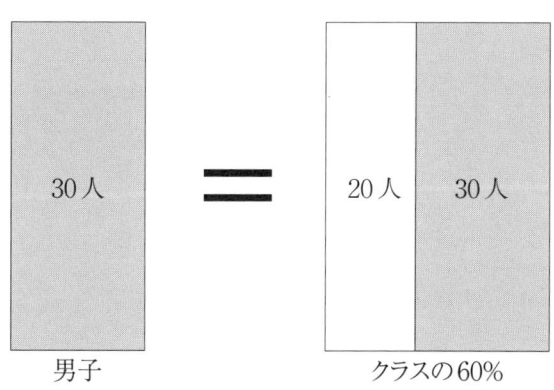

同じ単位どうしの割合すなわち包含除の割合は基準（全体）に対する比べる量（部分）の比率を表しています。

違う単位どうしの割合は等分除

次に、スーパーで2種類の牛乳が売っているとします。Aは400mlで120円、Bは900mlで300円です。さてどちらがお得でしょう？　体積が違うので、値段だけを比べてもどちらがお得かはわからないですね。なかなか微妙ですが、こんなときこそ割合が活躍します。割合を使えば同じ基準に対する数の大小がわかります。

今、容量（体積）を「基準とする量」として、割合を使って値段を比べてみましょう。この場合の割合は、

第1章　データを整理するための基礎知識

$$割合 = \frac{比べる量}{基準とする量} = \frac{値段[円]}{体積[ml]}$$

ですから、Aは、

$$\frac{120[円]}{400[ml]} = \frac{3[円]}{10[ml]} = 0.3[円／ml]$$

Bは、

$$\frac{300[円]}{900[ml]} = \frac{1[円]}{3[ml]} = 0.333\cdots[円／ml]$$

となります。ただしこれらの割り算（分数）の意味を包含除と考えると、120円は400mlが0.3個分？？？となってまったく意味がわかりません。
　実は異なる単位どうしの割合は等分除と考えると、意味がはっきりします。

$$\frac{120[円]}{400[ml]} = 0.3[円／ml]$$

は、120円を400等分することによって、Aの1mlあたりの値段が0.3円であることを計算しているのです。これはまさに等分除です。同様に、

$$\frac{300[円]}{900[ml]} = 0.333\cdots[円／ml]$$

からはBの1mlあたりの値段は0.333…円だとわかります。こうして同じ1mlに対する値段が出るので、Aのほうがお得であるとわかるわけです。一般に等分除の割合は単位量（1mlとか1秒とか1gとか）あたりの大きさを示す割合になります。
　違う単位どうしの割合すなわち等分除の割合は、基準の量（単位量）に対する数の大小を表します。

以上のように同じ割合でも、

同じ単位どうしの割合は包含除
違う単位どうしの割合は等分除

となり、その意味は異なります。このことが割合をことさらにややこしいもの（あるいは印象のぼやけたもの）にしてしまっていると私は思います。もしあなたが割合について「わかるような、わからないような……」という印象を持っているとしたら、それはこの区別がついていなかったからかもしれません。割合を正しく理解するためにはその割合が包含除か等分除かを理解することが助けになります。

では、例題をやってみましょう。次の問題は国立教育政策研究所が平成25年度に行った「全国学力・学習状況調査」の小学6年生向けの問題です。ちなみにこの問題の正答率は50.2％で、全問中最低でした。

例題 1-3　AとBの2つのシートがあります。

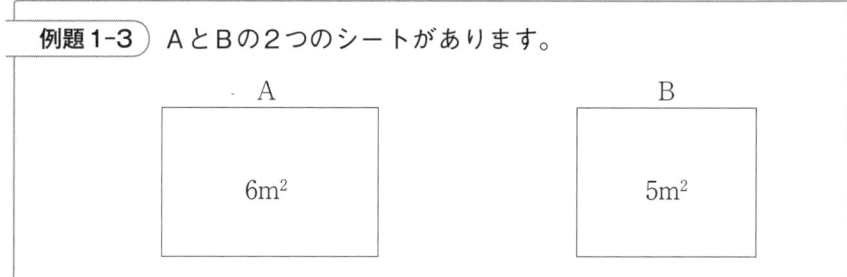

下の表は、シートの上にすわっている人数とシートの面積を表しています。

すわっている人数とシートの面積

	人数（人）	面積（m^2）
A	12	6
B	8	5

第1章　データを整理するための基礎知識

　どちらのシートのほうが混んでいるかを調べるために、下の計算をしました。

$$A : 12 \div 6 = 2$$
$$B : 8 \div 5 = 1.6$$

　上の計算からどのようなことがわかりますか。次の1から4までの中から1つ選んで、その番号を書きましょう。

1. 1m²あたりの人数は2人と1.6人なので、Aのほうが混んでいる。
2. 1m²あたりの人数は2人と1.6人なので、Bのほうが混んでいる。
3. 1人あたりの面積は2m²と1.6m²なので、Aのほうが混んでいる。
4. 1人あたりの面積は2m²と1.6m²なので、Bのほうが混んでいる。

［出典：国立教育政策研究所ホームページ］

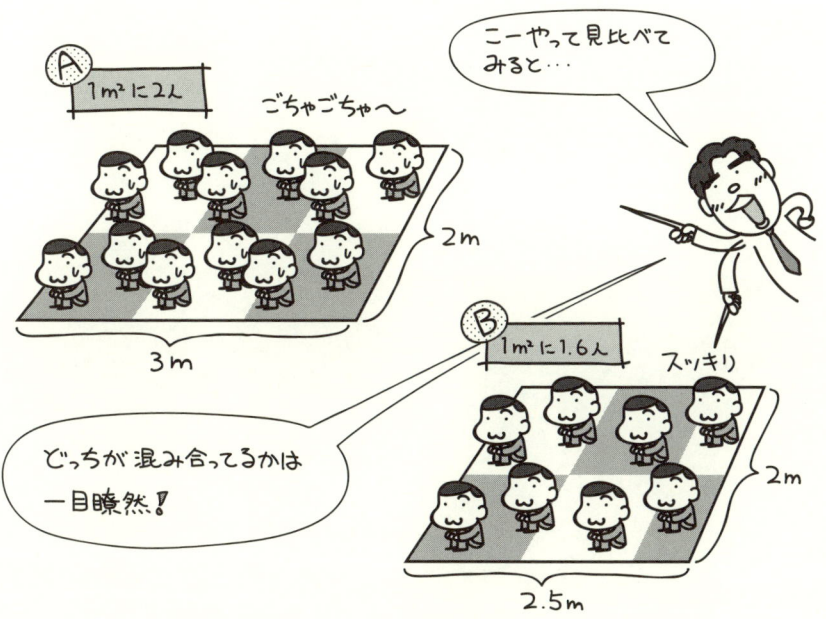

【解説】

「A：12÷6＝2」も「B：8÷5＝1.6」も人数を面積で割っています。違う単位どうしの割合すなわち等分除の割合ですから、基準の面積（ここでは1m²）に対する数の大小を表す割合です。

つまり「A：12[人]÷6[m²]＝2[人/m²]」よりAのシートは1m²あたり2人であることが、「B：8[人]÷5[m²]＝1.6[人/m²]」よりBのシートは1m²あたり1.6人であることがわかります。当然Aのシートのほうが混んでいますね。以上より正解は1です。

第1章 データを整理するための基礎知識

いろいろなグラフ

ここでは代表的な4つのグラフ（棒グラフ、折れ線グラフ、円グラフ、帯グラフ）についてお話しします。それぞれの特徴は次の通りです。

> グラフの特徴
> （i） 棒グラフ：大小を表す
> （ii） 折れ線グラフ：変化を表す
> （iii） 円グラフ：割合を表す
> （iv） 帯グラフ：割合を比べる

（i） 棒グラフ〜大小を表す

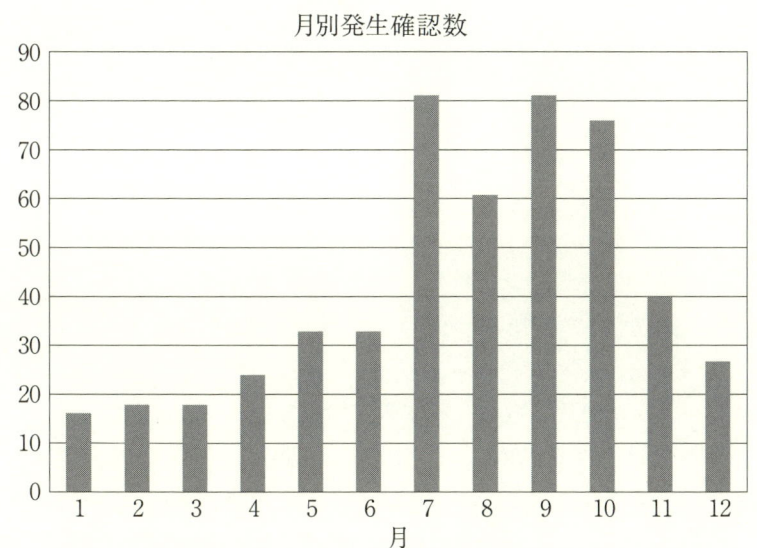

［出典：気象庁｜月別突風発生数］

棒グラフは、量の大小を比べるのに適しているグラフです。

前頁のグラフは1991年～2008年までに気象庁が確認した突風508件について、月別に集計した結果を棒グラフにまとめたものです。これを見ると7月から10月にかけて特に突風が多いことがよくわかります。

一方で突風の発生件数は7月～10月の4ヶ月で全体の約60％を占めているそうですが、そのことはこの棒グラフからはよくわかりません。

（ii） 折れ線グラフ～変化を表す

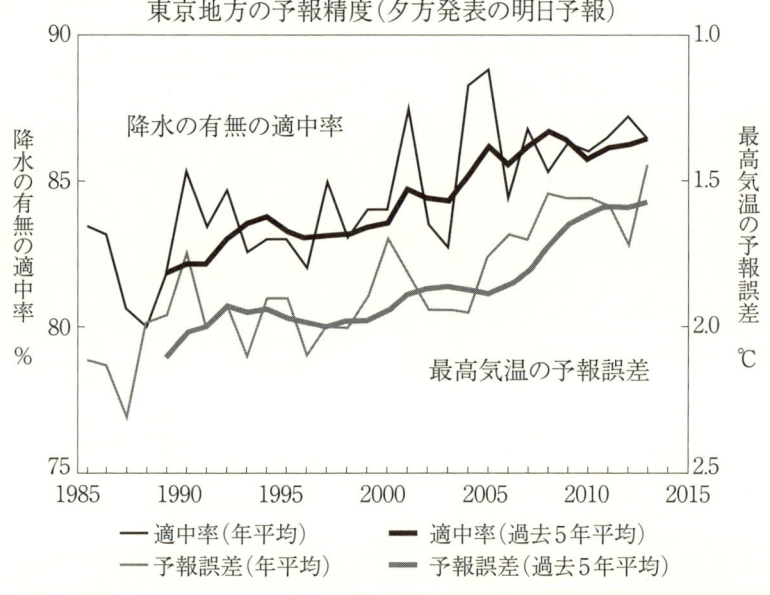

［出典：気象庁｜天気予報の精度検証結果］

折れ線グラフは変化や推移を表すのに適しているグラフです。

上のグラフはやはり気象庁が、1985～2013年の東京地方の予報精度を折れ線グラフにまとめたものです。よく「天気予報はあてにならない」なんていわれますが、これを見ると近年の的中率は大分上がっていることがわかります。ちなみに右側の「最高気温の予報誤差」が、上に行くほど小

第1章　データを整理するための基礎知識

さな値になっているのはグラフが右肩上がりになっていたほうが「改善した！」という雰囲気が出やすいからだと思います。(^_-)-☆

ただし、折れ線グラフを見るときには特に注意すべきことがあります。それは、変化の度合いの印象をグラフ作成者が（ある程度）操作できる、という点です。例えば先の「予報精度」の折れ線グラフは左側の縦軸は「75%〜90%」、右側の縦軸は「1.0〜2.5」になっています。もしこれらの値の幅を大きくすれば同じデータでも変化の度合いは小さく感じられます。逆にこれらの値の幅を小さくすれば変化の度合いを大きく感じさせることも可能です。折れ線グラフを見るときはこの点に注意しましょう。

> 注）（i）の棒グラフでもグラフの一部を拡大する等の「工夫」によって、印象を変えることができます。

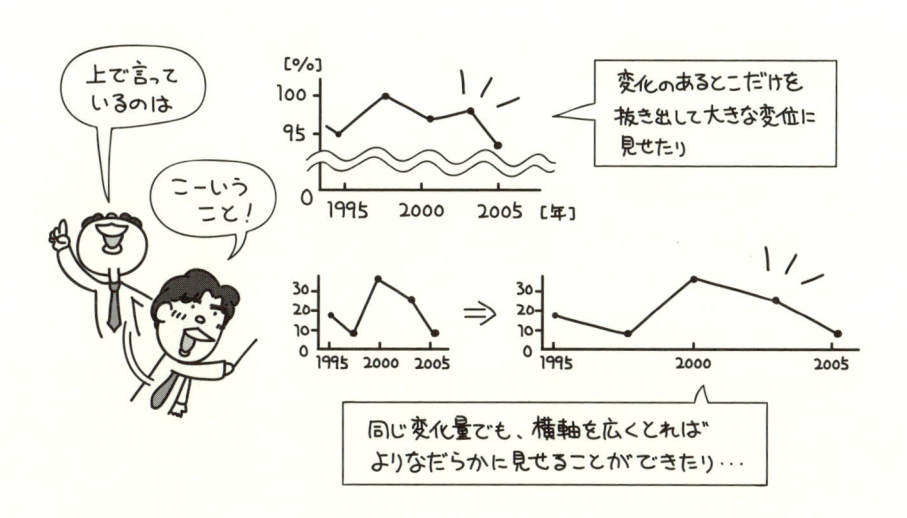

（ⅲ）円グラフ〜割合を表す

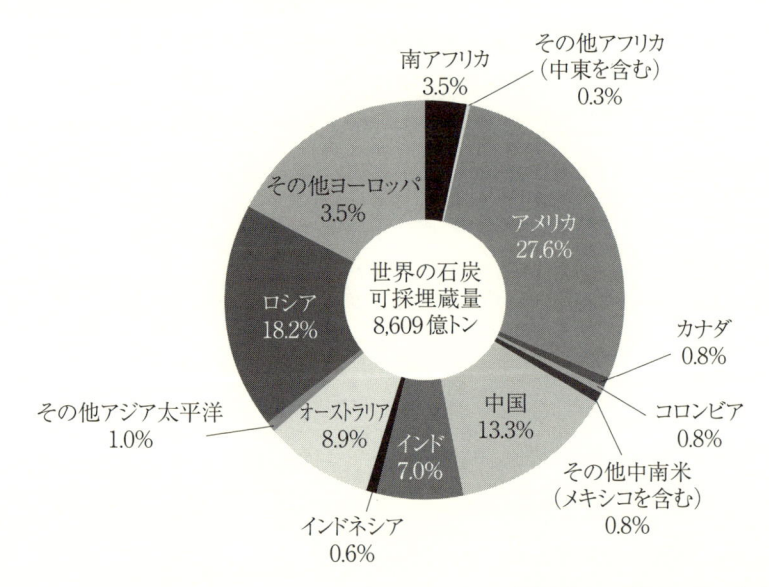

南アフリカ 3.5%
その他アフリカ（中東を含む）0.3%
その他ヨーロッパ 3.5%
アメリカ 27.6%
世界の石炭可採埋蔵量 8,609億トン
ロシア 18.2%
カナダ 0.8%
コロンビア 0.8%
その他アジア太平洋 1.0%
オーストラリア 8.9%
中国 13.3%
インド 7.0%
その他中南米（メキシコを含む）0.8%
インドネシア 0.6%

［出典：エネルギー白書2013］

　円グラフは全体の中でそれぞれの項目がどのくらいの割合を占めるのかを表すのに適しています。

　上の円グラフは資源エネルギー庁が「エネルギー白書2013」の中で示した「世界の石炭可採埋蔵量」を円グラフにまとめたものです。これを見ると全8,609億トンのうちアメリカ（27.6％）の割合が一番多く、次いでロシア（18.2％）、3番目が中国（13.3％）であることがよくわかります。
　円グラフは12時の位置から時計回りに割合の大きい順に並べる場合と、似たような内容が隣り合うように並べる場合とがありますが、上の例は似たような内容（地域別）を隣り合わせて並べてあります。

（iv）帯グラフ～割合を比べる

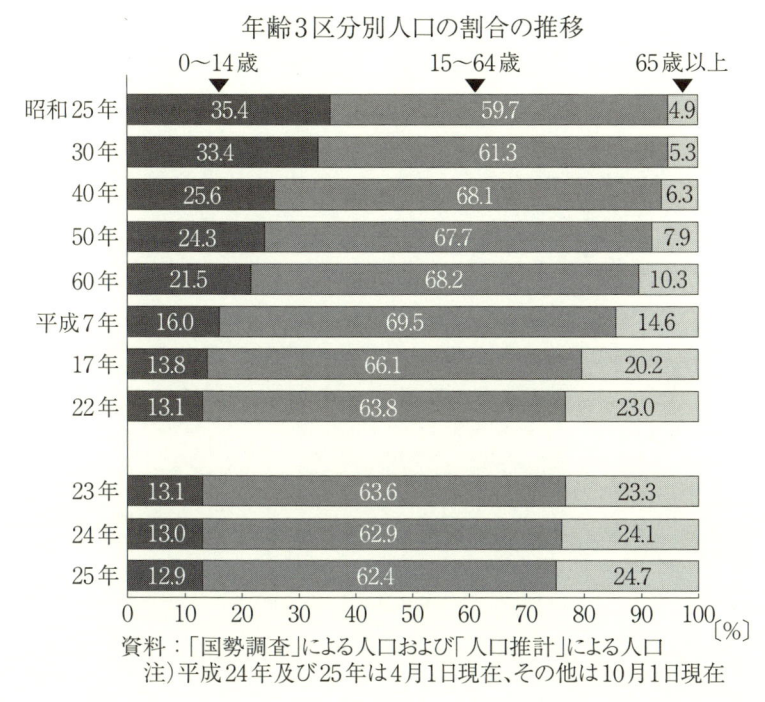

年齢3区分別人口の割合の推移

年	0～14歳	15～64歳	65歳以上
昭和25年	35.4	59.7	4.9
30年	33.4	61.3	5.3
40年	25.6	68.1	6.3
50年	24.3	67.7	7.9
60年	21.5	68.2	10.3
平成7年	16.0	69.5	14.6
17年	13.8	66.1	20.2
22年	13.1	63.8	23.0
23年	13.1	63.6	23.3
24年	13.0	62.9	24.1
25年	12.9	62.4	24.7

資料：「国勢調査」による人口および「人口推計」による人口
注）平成24年及び25年は4月1日現在、その他は10月1日現在

［出典：統計局］

　帯グラフは年や条件によって同じ項目の**割合がどのように変化したかを比べる**のに適しています。

　上の帯グラフは総務省統計局が、人口の割合の推移を年齢3区分別にまとめたものです。これを見るとこども（0歳～14歳）の割合の減少と高齢者（65歳以上）の割合の増加が著しいことがよくわかります。
　ただし、帯グラフで割合が減少（あるいは増加）しているからといって絶対数そのものが減少（あるいは増加）しているとは限らないことに注意しましょう。**全体の数が同じでなければ、割合の増減だけで絶対数の増減を判断することはできません。**

例題1-4 下の表はあるビデオショップの会員数の推移をまとめたものです。

時期	1年前	9ヶ月前	6ヶ月前	3ヶ月前	現在
会員数[人]	500	508	512	520	530

このビデオショップの店長は、ホームページ上で繁盛店であることをアピールするために、このデータをグラフにまとめることにしました。次の質問に答えなさい。

(1) 会員数の変動をわかりやすく伝えるためにはどんなグラフにまとめるのがよいですか？ 次の①〜④の中から選びなさい。
　① 棒グラフ
　② 折れ線グラフ
　③ 円グラフ
　④ 帯グラフ

(2) グラフを見る人に、より繁盛店だと思ってもらうためにはどのような工夫をすることができるか次のうちから2つ選んで答えなさい。
　① 縦軸の値の幅を大きくする。
　② 縦軸の値の幅を小さくする。
　③ 横軸の長さを長くする。
　④ 横軸の長さを短くする。

【解答】
(1)
　変化を表したいので、②の折れ線グラフを使いましょう。
(2)
　はっきり言って、会員数はあまり増えていません。……(・_・;)
　このデータで繁盛店という印象を付けるためには工夫が必要です。解答

第1章 データを整理するための基礎知識

候補のそれぞれについてグラフを作ってみます。

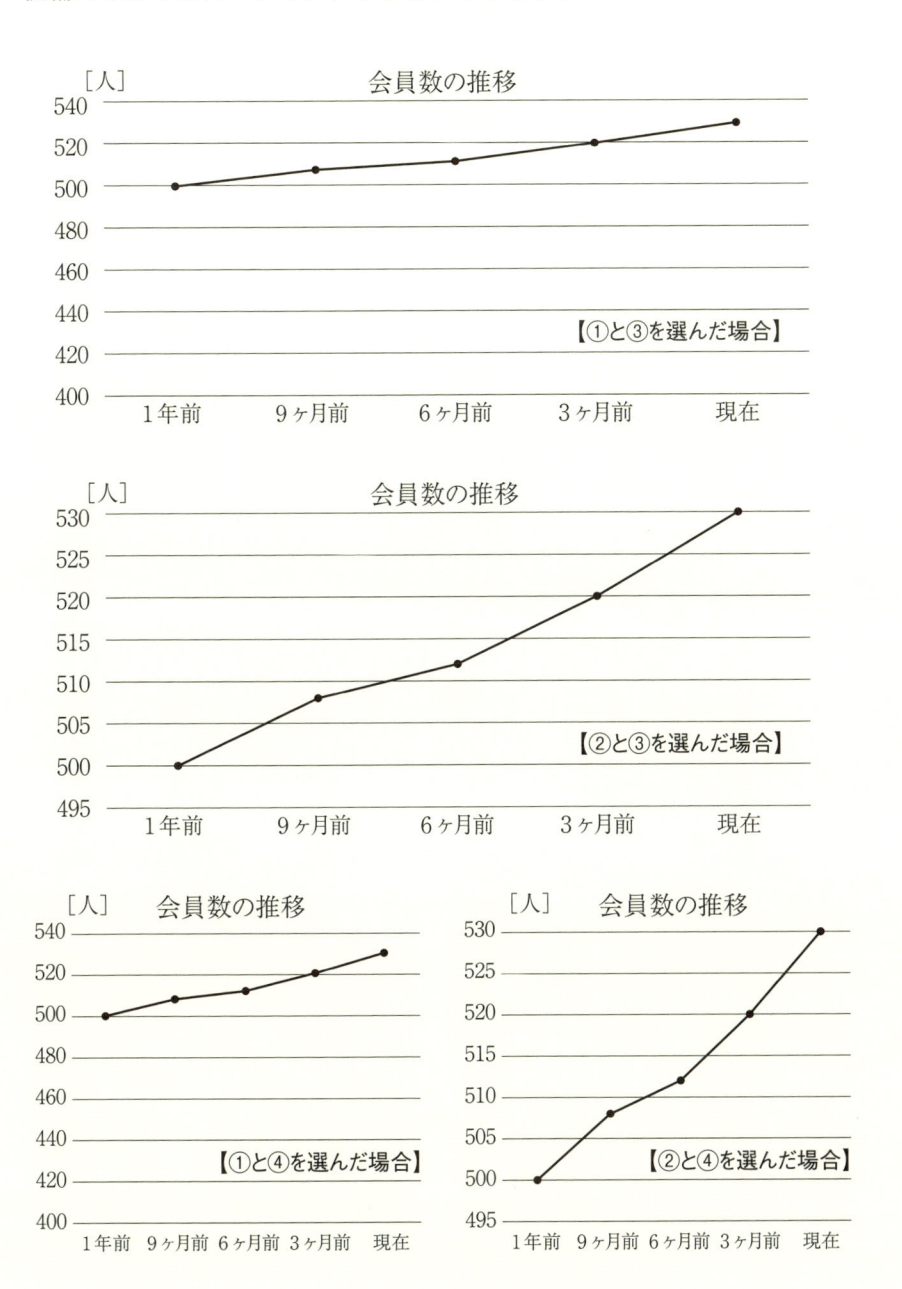

会員数の推移（縦軸 400〜540、【①と③を選んだ場合】）
1年前:500、9ヶ月前:508、6ヶ月前:512、3ヶ月前:520、現在:530

会員数の推移（縦軸 495〜530、【②と③を選んだ場合】）
1年前:500、9ヶ月前:508、6ヶ月前:512、3ヶ月前:520、現在:530

会員数の推移（縦軸 400〜540、【①と④を選んだ場合】）

会員数の推移（縦軸 495〜530、【②と④を選んだ場合】）

23

こう並べてみると同じデータでも「②と④」すなわち、**縦軸の値の幅は小さく、横軸の長さは短くしたもの**が一番増えている印象が強いですね。なんとあざとい……と思われたかもしれませんが、この種の「工夫」が凝らされた折れ線グラフは世の中に溢れています。折れ線グラフはパッと見の印象だけで判断をしないように気をつけましょう。(･ω･´)ゞ

《練習問題》

練習1-1 A～Eの5人の身長は次の表のようになっています。5人の身長の平均を求めなさい。

A	B	C	D	E
162cm	160cm	172cm	167cm	174cm

【解答】

$$平均 = \frac{合計}{個数（人数）}$$

より、

5人の身長の平均 = $\boxed{}$ = $\frac{835}{5}$ = $\boxed{}$ [cm]

(別解)

一番低い身長（Bさんの160cm）との差を考えて次のように計算を楽にする方法もあります。

第1章　データを整理するための基礎知識

	A	B	C	D	E
	162cm	160cm	172cm	167cm	174cm
（160cmとの差）	2cm	0cm	12cm	7cm	14cm

より、

$$160\text{cmとの差の平均} = \boxed{} = \frac{35}{5} = \boxed{}\,[\text{cm}]$$

よって求める平均の身長は、

$$5\text{人の身長の平均} = 160 + \boxed{} = \boxed{} = [\text{cm}]$$

練習1-2 次の問に答えなさい。
(1) Aさんの1日あたりの昼食代の平均が500円だとすると、Aさんの月～金の昼食代は合計いくらになりますか？
(2) 1日に平均10問ずつ進めると、合計250題ある問題集は何日で終わりますか？

【解答】
(1) 月～金の日数は5日間。

$$\text{平均} = \frac{\text{合計}}{\text{個数（日数）}}$$

より、

$$\text{Aさんの昼食代の合計} = \text{昼食代の平均} \times \text{個数（日数）}$$
$$= \boxed{} \times 5 = \boxed{}\,[\text{円}]$$

(2)

$$平均 = \frac{合計}{個数（日数）}$$

より、

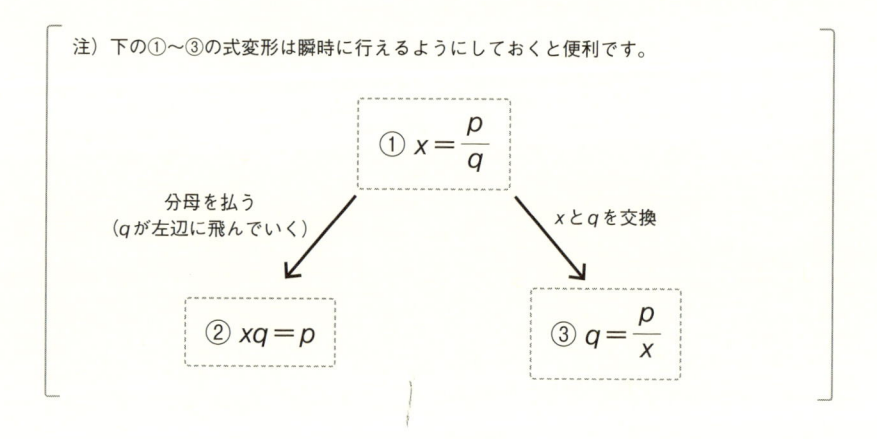

$$日数 = \frac{合計}{平均} = \frac{\boxed{}}{\boxed{}} = \boxed{}[日]$$

注) 下の①〜③の式変形は瞬時に行えるようにしておくと便利です。

① $x = \dfrac{p}{q}$

分母を払う
(qが左辺に飛んでいく)

xとqを交換

② $xq = p$

③ $q = \dfrac{p}{x}$

練習1-3 Aさんは鉛筆を11本、Bさんは鉛筆を35本持っています。2人の鉛筆の本数を同じにするにはBさんがAさんに何本あげればよいか答えなさい。

【解答】
「2人の鉛筆の本数を等しくする＝2人の鉛筆の本数の平均をとる」と考えればよいので、まずは鉛筆の本数の平均を求めます。

$$平均 = \frac{\boxed{}+\boxed{}}{\boxed{}} = \frac{46}{2} = \boxed{}[本]$$

Bさんは最初35本持っているので、

$$35 - \boxed{} = \boxed{} \,[本]$$

より、BさんはAさんに $\boxed{}$ 本あげればよい。

練習1-4 次のそれぞれの割り算は等分除であるか包含除であるかを答えなさい。
(1) 距離 ÷ 時間 = 速さ
(2) 距離 ÷ 速さ = 時間

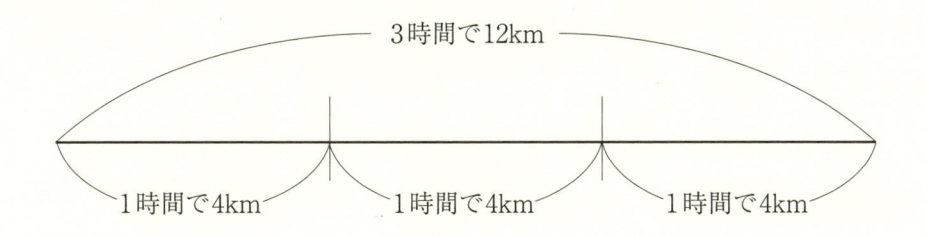

【解答】
(1) 例えば3時間で12km進んだ場合を考えましょう。この場合「距離 ÷ 時間 = 速さ」から、

$$12 \div 3 = 4$$

で、速さは時速4kmと求められます。

そもそも時速とは $\boxed{}$ です。3時間で12km進んだ場合の1時間あたりに進む距離は、12kmを3等分することで求められます。つまり上の「$12 \div 3 = 4$」は「12を3等分すると1つは4である」という意味の割り算です。以上より「距離 ÷ 時間 = 速さ」は $\boxed{}$ です。

3時間で12km

1時間で4km　1時間で4km　1時間で4km

27

(2) 今度は12kmの距離を時速3kmで進んだ場合を考えましょう。この場合のかかる時間は「距離÷速さ＝時間」より、

$$12 \div 3 = 4$$

で、時間は4時間かかることがわかります。

　時速3kmということは1時間で3km進むという意味なので**12kmが3kmいくつ分になるかがわかれば**12km進むのにかかる時間がわかるはずです。すなわち、この「12÷3＝4」は「12の中に3は4つ入る」という意味の割り算です。以上より「距離÷速さ＝時間」は□です。

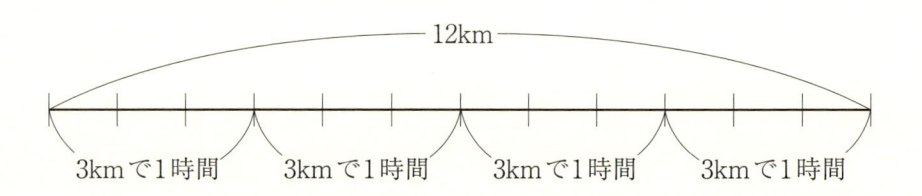

```
|←――――――――― 12km ―――――――――→|
|―――|―――|―――|―――|―――|―――|―――|―――|―――|―――|―――|―――|
 ⌣⌣⌣⌣    ⌣⌣⌣⌣    ⌣⌣⌣⌣    ⌣⌣⌣⌣
3kmで1時間  3kmで1時間  3kmで1時間  3kmで1時間
```

練習 1-5

(1) 定価5000円のセーターが定価の70％で売っています。売値はいくらになるか答えなさい。

(2) セーターが定価の20％引きで売られていて、売値は5600円です。定価はいくらか答えない。

【解答】

(1)

$$割合 = \frac{比べる量}{基準にする量}$$

なので本問では、

第1章　データを整理するための基礎知識

$$\text{割合} = \frac{\text{売値}}{\text{定価}}$$

です。これより、

$$\text{売値} = \text{定価} \times \text{割合} = 5000 \times \boxed{} = \boxed{} \text{[円]}$$

(2)
「定価の20％引き＝定価の80％」と考えます。

$$\text{割合} = \frac{\text{売値}}{\text{定価}}$$

より、

$$x = \frac{q}{p} \Rightarrow p = \frac{q}{x}$$

$$\text{定価} = \frac{\text{売値}}{\text{割合}} = \frac{5600}{\boxed{}} = 5600 \div \boxed{}$$

$$= 5600 \times \boxed{} = \boxed{} \text{[円]}$$

練習1-6 円周率（π）について次の問に答えなさい。

(1)「直径×円周率＝円周」より円周率は何の何に対する割合かを答えなさい。

(2)(1)を利用して円周率が3よりは大きく、4よりは小さいことを証明しなさい。

【解答】
(1)
$$直径 \times 円周率 = 円周$$

より、

$$円周率 = \frac{円周}{直径}$$

なので、円周率は直径を[ ]、円周を[ ]とした割合です。すなわち、円周率は[ ]の[ ]に対する割合です。

(2)
(1) より円周率は円周の直径に対する割合なので、円周率のだいたいの値を見積もるためには、円周の長さを他のもので近似してあげればよいでしょう。今、下の図のように半径1の円に内接する正6角形と、外接する正方形を考えます。

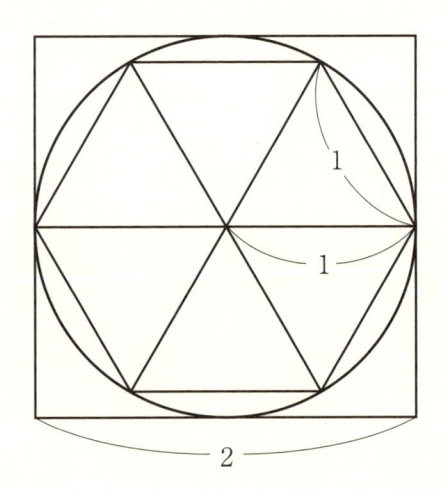

図より、明らかに

正6角形の周の長さ＜円周＜正方形の周の長さ…①

ですね。ここで、

正6角形の周の長さ＝☐
正方形の周の長さ＝☐

なので①より、

☐＜円周＜☐

両辺を直径で割ると、

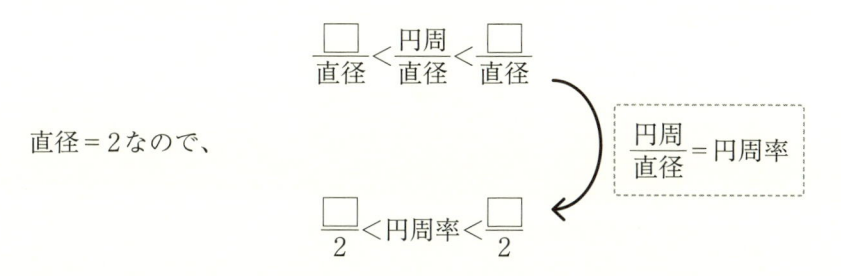

$\dfrac{\Box}{直径} < \dfrac{円周}{直径} < \dfrac{\Box}{直径}$

$\dfrac{円周}{直径} = 円周率$

直径＝2なので、

$\dfrac{\Box}{2} < 円周率 < \dfrac{\Box}{2}$

よって、

3＜円周率＜4

（終）

注）古代ギリシャのアルキメデスは円の内側と外側に接する2つの正96角形を考えて、円周率が

$$\dfrac{223}{71} < \pi < \dfrac{22}{7}$$
（3.14084…）　（3.14285…）

であることを突き止めています。
また以前東大の入試に「円周率が3.05より大きいことを証明しなさい」という問題が出たこともありました。こちらは円に内接する正12角形を考えることで解決します。詳しくは拙書『大人のための数学勉強法』の234頁「総合問題：10のアプローチを使ってみよう」をご覧ください。

練習1-7　次のような場合、どのグラフに表すと最もわかりやすいですか。A～Dの中から選んで記号で答えなさい。
(1) 割合を表す
(2) 割合を比べる
(3) 大小を表す
(4) 変化を表す

　　A. 棒グラフ　　B. 折れ線グラフ　　C. 円グラフ　　D. 帯グラフ

【解答】基本通りです。
(1) ☐　　(2) ☐　　(3) ☐　　(4) ☐

統計に応用！

永野
「岡田先生、いよいよこの後はここまでに紹介した数学を統計にどう応用するかについて話していきたいと思いますが、いかんせん私も統計については独学なので……」

岡田先生
「永野さんの世代は皆さんそうですよね。高校の数学で『統計』を選択した人はごく一握りでしょう」

永野
「そうなんです。それに大学でも『なんだか面倒だなあ』という思いが先に立っちゃってきちんと勉強しませんでした。20年前はまさかこんな時代が来るとは思わなくて……」

岡田先生
「大丈夫です。統計部分の解説については私が目を光らせていますから！ それに、そういう人のほうが読者目線に近い本が書けるんじゃないですか？」

永野
「そう言ってもらえると安心です（なんと優しいお言葉！）。私が独学で学んだ際に疑問に思ったこと、また私の塾で統計を学ぶ生徒さんがつまずきやすいところを中心にできるだけ丁寧に書いていきますが、おかしなところがあったらどんどん指摘してください！」

岡田先生
「わかりました」

永野
「この章では『データの整理』の基本である、ヒストグ

ラムとか代表値とかについてお話しさせてもらいます。まずは、ここまでに学んだ数学とこの後の統計の関係を示すフローチャートを見てください」

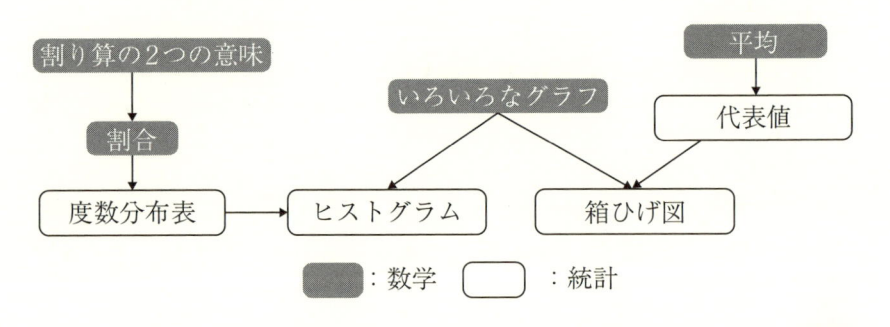

```
割り算の2つの意味
      ↓
    割合                いろいろなグラフ        平均
      ↓                   ↓     ↓            ↓
  度数分布表  →  ヒストグラム      箱ひげ図  ←  代表値
```

■：数学　□：統計

「おお、これがあれば読者の皆さんが『迷子』にならずにすみますね」

岡田先生

データと変量

　ここまでですでに何度も「データ」という単語を使ってきましたが、「データ」というのは日常の中でわりとラフに使われる表現なので誤解のもとになりがちです。もう一度「データ」および「変量」のそれぞれの定義を確認しておきましょう。

　例えば、5頁の【例題1-1】に出てきたA組の6人の数学のテストの点数は、

　　　　50　　　60　　　40　　　30　　　70　　　50　（点）

でしたが、この6つの値全体を「データ（data）」といいます。そして計測の対象となっている項目（今の場合は数学のテストの点数）のことを「変量（variate）」といいます。

> 注）変量は「変数（variable）」ということもあります。統計では、厳密には変量と変数は使い分けがされる用語ですが、本書の範囲では同じ意味と考えて差し支えありません。

質的データ

　「質的データ」というのは、「カテゴリカルデータ」とも呼ばれ、血液型や好きな食べ物や支持政党のように数えられない変量（質的変量）からなるデータのことをいいます。質的データ（カテゴリカルデータ）は「1：A型、2：B型、3：O型、4：AB型」や「1位：ハンバーグ、2位：ラーメン、3位：お寿司、4位：焼き肉」のように、それぞれの選択肢に番号を付けたとしても、それらの数字を足したり引いたりすることに意味はありません。

[注）本書では今後質的データは扱いません。]

量的データ

　数値そのものを足したり引いたりすることに意味のある変量（**量的変量**）からなるデータを「**量的データ**」といいます。量的データはさらに2つに分類ができて、サイコロの目や車の台数、人数などのように飛び飛びの値しかとらないもの（**離散型データ**）と、身長や体重、時間などのように連続する値をとるもの（**連続型データ**）に分かれます。

　「離散型データ」とか「連続型データ」というのは慣れないとわかりづらい表現かもしれません。「離散型データ」というのは隣り合う2つの間に値がないデータのことです。例えばサイコロの目において1と2の間に「1.5」という目はありませんね。また車の台数を数えるときに10台と11台の間の「10.5台」という値をとることもありません。このようにデータを数直線上にとったときに、飛び飛びの値しかとらないデータは「離散型」です。

〈離散型データ〉

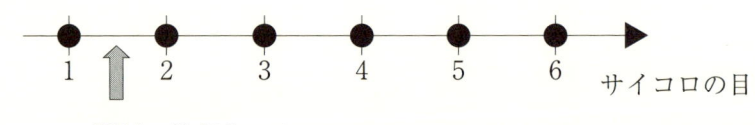

　　1　2　3　4　5　6　サイコロの目
　　↑
　　「間」の値がない！

　一方、身長の場合、170cmと171cmの間に170.5cmの人がいるのは普通ですし、厳密に測定すれば170.5cmと170.6cmの間にも170.55cmという人がいても不思議はありません。このようにどれだけ細分化してもデータがギッシリ詰まることが考えられるようなデータは「連続型」です。

第 1 章　データを整理するための基礎知識

〈連続型データ〉

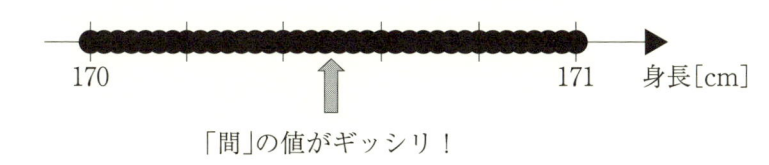

170　　　　　　　↑　　　　　171　　身長[cm]
「間」の値がギッシリ！

〈データの種類〉

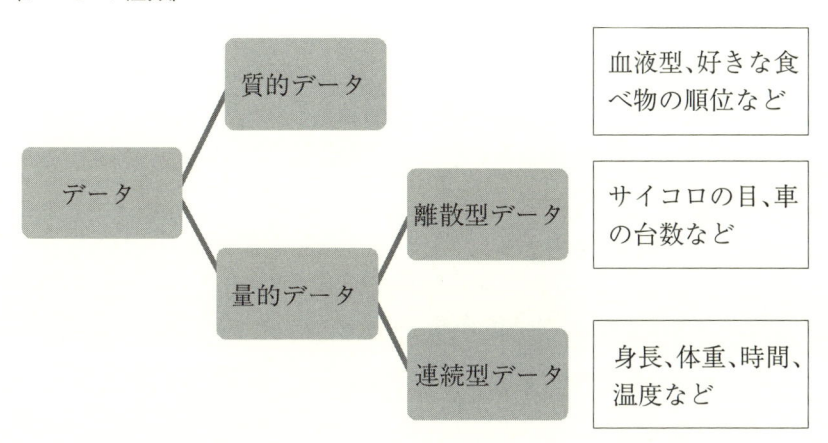

データ
├─ 質的データ → 血液型、好きな食べ物の順位など
└─ 量的データ
　　├─ 離散型データ → サイコロの目、車の台数など
　　└─ 連続型データ → 身長、体重、時間、温度など

データを整理する際の最も基本的な手順は以下の通りです。

データを整理する手順
（ⅰ）度数分布表にまとめる
（ⅱ）ヒストグラムを作る

度数分布表

まずはいくつかの用語をおさえておきましょう。
・階級：データをいくつかの等しい幅に分けた区間
・階級値：各階級の中央の値
・度数：それぞれの階級に入るデータの数
・相対度数：度数の合計に対する各階級の度数の割合
・累積相対度数：その階級以下の相対度数の合計

度数分布表というのは、各階級毎に度数、相対度数、累積相対度数等をまとめた表のことです……と言われてもピンと来ないですよね？

こういうのは実際にやってみるのが一番ですから、早速やってみます。

N数学塾では生徒40人に対して抜き打ちテスト（100点満点）を行いました。下の表はその結果をまとめたものです。

N数学塾の抜き打ちテスト結果

51	60	80	39	70	55	51	96
92	82	54	44	94	77	43	13
34	44	81	28	88	33	97	65
88	93	88	48	30	28	92	57
52	21	59	78	65	80	37	68

これを見てもデータ全体の傾向や特徴をつかむことはできません。そこでN先生はこれを度数分布表にまとめることにしました。
そのためにまずはデータを点数順に並び替えます。なに、エクセルを使えば造作もないことです。(^_-)-☆

N数学塾の抜き打ちテスト結果（点数順）

13	21	28	28	30	33	34	37
39	43	44	44	48	51	51	52
54	55	57	59	60	65	65	68
70	77	78	80	80	81	82	88
88	88	92	92	93	94	96	97

　度数分布表を作るにあたって次に行うべきことは**階級の幅を決めること**です。「10以上〜15未満」、「15以上〜20未満」…と5点刻みにしても「0以上〜20未満」、「20以上〜40未満」…と20点刻みにしてもかまいません。ただ、あまり階級の幅が狭すぎると表が複雑になりますし、逆に広すぎるとデータの傾向がわからなくなりますので要注意です。
　今回は最低点が13点、最高点が97点ですから、「10以上〜20未満」からはじめて10点刻みにしましょう（度数分布表の完成形は次頁にあります）。

岡田先生より

階級の幅の決め方には以下のようなJIS規格があります。

【級幅の決定（JIS規格：Z9041-1）】
最小値と最大値を含む級を5〜20の等間隔の級に分けるように区間の幅を決める。級幅はR（範囲）を1, 2, 5（又は10, 20, 50；0.1, 0.2, 0.5など）で除し、その値が5〜20になるものを選ぶ。これが二通りになったときは、サンプルの大きさが100以上の場合は級幅の小さいほうを、99以下の場合は級幅の大きいほうを用いる。

要は、

- 階級の幅は1、2、5、10、20、50などから切りのよい値を選ぶ
- 階級数が5〜20の範囲内に収まるようにする
- 階級の種類が多すぎたり少なすぎたりしないようにする

ということですね。

上の例では

R（範囲）：97 − 13 = 84

で、

$$84 \div 1 = 84$$
$$84 \div 2 = 42$$
$$84 \div 5 = 16.8$$
$$84 \div 10 = 8.4$$
$$84 \div 20 = 4.2$$

ですから、商が「5〜20」になるのは「5」か「10」で割ったとき。今、サンプルの大きさ（生徒の人数）は40（人）で、これは99以下なので階級の幅の大きい方すなわち「10」を選択するのは、JIS規格にも適っています。

N数学塾の抜き打ちテスト結果（度数分布表）

階級[点]	階級値[点]	度数[人]	相対度数	累積相対度数
以上〜未満				
10〜20	15	1	0.025	0.025
20〜30	25	3	0.075	0.100
30〜40	35	5	0.125	0.225
40〜50	45	4	0.100	0.325
50〜60	55	7	0.175	0.500
60〜70	65	4	0.100	0.600
70〜80	75	3	0.075	0.675
80〜90	85	7	0.175	0.850
90〜100	95	6	0.150	1.000
合計		40	1.000	

度数分布表を見るときの注意点

（ⅰ）度数分布表からは各データの具体的な値はわかりません。例えば元のデータでは「40以上～50未満」のデータは「43, 44, 44, 48」の4つですが、度数分布表上はこれらすべてを階級値の「45」だと考えます。その階級を、階級値によって代表するのです。

（ⅱ）相対度数は「度数の合計に対する各階級の度数の割合」なので、

$$相対度数 = \frac{注目している階級の度数}{度数の合計}$$

で計算します。「40以上～50未満」の場合は、

$$相対度数 = \frac{4}{40} = 0.100$$

です。

（ⅲ）着目する階級が全体の何％にあたるか、ということより着目する階級以下（以上）が全体の何％以下（以上）になるかを知りたいときもあるでしょう。そんなときは累積度数を見ましょう。

例えば「10以上～60未満」の累積度数は、

$$0.025 + 0.075 + 0.125 + 0.100 + 0.175 = 0.500$$

より、0.500なので60点未満の生徒は全体の50％を占めていることがわかります。

ヒストグラム

　度数分布表を作ると、生データのときよりは全体の特徴がつかめるようにはなりますが、数字が苦手な人にはこの表を見せても何にも感じてもらえないかもしれません。そこでデータ全体の様子をより直感的に表すために **ヒストグラム** というグラフを使います。ヒストグラムとは、度数分布表の階級を横軸に、度数を縦軸にとった **棒グラフ（柱状グラフ）** のことです。
　下の棒グラフは「N数学塾の抜き打ちテスト結果」の度数分布表から作ったヒストグラムです。**折れ線グラフは累積相対度数** を表しています。

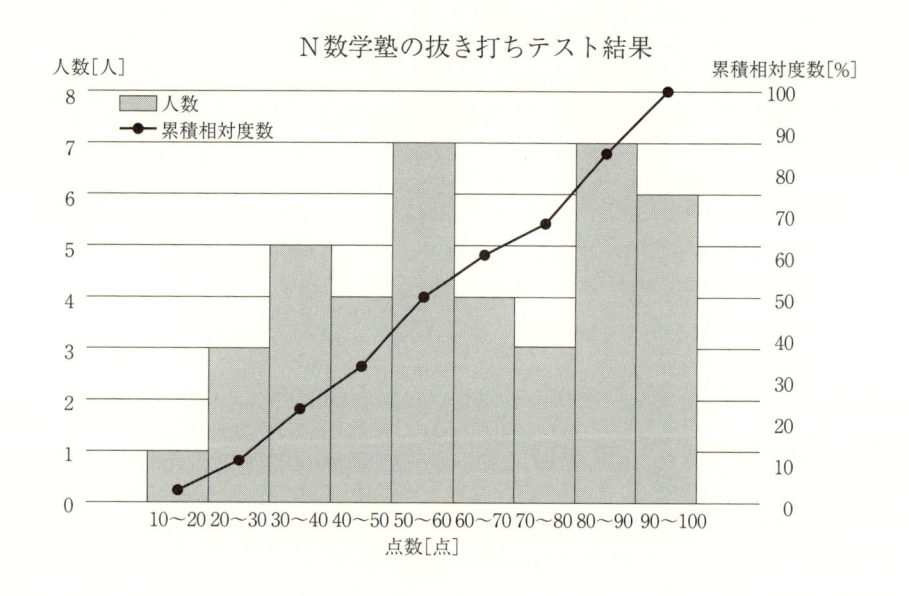

N数学塾の抜き打ちテスト結果

　ヒストグラムにするとデータ全体の特徴はぐっとわかりやすくなりますね！　今回の抜き打ちテストでは「50以上〜60未満」と「80以上〜90未満」とにピークがあり、生徒の成績がやや2極化しているようです。N先

第1章　データを整理するための基礎知識

生としては頭がイタイところです……。(^_^;)

　さらに累積相対度数の折れ線グラフからは、ある階級以下の全体に対する割合がわかるだけではありません。例えば、次のように各階級の**度数が完全に等しい場合**は累積相対度数の折れ線グラフは**直線**になります。

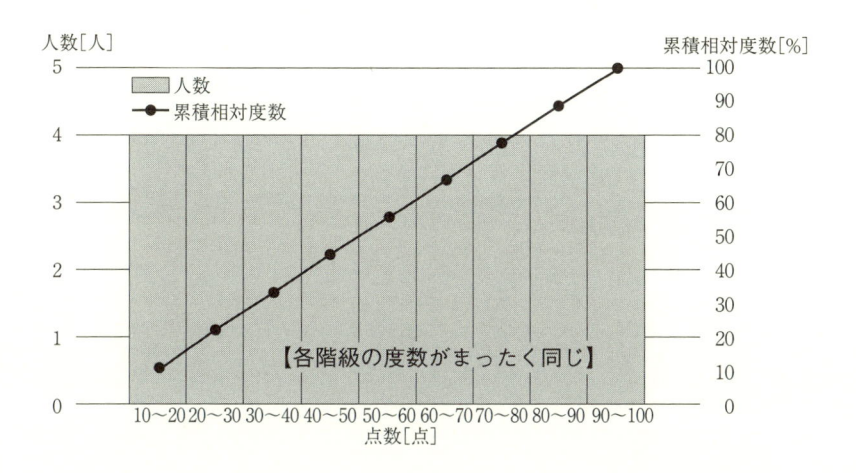

【各階級の度数がまったく同じ】

　また次のようにヒストグラムが中央にピークを持つ**綺麗な山形になる場**合、折れ線グラフは**S字型**（Sの文字を引き伸ばした形）になります。

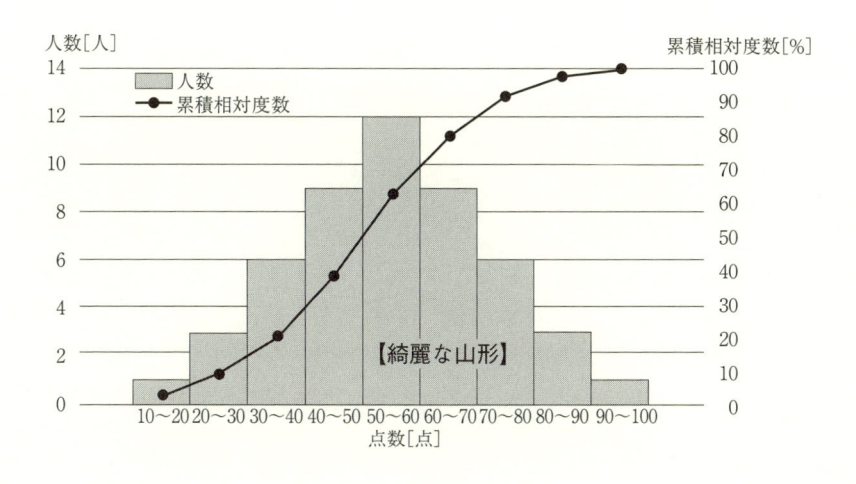

【綺麗な山形】

43

ヒストグラムを作成する上での注意点

（ⅰ）最初の階級と最後の階級の隣は1階級分あけます。これは階級の最小値（10以上～20未満）や最大値（90以上～100未満）をはっきりさせるためです。

（ⅱ）一般的にヒストグラムではとなりあう縦棒の間隔はあけません。

第1章　データを整理するための基礎知識

代表値

　データをわかりやすくグラフ（ヒストグラム）にまとめる方法についてはおわかりいただけたと思いますが、もっと簡潔にデータの傾向や特徴を表すことができるのが、この節で学ぶ**代表値**です。代表値のうち、最もポピュラーなのはすでにおさらいした「平均」です。読者の中には学生時代、先生に、
　「お前らのクラスの平均点は62点だったが、隣のクラスは70点だったぞ。お前ら、たるんでるんじゃないか？」
などと言われた記憶がある人は少なくないでしょう。この場合、平均点はクラス全体の成績を代表していると考えられています。
　ただ、私は高校時代、上のように言われると内心、
　「でも、隣のクラスには学年トップの田中と学年2位の鈴木がいるからなあ。平均点だけで比べられるのは納得いかないよなあ」
なんて（生意気に）考えていました。
　すでに見たように、平均というのは全体を均したときの値ですから、飛び抜けて点数の高い人や低い人がいると、平均点もそれにつられて上下します。実際、5頁の【例題1-1】ではA組とB組の平均点は同じになりましたが、B組の場合は100点の生徒がクラスの平均点を押し上げていましたね。

　代表値には平均のほかに**中央値**と**最頻値**というものがあります。

・中央値（median）：データを大きさの順に並べたときに中央にくる値。**メジアン**ともいいます。求め方の手順は次の通り（データの個数が奇数か偶数かで違いますので注意してください）。

中央値の求め方
（ⅰ）データを大きさの順に並べる
　　　↓
（ⅱ）
　［データの個数が奇数の場合］
　　　　中央値＝ちょうど真ん中の値
　［データの個数が偶数の場合］
　　　　中央値＝真ん中にある2つの値の平均

【例題1-1】と同じデータで中央値を計算してみましょう。

例題1-5 次の表はそれぞれA組とB組の数学のテストの点数をまとめたものです。それぞれのクラスの中央値を求めなさい。

| A組［点］ | 50 | 60 | 40 | 30 | 70 | 50 |

| B組［点］ | 40 | 30 | 40 | 40 | 100 |

【解答】
まずそれぞれのクラスの点数を大きさの順に並べます。

　　　　A組：30　40　50　50　60　70
　　　　B組：30　40　40　40　100

〈データの個数が偶数の場合〉
　A組のデータの個数は偶数（6個）なので、中央値は真ん中にある2つの値の平均になります。

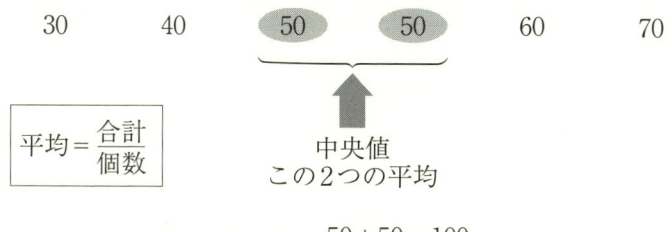

第1章　データを整理するための基礎知識

```
  30      40      ㊳      ㊳      60      70
```

$$平均 = \frac{合計}{個数}$$

↑
中央値
この2つの平均

$$A組の中央値 = \frac{50+50}{2} = \frac{100}{2} = 50[点]$$

〈データの個数が奇数の場合〉

　B組のデータの個数は奇数（5個）なので、中央値はちょうど真ん中の値です。

```
  30      40      40      40      100
```
↑
中央値

$$B組の中央値 = 40[点]$$

　A組とB組は、平均点は同じ（50点）でしたが、中央値はB組のほうが低くなりましたね。B組のようにデータに**外れ値**（他に比べて飛び抜けて大きかったり小さかったりする値）**がある場合は、平均はその外れ値の影響を受けて大きな、もしくは小さな値をとりやすくなります。このようなケースでは、平均よりも中央値によってデータを代表するほうが適切なことが多いです。**

　次は最頻値です。

・**最頻値（mode）**：度数の最も多いデータの値。モードともいう。

　同じデータでA組とB組の最頻値を求めましょう。それぞれの組の点数毎の度数（人数）をまとめると、

点数	30	40	50	60	70	80	90	100
A組[人]	1	1	2	1	1	0	0	0
B組[人]	1	3	0	0	0	0	0	1

となるので、

A組の最頻値：50［点］
B組の最頻値：40［点］

です。

> 注）最頻値はあくまで度数が最も多いデータの値です。最も大きな度数を最頻値と勘違いする人がいるので注意してください。

岡田先生より

- 量的データでは、実際にはデータ個々の値について最頻値を考えることはあまりありません。むしろ、階級を作ってから度数のいちばん大きい（ヒストグラムで一番高い棒の）階級の階級値を、最頻値として考えることが多いです。
- 最頻値はどちらかというと、データ自体においてよりも、確率分布（後述）において、より重要になります。特に**正規分布（後述）の場合**は、

中央値＝最頻値＝平均

です。

データのばらつきを調べる

ここで【例題1-1】のデータについてこれまで求めた代表値（平均、中央値、最頻値）をまとめておきます。

	平均	中央値	最頻値
A組	50	50	50
B組	50	40	40

代表値の意味がわかっている人はこれを見て、
「ハハーン…B組には飛び抜けて成績のいい生徒がいるな」
と気づくかもしれませんが、それにしても代表値だけでは各組の「データ（点数）のばらつき具合」はあまり見えてきません。データのばらつき具合を調べるにはどうしたらよいのでしょうか？　ふつう**分散**と**標準偏差**という量がよく使われますが、これらを理解するためにはもう少し数学的な準備が必要なので次章にゆずることにして、ここではより直感的に理解できる**5数要約**と呼ばれる5つの量を紹介します。

最小値と最大値

データのばらつき具合を調べるのに最も簡単な方法は最小値と最大値を調べることです。

A組：30　40　50　50　60　70
B組：30　40　40　40　100

A組の最小値は30点、最大値は70点、
B組の最小値は30点、最大値は100点ですね。

それぞれについて「最大値−最小値」の**範囲**を求めてみると

$$A組の範囲 = 70 - 30 = 40 \quad [点]$$
$$B組の範囲 = 100 - 30 = 70 \quad [点]$$

ですから、B組のほうがデータの範囲が広いことがわかります。ただし、この最大値と最小値、および範囲だけではB組に1人だけ飛び抜けて高得点の生徒がいることはまだわかりません。

そこでデータのバラつき具合をさらに詳細に調べるために**四分位数**というものを考えます。

四分位数

四分位数（quartile）とはデータ全体を大きさの順に並べたときに、4等分する3つの数値のことで小さい方から**第1四分位数**、**第2四分位数**、**第3四分位数**といいます。

第2四分位数はデータの中央値と一致しますね。

図にするとこんな感じです。

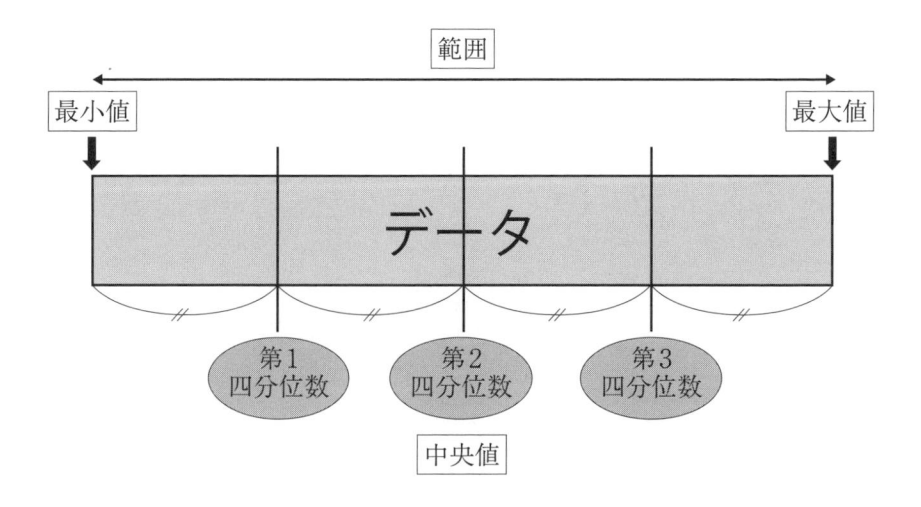

第1章　データを整理するための基礎知識

四分位数の求め方の手順は次の通りです。

> **四分位数の求め方**
> （ⅰ）データの最小値と最大値を求める
> （ⅱ）データの中央値を求める　➡　第2四分位数
> （ⅲ）中央値より下半分の中央値を求める　➡　第1四分位数
> （ⅳ）中央値より上半分の中央値を求める　➡　第3四分位数

具体的な方法は、データの個数が偶数か奇数かで異なります。再び【例題1-1】のA組（偶数）とB組（奇数）のデータを使ってそれぞれの場合の求め方を見ていきましょう。

〈データの個数が偶数の場合〉

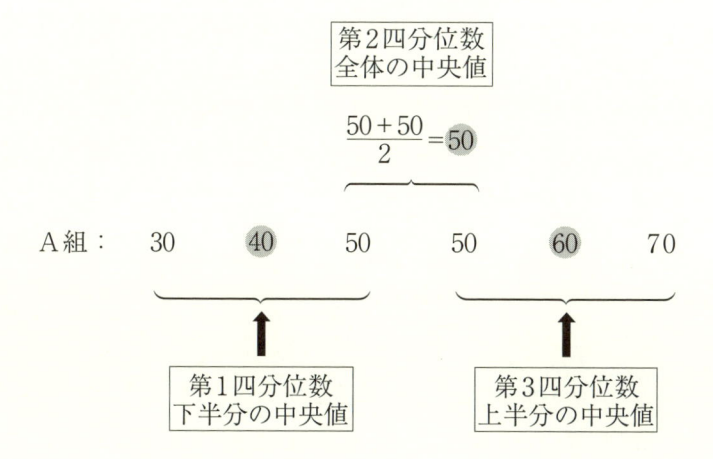

第2四分位数
全体の中央値

$$\frac{50+50}{2} = 50$$

A組：　30　㊵　50　　50　㉖　70

第1四分位数
下半分の中央値

第3四分位数
上半分の中央値

〈データの個数が奇数の場合〉

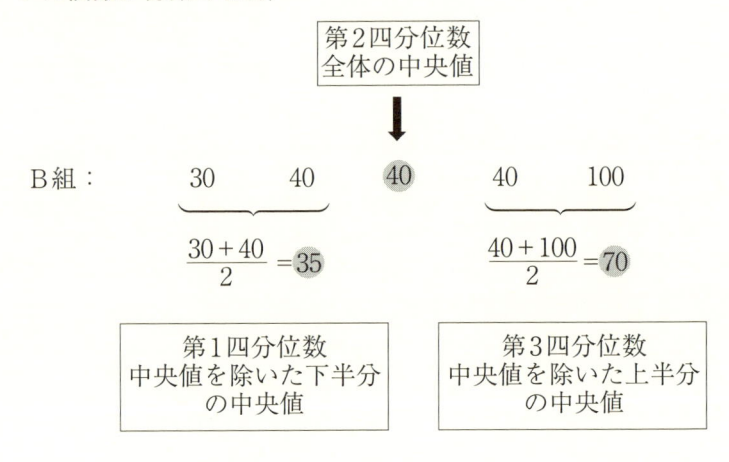

```
                          第2四分位数
                          全体の中央値
                              ↓
    B組：    30    40      ㊵     40    100
             ⎵‾‾‾‾‾‾‾⎵           ⎵‾‾‾‾‾‾‾‾⎵
              30+40                40+100
              ────― =㉟             ─────― =㊷
                2                    2
```

$$\frac{30+40}{2} = 35 \quad\quad \frac{40+100}{2} = 70$$

第1四分位数　　　　　　　第3四分位数
中央値を除いた下半分　　　中央値を除いた上半分
の中央値　　　　　　　　　の中央値

　データのばらつき具合を調べるための最小値、最大値それに3つの四分位数をまとめて**5数要約**といいます。
　A組とB組のデータについて5数要約をまとめると次のようになります。

	最小値	第1四分位数	第2四分位数	第3四分位数	最大値
A組	30	40	50	60	70
B組	30	35	40	70	100

　これを見ると、A組は5数要約の間隔がすべて等しいのに対して、B組は、

$$第1四分位数 - 最小値 = 35 - 30 = 5$$
$$第2四分位数 - 第1四分位数 = 40 - 35 = 5$$
$$第3四分位数 - 第2四分位数 = 70 - 40 = 30$$
$$最大値 - 第3四分位数 = 100 - 70 = 30$$

と5数要約の間隔がバラバラで、特に第2四分位数より上の間隔が広いことから、中央値より上半分のデータが下半分より散らばっていることがわ

かります。

　ただ、やはり数字が苦手な人からすれば、この表を見て以上のことを読み取るのはしんどいことかもしれません。こんなときは……そうです！グラフの出番です！(^_-)-☆

箱ひげ図

5数要約で表されるデータのばらつき具合を示すグラフを**箱ひげ図**といいます。下図のようなものです。

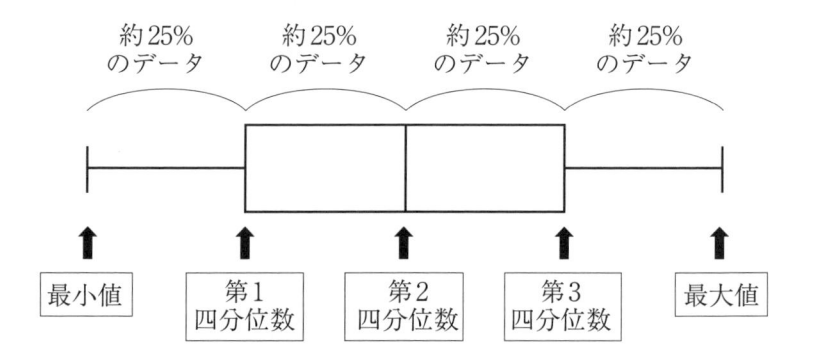

```
     約25%      約25%      約25%      約25%
    のデータ    のデータ    のデータ    のデータ
```

```
  ↑        ↑        ↑        ↑        ↑
最小値   第1      第2      第3     最大値
         四分位数  四分位数  四分位数
```

5数要約で区切られる**各区分にはそれぞれ全データ数の約25%が含まれる**ので、それぞれの長さが均等であれば、データのばらつき具合は均等であることがわかります。逆に均等でなければデータのばらつきに偏りがあるということです。

早速、A組とB組の5数要約を箱ひげ図で表してみましょう。なお図中の「+」は平均点（50点）を表します。

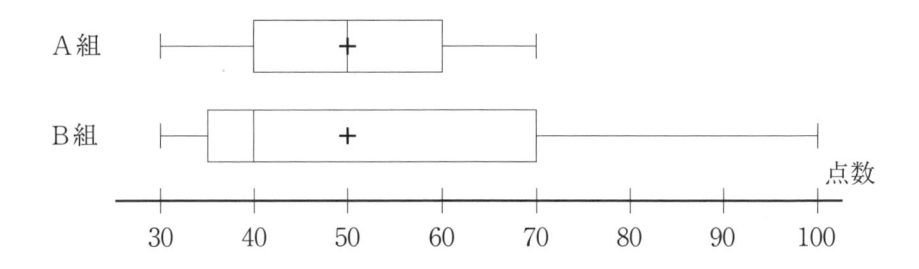

A組

B組

点数

30　　40　　50　　60　　70　　80　　90　　100

54

こうして、箱ひげ図で表すとA組に比べてB組のほうがずっとデータの範囲が広いことがすぐにわかります。またA組はデータの散らばり具合が均等なのに対して、B組は中央値（第2四分位数）より下のデータは狭い範囲に集中し、中央値より上のデータは広い範囲に散らばっていることが一目瞭然です！

もう一例として、度数分布表とヒストグラムを作るときに使った以下のN数学塾の抜き打ちテスト結果についても、5数要約と平均点を求めて箱ひげ図を作ってみましょう。

N数学塾の抜き打ちテスト結果（点数順）

13	21	28	28	30	33	34	37
39	43	44	44	48	51	51	52
54	55	57	59	60	65	65	68
70	77	78	80	80	81	82	88
88	88	92	92	93	94	96	97

まず5数要約は以下のようになります（余力のある人は自分で確かめてくださいね！）。

最小値	第1四分位数	第2四分位数	第3四分位数	最大値
13	43.5	59.5	81.5	97

平均点は61.375［点］です。

以上を箱ひげ図に表します。

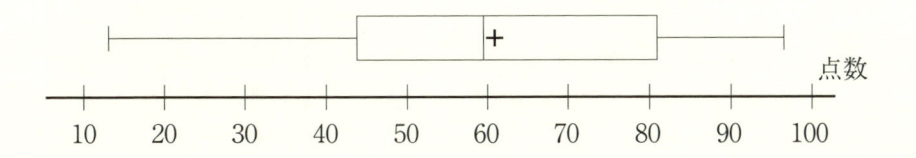

さて、この箱ひげ図からはどんなことがわかるでしょうか？

〈N数学塾の箱ひげ図からわかること〉
① 半数の生徒が40点台前半〜80点強の成績を取った。
② 成績の下位25％の生徒は点数に大きなばらつきがある。
③ 成績下位25％〜50％の生徒の点数は狭い範囲に集中している。
④ 成績の上位25％の生徒は点数が狭い範囲に集中している。

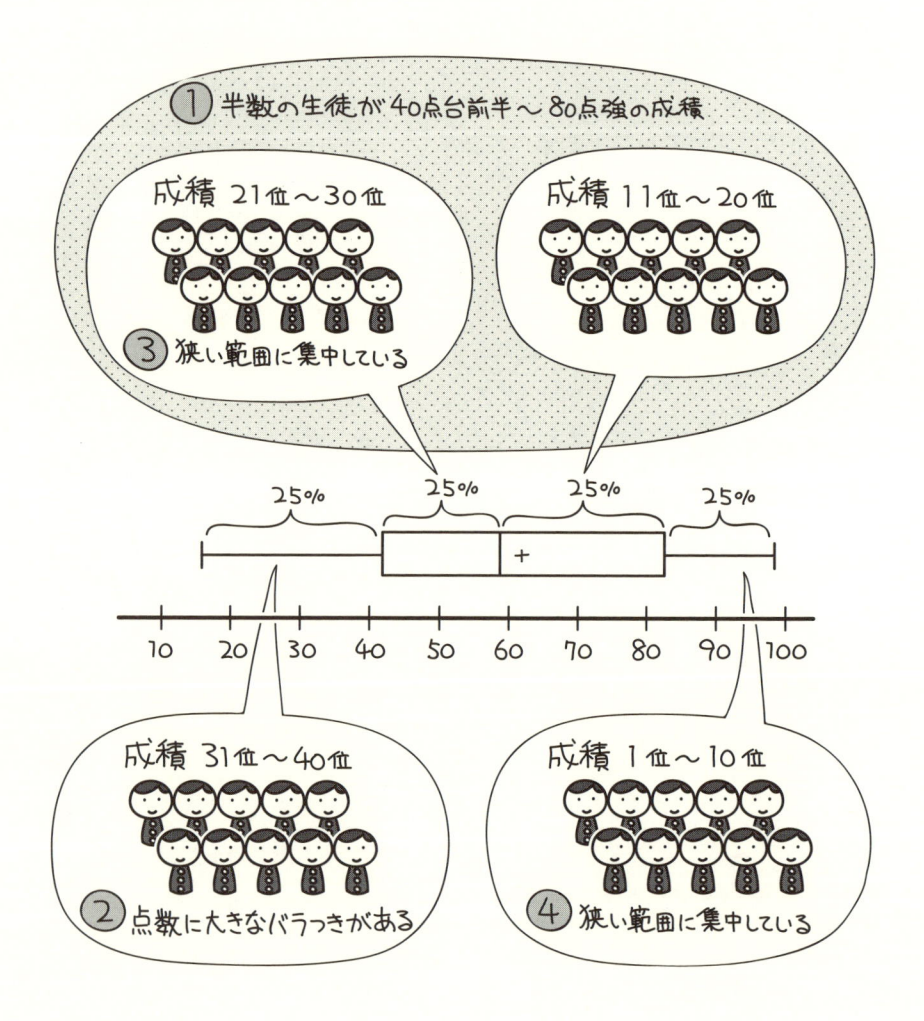

ちなみに同じテスト結果のヒストグラムはこうでした。

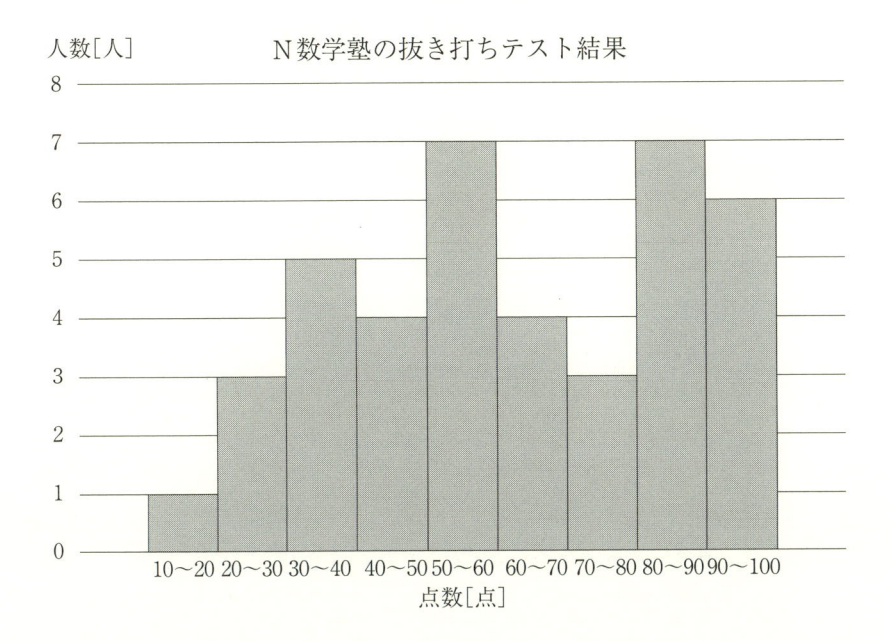

人数[人]　　　　N数学塾の抜き打ちテスト結果

（ヒストグラム：10〜20が1人、20〜30が3人、30〜40が5人、40〜50が4人、50〜60が7人、60〜70が4人、70〜80が3人、80〜90が7人、90〜100が6人）

点数[点]

ヒストグラムで高い度数を示している部分は、箱ひげ図では**間隔が狭く なる**ことがわかりますね。(^_-)-☆

【2頁の日本数学会の問題の解答】
(1) 平均 ≠ 中央値なので、×
(2) 平均 × 合計 = 人数なので、◯
(3) 平均からデータのばらつき具合（度数分布）はわからないので、×

第 2 章

データを分析するための基礎知識

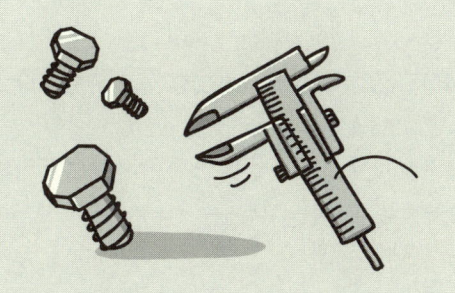

第2章のはじめに

　この章の目的はズバリ、データの平均のまわりのばらつき具合を表す標準偏差を理解し使えるようになることです。

　第1章で学んだ代表値やヒストグラムは集めたデータに対する1次的な「分析」であり、どちらかといえば分析というよりは「整理」のための手法でした。一方標準偏差はデータのより進んだ分析に役立つだけでなく、本書の次のレベルに進んだ際の「推測統計」でも活躍する大変重要な値です。標準偏差こそ統計全体を支える基礎であると言っても過言ではないでしょう。

　標準偏差を理解し使えるようになるためには平方根（√）と分配法則および多項式の計算といった数学の準備が必要になります。

　これらは主に中学2〜3年生で学ぶ内容ですが、実はこのあたりで数学に躓く人は少なくありません。算数〜中学1年生レベルの数学までなら大丈夫という人も、√（ルート）を見ると、

　「あ、ちょっと無理かも……(・_・;)」

と及び腰になったり、やや複雑な文字式（多項式）の計算式を見ると条件反射的にジトっと嫌な汗をかいてしまったりする人はたくさんいます。

　でも心配はいりません。私の経験から申し上げると、この章で学ぶ内容は確かに躓く人が多いのですが、その反面、時間をかけてきちんと学べばどんな生徒さんも必ず超えていけるところです。

　今こそ苦手意識を払拭するチャンスと思って、紙と鉛筆を傍らにじっくり取り組んでみてください。(^_-)-☆

平方根

まずは「平方根」の定義についておさらいしておきましょう。「平方」とは2乗のことで、「根」とはそのもとになる数のことです。

> **平方根の定義**
> 2乗するとaになる数のことをaの平方根という。

言い換えるとaの平方根とは、

$$x^2 = a$$

の解のことです。例えば、$a = 4$の場合、

$$x^2 = 4$$

で、

$$2^2 = 4$$
$$(-2)^2 = 4$$

ですから、

$$x = 2 \text{ あるいは } x = -2 \, (x = \pm 2)$$

と、4の平方根は2か-2であることがわかります（2つあります！）。

注）一般にaが正の数の場合、aの平方根には正と負の2つがあります。2つをまとめて「±○」と書いてもかまいません。「±」は「複号」といいます。

ルート（根号）

　4の平方根が2と－2であるのはいいとしても、例えば5の平方根はいくつになるのでしょうか。「5の平方根」とはすなわち2乗して5になる数ですね。

$$2^2 = 4$$
$$3^2 = 9$$

ですから、5の平方根（のうち正のほう）は2と3の間の数でしょう。でもこれではあまりにも大雑把なのでもう少し細かく計算してみます。

$$2.2^2 = 4.84$$
$$2.3^2 = 5.29$$

　これで5の平方根（のうち正のほう）は2.2と2.3の間の数であることがわかります。さらに細かく計算してみましょう。

$$2.23^2 = 4.9729$$
$$2.24^2 = 5.0176$$

　ふむ…5の平方根（のうち正のほう）は2.23と2.24の間の数のようです。ではさらに細かく……ってもういいですね。(^_-)-☆

　実はどんなに細かく計算しても（小数点以下をどんなに続けても）、**2乗したときにぴったり5になる数は見つかりません**。でも、2乗して5になる数は確実にこの世に存在します。ただその具体的な値がわからないだけです。

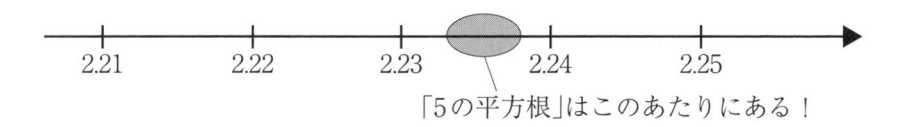

「5の平方根」はこのあたりにある！

　一般に、4や9や16のように**ある整数の2乗になっている数（平方数と**

いいます）以外の平方根は有限の小数や分数では表せないことがわかっています。

実際、5の平方根は、

$$2.2360679774997896964091736687313\cdots$$

と、小数点以下が無限に続いていく数になります。

> 注）平方数以外の平方根が有限の小数や有理数を使って表せないことは「背理法」という証明方法で示すことができます。背理法については拙書『大人のための数学勉強法』をご覧ください。m(_ _)m

有限の小数や分数では表せなくても、確かに存在する平方数以外の平方根を表すために、数学は$\sqrt{}$（ルート）というもの生み出しました。その定義はこうです。

$\sqrt{}$（ルート：根号）

aの平方根のうち、その正のほうを$\sqrt{a}$と表し「ルートa」と読む。

$\sqrt{}$（ルート）を使うと平方根は次のように表せます。

---

aの平方根は$\sqrt{a}$と$-\sqrt{a}$ （$\pm\sqrt{a}$）

---

aの平方根は$x^2 = a$の解でしたから、

$$x^2 = a の解は x = \pm\sqrt{a} である$$

ともいえます。

と、いうわけで5の平方根は$\pm\sqrt{5}$です。

ところで4の平方根は± 2でしたね。一方、ルートを使うと4の平方根

は±$\sqrt{4}$です。あれ？　4の平方根には表し方が2種類ある、ということでしょうか？

そうなんです！

$$4の平方根 = \pm\sqrt{4} = \pm 2$$

です。

ルートの中が平方数（ある整数の2乗になっている数）のとき、次のようにしてルートを外すことができます。

$\sqrt{}$（ルート）の外し方
　$a > 0$のとき
$$\sqrt{a^2} = a$$

$\sqrt{}$を外せるようになるためには、平方数（ある整数の2乗になっている数）が頭に入っている必要があります。15の2乗くらいまでがすっと出てくるようになっていると便利です。

〈平方数〉

$1(=1^2)$	$4(=2^2)$	$9(=3^2)$	$16(=4^2)$	$25(=5^2)$
$36(=6^2)$	$49(=7^2)$	$64(=8^2)$	$81(=9^2)$	$100(=10^2)$
$121(=11^2)$	$144(=12^2)$	$169(=13^2)$	$196(=14^2)$	$225(=15^2)$

例題をやってみましょう。(^_-)-☆

例題2-1　次の数を$\sqrt{}$（ルート）を使わずに表しなさい。

　　(1)　$\sqrt{9}$　　(2)　$\sqrt{121}$　　(3)　$\sqrt{\dfrac{9}{4}}$　　(4)　$\sqrt{0.25}$

第 2 章　データを分析するための基礎知識

【解答】

(1)
$$\sqrt{9} = \sqrt{3^2} = 3$$

(2)
$$\sqrt{121} = \sqrt{11^2} = 11$$

(3)
$$\sqrt{\frac{9}{4}} = \sqrt{\left(\frac{3}{2}\right)^2} = \frac{3}{2}$$

(4)
$$\sqrt{0.25} = \sqrt{(0.5)^2} = 0.5$$

注）(4) は次のように考えてもいいです♪
$$\sqrt{0.25} = \sqrt{\frac{25}{100}} = \sqrt{\left(\frac{5}{10}\right)^2} = \frac{5}{10} = 0.5$$

平方根の計算

　√（ルート）を外せない数は、有限の小数や分数によっては表せない数なので、特に加減の計算をするときには未知数（文字）のように扱わなくてはいけません。

　　《足し算》　$2\sqrt{3} + 3\sqrt{3} = 5\sqrt{3}$　　$(2a + 3a = 5a)$

　　《引き算》　$4\sqrt{7} - \sqrt{7} = 3\sqrt{7}$　　$(4a - a = 3a)$

掛け算と割り算については直感的にできます。

　　《掛け算》　$\sqrt{3} \times \sqrt{5} = \sqrt{3 \times 5} = \sqrt{15}$

　　《割り算》　$\sqrt{6} \div \sqrt{2} = \sqrt{\dfrac{6}{2}} = \sqrt{3}$

注）気になる人のために掛け算と割り算を直感的に行える理由を書いておきます。
　　今、xをaの正の平方根、yをbの正の平方根としましょう。すなわち、

$$\begin{cases} x = \sqrt{a} \\ y = \sqrt{b} \end{cases} \Rightarrow \begin{cases} x^2 = a \\ y^2 = b \end{cases}$$

です。これを使うと、

$$\sqrt{a} \times \sqrt{b} = x \times y = \sqrt{(x \times y)^2} = \sqrt{x^2 \times y^2} = \sqrt{a \times b}$$

となるので、

$$\sqrt{a} \times \sqrt{b} = \sqrt{a \times b}$$

であることがわかります。割り算は逆数の掛け算に直せば同様に示せます。

　要注意なのは、2種類以上の平方根が入った足し算と引き算です。

$$\sqrt{a}+\sqrt{b}=\sqrt{a+b}$$
$$\sqrt{a}-\sqrt{b}=\sqrt{a-b}$$

のようにすることは**できません**。これが正しくないことは具体的に考えてみればすぐにわかります。

$$\sqrt{4}+\sqrt{1}=2+1=3$$
$$\sqrt{4+1}=\sqrt{5}=2.23620679\cdots$$

ですから、

$$\sqrt{4}+\sqrt{1} \neq \sqrt{4+1}$$

は明らかですね。同様に引き算も、

$$\sqrt{16}-\sqrt{9}=4-3=1$$
$$\sqrt{16-9}=\sqrt{7}=2.64575\cdots$$

ですから明らかに、

$$\sqrt{16}-\sqrt{9} \neq \sqrt{16-9}$$

です。

平方根を簡単にする

平方根の計算を簡単にする方法を紹介します。

平方根を簡単にする

$a>0$、$b>0$ のとき
$$\sqrt{a^2 \times b}=\sqrt{a^2} \times \sqrt{b}=a\sqrt{b}$$

> 注）一般には $\sqrt{a^2}=|a|$ （a が負のときは $-a$）ですが、ここでは $a>0$ としているので、
> $$\sqrt{a^2}=a$$
> です。

具体的にやってみましょう。

$$\sqrt{8} = \sqrt{4 \times 2} = \sqrt{2^2 \times 2} = \sqrt{2^2} \times \sqrt{2} = 2\sqrt{2}$$
$$\sqrt{18} = \sqrt{9 \times 2} = \sqrt{3^2 \times 2} = \sqrt{3^2} \times \sqrt{2} = 3\sqrt{2}$$
$$\sqrt{75} = \sqrt{25 \times 3} = \sqrt{5^2 \times 3} = \sqrt{5^2} \times \sqrt{3} = 5\sqrt{3}$$

例題2-2 次の計算をしなさい。
(1) $4\sqrt{3} + 5\sqrt{3}$
(2) $\sqrt{20} - \sqrt{5}$
(3) $2\sqrt{8} \times 3\sqrt{2}$
(4) $\sqrt{84} \div \sqrt{7}$

【解答】
(1)
$$4\sqrt{3} + 5\sqrt{3} = \boxed{9\sqrt{3}}$$

(2)
$$\sqrt{20} - \sqrt{5} = \sqrt{4 \times 5} - \sqrt{5}$$
$$= \sqrt{2^2 \times 5} - \sqrt{5}$$
$$= \sqrt{2^2} \times \sqrt{5} - \sqrt{5}$$
$$= 2 \times \sqrt{5} - \sqrt{5}$$
$$= 2\sqrt{5} - \sqrt{5} = \boxed{\sqrt{5}}$$

(3)
$$2\sqrt{8} \times 3\sqrt{2} = 2 \times 3 \times \sqrt{8 \times 2} = 6 \times \sqrt{16} = 6 \times \sqrt{4^2} = 6 \times 4 = \boxed{24}$$

(4)
$$\sqrt{84} \div \sqrt{7} = \sqrt{\frac{84}{7}} = \sqrt{12} = \sqrt{4 \times 3} = \sqrt{2^2 \times 3} = \sqrt{2^2} \times \sqrt{3} = 2 \times \sqrt{3} = \mathbf{2\sqrt{3}}$$

文字式のルール

今後、文字式を使うことが多くなりますので、数式の中に文字を使う際のルールを確認しておきます。

文字式のルール

ルール1：掛け算記号（×）は省きます。
$$a \times b = ab$$
ルール2：数字と文字の積では、数字のほうを先に書きます。
$$a \times 3 = 3a$$
ルール3：同じ文字の積は累乗を使って書きます
$$a \times a = a^2$$
ルール4：割り算記号（÷）は使わずに分数で表します。
$$a \div 2 = \frac{a}{2}$$

また、「1」や「−1」を掛けるときは1を省きますので注意が必要です。

$$1 \times a = a$$
$$(-1) \times a = -a$$

【例】

① $x \times 4 \times y = 4xy$　　　　　　　　　［数字は先頭］

② $a + b \div 2 = a + \dfrac{b}{2}$ 　　　　　　[比較→$(a+b) \div 2 = \dfrac{a+b}{2}$]

③ $m \div 5 \times n = \dfrac{mn}{5}$ （$\dfrac{m}{5}n$ でもよい）　　[比較→$m \div (5 \times n) = \dfrac{m}{5n}$]

④ $p \times (-1) \times p + 5 \times p = -p^2 + 5p$ 　　[$p \times p$ は p^2, $-1p^2$ の1は省略]

分配法則

次節で学ぶ多項式の計算（展開と因数分解）は分配法則と呼ばれる次の計算法則を基本としています。

分配法則
$$(m + n)x = mx + nx$$

具体的な数字を使ってみましょう。

$$(2+3) \times 4 = 2 \times 4 + 3 \times 4 = 8 + 12 = 20$$

またA×BとB×Aは同じなので次のようにすることもできます。

$$4 \times (2+3) = 4 \times 2 + 4 \times 3 = 8 + 12 = 20$$

分配法則の正しさは次のような図を用いて理解することができます。

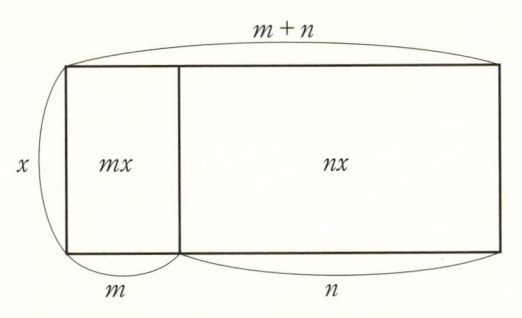

この大きな長方形全体の面積は $(m+n)x$ ですね。この面積は中の2つの小さな長方形の面積の和 $mx+nx$ に等しいはずですから、

$$(m+n)x = mx + nx$$

が成立することは明らかです。＼(^o^)／

例題2-3 分配法則を使って次の計算をしなさい。

(1) $\left(\dfrac{3}{2} + \dfrac{2}{7}\right) \times 14$

(2) $45 \times \left(\dfrac{3}{5} - \dfrac{1}{3}\right)$

(3) $\dfrac{3}{5} \times 33 + \dfrac{3}{5} \times 17$

【解答】

(1)
$$\left(\dfrac{3}{2} + \dfrac{2}{7}\right) \times 14 = \dfrac{3}{2} \times 14 + \dfrac{2}{7} \times 14 = 3 \times 7 + 2 \times 2 = 21 + 4 = \boxed{25}$$

(2)
$$45 \times \left(\dfrac{3}{5} - \dfrac{1}{3}\right) = 45 \times \dfrac{3}{5} - 45 \times \dfrac{1}{3} = 9 \times 3 - 15 \times 1 = 27 - 15 = \boxed{12}$$

(3)
$$\dfrac{3}{5} \times 33 + \dfrac{3}{5} \times 17 = \dfrac{3}{5} \times (33 + 17) = \dfrac{3}{5} \times 50 = 3 \times 10 = \boxed{30}$$

どれも分配法則を使うと、計算がぐっと楽になります。(^_-)-☆

分配法則を暗算に応用

　ちなみに分配法則を使うと、2桁×1桁の計算はほぼ暗算でできるようになります。例えば「56×7の計算をしなさい」と言われると大抵の人は紙と鉛筆か、あるいは電卓を持ち出したくなるでしょう。でも分配法則を使えば、次のように考えて暗算できます。最初は少し訓練が必要かもしれませんが、慣れれば簡単に感じられるはずです。

$$56 \times 7 = (50 + 6) \times 7 = 50 \times 7 + 6 \times 7 = 350 + 42 = 392$$

「68×4」ならこうなります。

$$68 \times 4 = (60 + 8) \times 4 = 60 \times 4 + 8 \times 4 = 240 + 32 = 272$$

「79×4」の計算には、引き算バージョンの分配法則を次のように応用することもできます。

$$79 \times 4 = (80 - 1) \times 4 = 80 \times 4 - 1 \times 4 = 320 - 4 = 316$$

多項式の展開

$(m+n)(x+y)$ の計算も「分配法則」から考えていきます。

$$(m+n)(x+y)$$
$$= m(x+y) + n(x+y)$$
$$= mx + my + nx + ny$$

$(x+y)$を1つの塊として分配法則を利用

$$(m+n)(x+y) = mx + my + nx + ny$$

注）xや$2x$やnyやnx^2のように「＋」や「－」の記号を含まずに、数字と文字の積だけで表された式を単項式といいます。
多項式とは「nx^2+x-ny」のように単項式を「＋」や「－」でつなげた式のことです。

この「$(m+n)(x+y)$」の計算が正しいことは次の図からも確認できます。

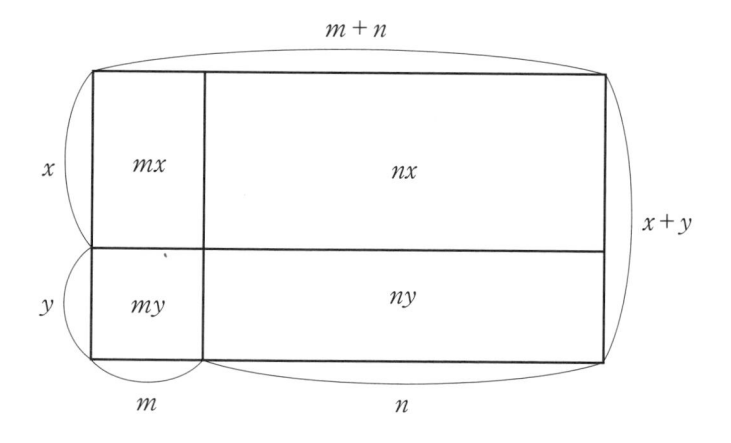

	$m+n$	
x	mx	nx
y	my	ny
	m　　n	$x+y$

大きな長方形の面積 = $(m+n)(x+y)$
小さな4つの長方形の面積の和 = $mx + my + nx + ny$

大きな長方形の面積と小さな4つの長方形の面積の和は等しいので、

$$(m+n)(x+y) = mx + my + nx + ny$$

は正しい計算です。

この計算はこれから頻繁に使うようになりますので、次のように機械的に行えるようにしておいてください。(^_-)-☆

$$(m+n)(x+y) = \underset{①}{mx} + \underset{②}{my} + \underset{③}{nx} + \underset{④}{ny}$$

乗法公式

多項式×多項式の計算で重要なもの（よく使われるもの）については公式が用意されています。

多項式の乗法公式
(1)　　$(x+a)(x+b) = x^2 + (a+b)x + ab$
(2)　　　　$(x+a)^2 = x^2 + 2ax + a^2$
(3)　　　　$(x-a)^2 = x^2 - 2ax + a^2$
(4)　　$(x+a)(x-a) = x^2 - a^2$

【証明】
(1)　$(x+a)(x+b) = x^2 + bx + ax + ab$
　　　　　　　　　$= x^2 + (a+b)x + ab$

(2) $(x+a)^2 = (x+a)(x+a)$
$= x^2 + ax + ax + a^2$
$= x^2 + 2ax + a^2$

(3) $(x-a)^2 = (x-a)(x-a)$
$= x^2 - ax - ax + a^2$
$= x^2 - 2ax + a^2$

(4) $(x+a)(x-a) = x^2 - ax + ax - a^2$
$= x^2 - a^2$

多項式の展開の練習

複数の多項式の積を計算することを、「多項式の展開」といいます。

先ほどの乗法公式を使って、多項式を展開する練習をしておきましょう。(^_-)-☆

例題2-4
(1) $(x+2)(x+3)$ (2) $(x+7)^2$
(3) $(x-1)^2$ (4) $(x+9)(x-9)$
(5) $(a-5)(a+3)$ (6) $(-y-1)(y-1)$

【解答】
(1) $(x+2)(x+3) = x^2 + (2+3)x + 2 \cdot 3 = x^2 + 5x + 6$
(2) $(x+7)^2 = x^2 + 2 \cdot 7 \cdot x + 7^2 = x^2 + 14x + 49$
(3) $(x-1)^2 = x^2 - 2 \cdot 1 \cdot x + 1^2 = x^2 - 2x + 1$
(4) $(x+9)(x-9) = x^2 - 9^2 = x^2 - 81$
(5) $(a-5)(a+3) = \{a+(-5)\}(a+3) = a^2 + \{(-5)+3\}a + (-5) \cdot 3$
$= a^2 - 2a - 15$

(6)　$(-y-1)(y-1) = \{-(y+1)\}(y-1) = -(y+1)(y-1) = -(y^2 - 1^2)$
$$= -y^2 + 1$$

(5) と (6) はちょっとした応用です。(^_-)-☆

次はもう少し複雑な多項式の展開に挑戦してみましょう。

例題2-5　次の多項式を展開してxについて整理しなさい。
(1)　$(x-a)^2 + (x-b)^2 + (x-c)^2$
(2)　$(x^2 - x + 3y)(x^2 - x - 3y) + 4(2x+y)^2$

【解答】
「xについて整理」というのは、

$$\bigcirc x^2 + \triangle x + \square$$

のようにx以外の文字を係数のように扱って、さらに各項をxの次数の高い順（降べきの順といいます）に並べることです。

> 注) 係数とは、「2x」の「2」のように文字（変数）に掛けられた数字（定数）のこと。
> またxの次数とは「x^3」の「3」のようにxの肩に乗っている数字（累乗の指数）のことです。

(1)
最初に乗法公式を使ってそれぞれを展開して、それからxについて整理していきます。
$(x-a)^2 + (x-b)^2 + (x-c)^2$
$= x^2 - 2ax + a^2 + x^2 - 2bx + b^2 + x^2 - 2cx + c^2$ 　　$(x-a)^2 = x^2 - 2ax + a^2$
$= x^2 + x^2 + x^2 - 2ax - 2bx - 2cx + a^2 + b^2 + c^2$
$= 3x^2 + (-2a - 2b - 2c)x + a^2 + b^2 + c^2$ 　　分配法則
$= 3x^2 - 2(a+b+c)x + a^2 + b^2 + c^2$

(2)

前半は「$x^2 - x$」を1つの塊として捉えることがポイントです。

$$(x^2 - x + 3y)(x^2 - x - 3y) + 4(2x + y)^2$$
$$= (x^2 - x)^2 - (3y)^2 + 4\{(2x)^2 + 2 \cdot 2x \cdot y + y^2\}$$
$$= (x^2)^2 - 2 \cdot x^2 \cdot x + x^2 - 9y^2 + 4(4x^2 + 4xy + y^2)$$
$$= x^4 - 2x^3 + x^2 - 9y^2 + 16x^2 + 16xy + 4y^2$$
$$= x^4 - 2x^3 + (1 + 16)x^2 + 16xy + (-9 + 4)y^2$$
$$= x^4 - 2x^3 + 17x^2 + 16xy - 5y^2$$

永野より

ちょっと面倒でしたね。でも特に(1)と似た計算はあとで分散の簡単な計算公式を導く際に必要になりますので、ここで慣れておいてください。

《練習問題》

練習2-1 次の数を√（ルート）を使わずに表しなさい。

(1) $\sqrt{10000}$　　(2) $\sqrt{441}$　　(3) $\sqrt{\dfrac{81}{196}}$　　(4) $\sqrt{4.84}$

【解答】

(1)　$\sqrt{10000} = \sqrt{\boxed{}} = \boxed{}$

(2)　$\sqrt{441} = \sqrt{9 \times 49} = \sqrt{\boxed{}^2 \times \boxed{}^2} = \boxed{}$　　←各位の和が9の倍数になる数は9の倍数

(3) $\sqrt{\dfrac{81}{196}} = \sqrt{\dfrac{\boxed{}^2}{\boxed{}^2}} = \boxed{}$

(4) $\sqrt{4.84} = \sqrt{\dfrac{484}{100}} = \sqrt{\dfrac{4 \times \boxed{}}{\boxed{}^2}} = \sqrt{\dfrac{\boxed{}^2 \times \boxed{}^2}{\boxed{}^2}} = \boxed{} = \boxed{}$

> 下2桁が4の倍数の
> 数は4の倍数

ここで2〜11の倍数の見つけ方をまとめておきましょう。ただ、7と11の倍数の見つけ方は面倒で、実際に割り算をしたほうが早いかもしれません……。(^_^;)

倍数の見つけ方

2の倍数：末尾の数字が偶数。

3の倍数：各位の数の和が3の倍数。

4の倍数：下2桁が4の倍数か、00。

5の倍数：末尾の数字が0か5。

6の倍数：末尾の数字が偶数でかつ各位の数の和が3の倍数。

7の倍数：「1の位をなくした数」-「1の位を2倍した数」が7の倍数
　　　　例) 581なら $58 - 1 \times 2 = 56$。
　　　　　　56は7の倍数なので581は7の倍数。

8の倍数：下3桁が8の倍数か、000。

9の倍数：各位の数の和が9の倍数。

10の倍数：末尾が0。

11の倍数：「奇数桁目の数の和」-「偶数桁目の数の和」が11の倍数
　　　　　例) 2816なら $(8+6) - (2+1) = 11$。
　　　　　　　11は11の倍数なので2816は11の倍数

練習2-2

下の数直線上の点A、B、C、Dは、
$$\sqrt{5},\ \sqrt{6},\ \frac{\sqrt{10}}{2},\ \frac{\sqrt{20}}{4},$$
のいずれかに対応しています。A、B、C、Dに対応する数をそれぞれ求めなさい。

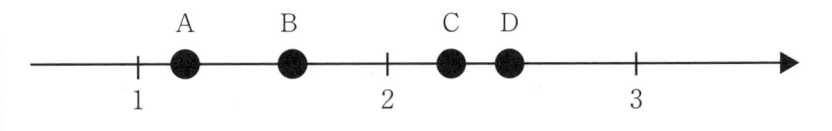

```
        A    B        C  D
────┬───●────●────┬───●──●────┬──────▶
    1            2            3
```

【解答】

√の中の数字の前後の平方数（ある整数の2乗になっている数）を見つけるのがコツです。

$$\sqrt{\Box} < \sqrt{5} < \sqrt{\Box} \ \Rightarrow\ \Box < \sqrt{5} < \Box$$
$$\sqrt{\Box} < \sqrt{6} < \sqrt{\Box} \ \Rightarrow\ \Box < \sqrt{6} < \Box$$

また $\sqrt{5} < \sqrt{6}$ は明らかなので、

$$\Box \cdots \sqrt{5}$$
$$\Box \cdots \sqrt{6}$$

であることがわかります。

次に、　　　　　　　　　　÷2

$$\sqrt{\Box} < \sqrt{10} < \sqrt{\Box}\ \Rightarrow\ \Box < \sqrt{10} < \Box\ \Rightarrow\ \boxed{} < \frac{\sqrt{10}}{2} < \boxed{} \ \Rightarrow\ \Box < \frac{\sqrt{10}}{2} < \Box$$

なので、

$$\Box \cdots \frac{\sqrt{10}}{2}$$

であることがわかります。また、

80

$$\frac{\sqrt{20}}{4}=\frac{\sqrt{4\times\boxed{}}}{4}=\frac{\sqrt{\boxed{}^2\times\boxed{}}}{4}=\frac{\sqrt{5}}{2}$$

と変形できます。これより、

$$\boxed{}<\sqrt{5}<\boxed{} \Rightarrow \boxed{}<\frac{\sqrt{5}}{2}<\boxed{} \Rightarrow \boxed{}<\frac{\sqrt{5}}{2}<\boxed{} \Rightarrow \boxed{}<\frac{\sqrt{20}}{4}<\boxed{}$$

よって、確かに、

$$\boxed{}\cdots\frac{\sqrt{20}}{4}$$

ですね！

練習2-3 次の問に答えなさい。

288m²（約87坪）の正方形の土地があります。この土地の一辺の長さを小数第一位まで求めなさい。なお$\sqrt{2}=1.41$とします。

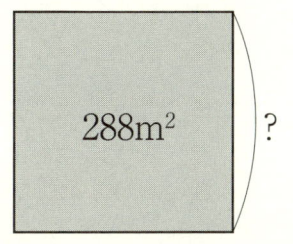

（図：288m² の正方形、一辺 = ?）

【解答】

正方形の土地の一辺の長さをxとすると、

$$x^2=\boxed{}$$

$x>0$なので、

　　　　　問題文より$\sqrt{2}=1.41$

$x=\sqrt{288}=\sqrt{\boxed{}\times2}=\sqrt{\boxed{}^2\times2}=\boxed{}\sqrt{2}=\boxed{}\times1.41=16.92$

よって、

$$x ≒ \boxed{} \text{ [m]}$$

練習2-4 次の計算を工夫して行いなさい。

(1) $\dfrac{1}{5} \times \left(\dfrac{3}{7} - 3\right) + \dfrac{3}{5}$

(2) $(-4) \times 73 + (-4) \times 27$

(3) $555 \times (-33) - 41 \times (-33) - 14 \times (-33)$

(4) $(-36) \times \left(\dfrac{7}{12} - \dfrac{5}{18}\right)$

【解答】

どれも真っ当（？）に計算するより、分配法則を使ったほうがうんと楽になります！

(1) $\dfrac{1}{5} \times \left(\dfrac{3}{7} - 3\right) + \dfrac{3}{5} = \dfrac{1}{5} \times \boxed{} - \dfrac{1}{5} \times \boxed{} + \dfrac{3}{5} = \dfrac{3}{35} - \dfrac{3}{5} + \dfrac{3}{5} = \boxed{}$

(2) $(-4) \times 73 + (-4) \times 27 = (-4) \times (\boxed{} + \boxed{}) = (-4) \times \boxed{} = \boxed{}$

(3) $555 \times (-33) - 41 \times (-33) - 14 \times (-33) = (\boxed{} - \boxed{} - \boxed{}) \times (-33)$
$= \boxed{} \times (-33) = \boxed{}$

(4) $(-36) \times \left(\dfrac{7}{12} - \dfrac{5}{18}\right) = \boxed{} \times \dfrac{7}{12} - \boxed{} \times \dfrac{5}{18}$

$= \boxed{} - \boxed{} = \boxed{}$

どうでしょう？　こうして工夫すれば、ほとんど暗算でもできるくらいに簡単になりますね！

第2章　データを分析するための基礎知識

練習2-5　下図のグレーの部分の面積を求めなさい。ただし、円周率は3.14とします。

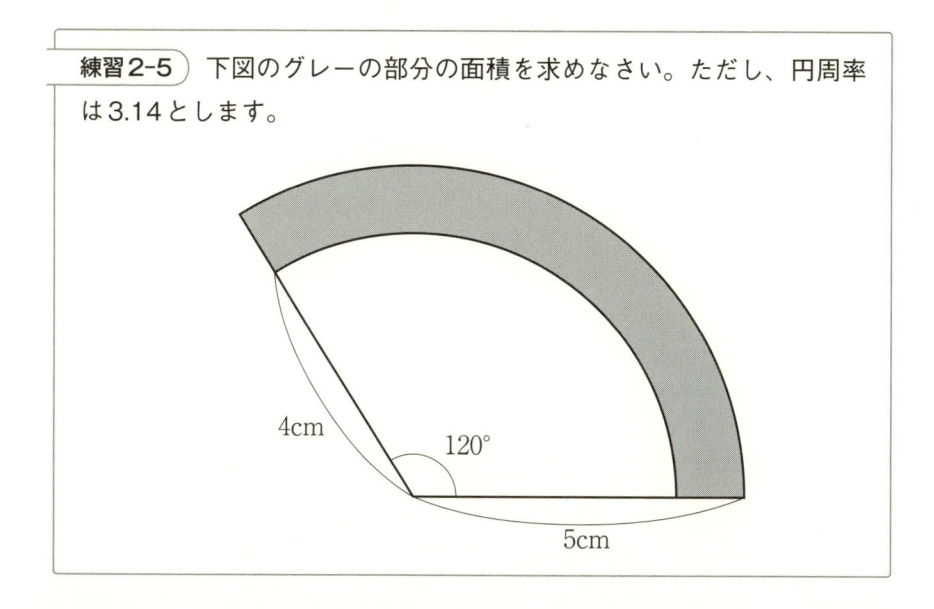

【解答】

「なんで今さら円周率が3.14なの？(*￣0￣*)」
と思われるかもしれませんが、これも分配法則を使って計算を楽にする練習です。ご容赦ください……。(^_^;)

求める面積は「大きな扇形－小さな扇形」で計算します。求める面積をSとすると、

$$S = 5 \times 5 \times 3.14 \times \frac{120}{360} - 4 \times 4 \times 3.14 \times \frac{120}{360}$$

$$= 5^2 \times 3.14 \times \frac{1}{3} - 4^2 \times 3.14 \times \frac{1}{3}$$

$$= (\boxed{} - \boxed{}) \times 3.14 \times \frac{1}{3}$$

$$= \boxed{} \times 3.14 \times \frac{1}{3}$$

$$= \boxed{} \times 3.14$$

$$= \boxed{}$$

練習2-6 次の式を展開し、xについて降べきの順に整理しなさい。
(1)　$2x(3a^2 - 2ax + x^2)$
(2)　$(x+1)^2(x-2a)$
(3)　$(x-a-1)(x+a+1)$
(4)　$(x-1)(x-3)(x+1)(x+3)$

【解答】
(1)

分配法則を使って展開してから、xについて次数の高い順に並べます。

$$2x(3a^2 - 2ax + x^2) = 2x \cdot \boxed{} - 2x \cdot \boxed{} + 2x \cdot \boxed{}$$
$$= \boxed{}x^3 - \boxed{}x^2 + \boxed{}x$$

(2)

「$(x+1)^2$」について乗法公式を使ってから「$(x-2a)$」を1つの塊として捉えて分配法則を使います。

$(x+a)^2 = x^2 + 2ax + a^2$

$(x+1)^2(x-2a) = (\boxed{})(x-2a)$
$= \boxed{} \cdot (x-2a) + \boxed{} \cdot (x-2a) + \boxed{} \cdot (x-2a)$
$= \boxed{} \cdot x - \boxed{} \cdot 2a + \boxed{} \cdot x - \boxed{} \cdot 2a + \boxed{} \cdot x - \boxed{} \cdot 2a$
$= x^3 - 2\boxed{}x^2 - \boxed{}x - \boxed{}$

(3)

置き換えを使って「$(x-A)(x+A) = x^2 - A^2$」を利用することを考えます。

$$(x-a-1)(x+a+1) = \{x - \boxed{}\}\{x + \boxed{}\}$$

ここで$(a+1) = A$とすると、

$$= (x-A)(x+A)$$
$$= x^2 - A^2$$
$$= x^2 - \boxed{}^2$$
$$= x^2 - (\boxed{})$$
$$= \boxed{}$$

(4)

　計算する順序を工夫して、やはり「$(x-A)(x+A) = x^2 - A^2$」を利用します。

$$(x-1)(x-3)(x+1)(x+3) = (x-1)(\boxed{})(x-3)(\boxed{})$$
$$= (x^2 - \boxed{}^2)(x^2 - \boxed{}^2)$$
$$= (x^2 - \boxed{})(x^2 - \boxed{})$$

ここで $x^2 = X$ とすると、

$$(x+a)(x+b) = x^2 + (a+b)x + ab$$

$$= (X - \boxed{})(X - \boxed{})$$
$$= X^2 + \{\boxed{}\}X + \boxed{}$$
$$= X^2 - \boxed{}X + \boxed{}$$
$$= \boxed{}$$

お疲れ様でした！

　ではこれまで学んだ分配法則、平方根、多項式の展開が統計にどのように応用されるかを見ていきましょう。

統計に応用！

岡田先生:「平方根とか分配法則とか乗法公式とか、ずいぶん基礎的なことも詳しく書いていますね」

永野:「はい。確かにこれらはわかっている人からすると『そんなの当たり前だよ』ということかもしれませんが、ウチの塾にくる大人の生徒さんはこのあたりに不安がある人が少なくないんです」

岡田先生:「なるほど。確かにあとで出てくる分散（V_x）を求めるための公式、

$$V_x = \overline{x^2} - \overline{x}^2$$

を導くには乗法公式が必要ですし、分散から標準偏差を求めるときにも$\sqrt{}$の計算が要りますね」

永野:「値を出すだけなら、公式を暗記したり電卓を叩いたりすればすむ話ですが、そういうことを繰り返していると、数学はどんどんできなくなっていってしまうと思うんです」

岡田先生:「その意見には全面的に賛成しますよ」

永野:「ありがとうございます。この章の数学と統計を結ぶフローチャートはこうです」

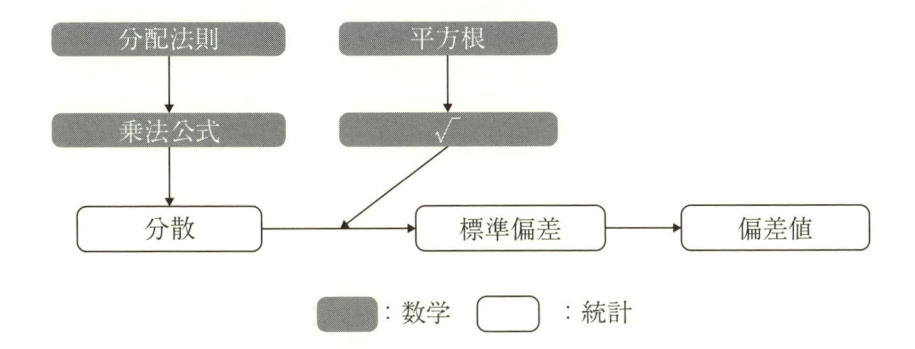

第 2 章　データを分析するための基礎知識

```
[分配法則]        [平方根]
    ↓              ↓
[乗法公式]         √
                   ↘
(分散) ─────→ (標準偏差) ─────→ (偏差値)
```

■：数学　□：統計

「平均、中央値、最頻値などの『代表値』は数値ひとつでデータ全体の特徴を（ある程度）つかむには便利な値ですが、これらの値からデータのばらつき具合を推し量るのは簡単ではありません。そこで私たちは四分位数や四分位数をグラフ化した箱ひげ図を使ってデータのばらつき具合を表すことを前章で学びました。四分位数や箱ひげ図は中央値を基準としたばらつき具合を示す値でしたね。

一方、この章で学ぶ分散と標準偏差は平均を基準としたばらつき具合を表す数値です。それぞれが示すものを混同しないように注意しましょう」

岡田先生

四分位数＆箱ひげ図
　→　中央値を基準としたばらつき具合を示す

分散＆標準偏差
　→　平均を基準としたばらつき具合を示す

分散

　ここでの目標は、平均を基準としたばらつき具合を調べることです。そこで、前章【例題1-5】のA組とB組のデータを使って、その方法を探っていきましょう。

　　　　　　A組：50　　60　　40　　30　　70　　50
　　　　　　B組：40　　30　　40　　40　　100

　まずはそれぞれの組の平均（両組とも50点でしたね←5頁）との差を表にまとめてみます。

A組（平均：50点）

得点	50	60	40	30	70	50
得点−平均点	0	10	−10	−20	20	0

B組（平均：50点）

得点	40	30	40	40	100
得点−平均点	−10	−20	−10	−10	50

　次にそれぞれの組の「得点−平均点」の平均を求めてみます。

〈得点−平均点の平均〉

$$A組：\frac{0+10+(-10)+(-20)+20+0}{6}=\frac{0}{6}=0 \;[点]$$

$$B組：\frac{(-10)+(-20)+(-10)+(-10)+50}{6}=\frac{0}{5}=0 \;[点]$$

あれ？　どちらも0点になってしまいました。実はこれは偶然ではありません。前章の【練習1-1】の別解にも書きましたが（24頁）、平均は

$$\text{平均} = \text{基準値} + \text{基準値からの差の平均}$$

で求めることができますので、基準値に平均点を使えば「基準値からの差の平均」が0になるのは当たり前です。

つまり「得点－平均点」の平均では平均点のまわりのばらつき具合を調べることはできません。その元凶は「得点－平均点」は負の値になることも正の値になることもあり、それぞれが打ち消し合って、平均からのズレが見えなくなってしまうことにあります。そこで「得点－平均点」が負の値になっても差が見えるように「得点－平均点」を2乗してから、その平均を取ってみましょう。

A組

得点	50	60	40	30	70	50
得点－平均点	0	10	－10	－20	20	0
(得点－平均点)^2	0	100	100	400	400	0

B組

得点	40	30	40	40	100
得点－平均点	－10	－20	－10	－10	50
(得点－平均点)^2	100	400	100	100	2500

〈(得点－平均点)^{2}の平均〉

$$\text{A組} : \frac{0+100+100+400+400+0}{6} = \frac{1000}{6} = 166.66\cdots\ [\text{点}^2]$$

$$\text{B組} : \frac{100+400+100+100+2500}{5} = \frac{3200}{5} = 640\ [\text{点}^2]$$

負の数も2乗すれば正になるので、これならしっかりとA組とB組の違いがでます。このように平均からの負のズレも正のズレも見えるように考えだされた「(平均からの差)^{2}の平均」を「分散 (Variance)」といいます。
　分散を求める手順は以下の通り。

分散の求め方
（ⅰ）データの平均を求める
（ⅱ）各データについて「値－平均」を求める
（ⅲ）各データの「(値－平均)^2」を求める
（ⅳ）(値－平均)^{2}の平均を求める。

　一般に、

$$x_1, x_2, x_3, \cdots, x_n$$

と全部でn個のデータがあるとき、分散をV_xとすると次のように表せます。

分散の定義

$$V_x = \frac{(x_1-\bar{x})^2 + (x_2-\bar{x})^2 + (x_3-\bar{x})^2 + \cdots + (x_n-\bar{x})^2}{n}$$

> 注）「$\bar{x}$」は平均です（5頁）。
> 　あとで学ぶΣ（シグマ）を使えば、次のようにスッキリと表すことができます。お楽しみに！(^_－)－☆
> $$V_x = \frac{1}{n}\sum_{k=1}^{n}(x_k-\bar{x})^2$$

標準偏差

　分散は平均からの差がきちんと見えるので、平均のまわりのばらつき具合を表すには好都合なのですが、次の2つの問題があります。
　(1) 値が大きくなりすぎる
　(2) 単位が［本来の単位^2］になる

　先ほどのA組とB組のデータの場合、
　　A組の分散＝166.66…［点^2］
　　B組の分散＝640［点^2］
でしたが、この値だけを眺めると、
　「いったい何点満点のテスト？」「点^{2}って何？」
と思う人は少なくないでしょう。
　しかもこのようにA組とB組の分散を並べて書けばA組のほうが平均のまわりのばらつき具合が小さいことはわかりますが、もしB組という比較対象がなければ、A組の平均からのズレも（実際より）随分大きい印象になってしまいます。
　しかし、上の2つの欠点は簡単に解決します。もうお気づきですね？　そうです！　2つともデータの平均からのズレを「2乗して」計算しているために起こる現象ですから、分散の√をとればよいのです。この$\sqrt{分散}$を「標準偏差（Standard Deviation）」といいます。

　早速、A組とB組のデータについて標準偏差を求めてみましょう。

　　A組の標準偏差＝$\sqrt{166.666\cdots[点^2]}$＝12.9099…［点］

　　B組の標準偏差＝$\sqrt{640[点^2]}$＝25.298…［点］

A組が約13点で、B組が約25点ですから、標準偏差なら、それぞれの組のばらつき具合をよく表現できているといえそうです。

標準偏差も一般化しておきましょう。

$$x_1, x_2, x_3, \cdots, x_n$$

の計n個のデータに対して、標準偏差をs_xとすると次のようになります。

標準偏差の定義

$$s_x = \sqrt{V_x} = \sqrt{\frac{(x_1 - \bar{x})^2 + (x_2 - \bar{x})^2 + (x_3 - \bar{x})^2 + \cdots + (x_n - \bar{x})^2}{n}}$$

式で表すとなんだかものものしいですね。でも分散の$\sqrt{\ }$（ルート）をとっただけです。

分散（とそれの$\sqrt{\ }$をとった標準偏差）は平均のまわりのばらつき具合を知るには優れた指標ですが、計算が面倒くさいのが玉にキズです。(・_・;)

そこで！ 少しでも分散の計算を楽にするための公式を導いておきましょう。75頁の乗法公式のうち、

$$(3) \quad (x-a)^2 = x^2 - 2ax + a^2$$

を使います。

$$V_x = \frac{(x_1 - \bar{x})^2 + (x_2 - \bar{x})^2 + (x_3 - \bar{x})^2 + \cdots + (x_n - \bar{x})^2}{n}$$

$$= \frac{x_1^2 - 2x_1\bar{x} + \bar{x}^2 + x_2^2 - 2x_2\bar{x} + \bar{x}^2 + x_3^2 - 2x_3\bar{x} + \bar{x}^2 + \cdots + x_n^2 - 2x_n\bar{x} + \bar{x}^2}{n}$$

$$= \frac{(x_1^2 + x_2^2 + x_3^2 + \cdots + x_n^2) - 2(x_1 + x_2 + x_3 + \cdots + x_n)\bar{x} + n\bar{x}^2}{n} \quad \bar{x}^2 は n 個ある$$

$$= \frac{x_1^2 + x_2^2 + x_3^2 + \cdots + x_n^2}{n} - 2\frac{x_1 + x_2 + x_3 + \cdots + x_n}{n}\bar{x} + \frac{n}{n}\bar{x}^2 \quad \frac{a+b+c}{n} = \frac{a}{n} + \frac{b}{n} + \frac{c}{n}$$

$$= \overline{x^2 - 2\overline{x} \cdot \overline{x} + \overline{x}^2}$$
$$= \overline{x^2} - 2\overline{x}^2 + \overline{x}^2$$
$$= \overline{x^2} - \overline{x}^2$$

$$\overline{x}\,(平均) = \frac{x_1 + x_2 + x_3 + \cdots + x_n}{n}$$

$$\overline{x^2}\,(2乗の平均) = \frac{x_1^2 + x_2^2 + x_3^2 + \cdots + x_n^2}{n}$$

$$\overline{x}^2\,(平均の2乗) = \overline{x} \cdot \overline{x}$$

注)
平均の2乗「$\overline{x}^2$」と2乗の平均「$\overline{x^2}$」を混同しないように注意しましょう。例えば、

x_1	x_2	x_3
1	2	3

というデータがあるとすると、平均「$\overline{x}$」、平均の2乗「$\overline{x}^2$」、2乗の平均「$\overline{x^2}$」はそれぞれ次のようになります。

$$\overline{x} = \frac{1+2+3}{3} = \frac{6}{3} = 2$$
$$\overline{x}^2 = (\overline{x})^2 = 2^2 = 4$$
$$\overline{x^2} = \frac{1^2 + 2^2 + 3^2}{3} = \frac{1+4+9}{3} = \frac{14}{3} = 4.66\cdots$$

随分と簡単な式になりました！＼(^o^)／

分散の簡単な計算公式

$$V_x = \overline{x^2} - \overline{x}^2$$

［分散＝2乗の平均－平均の2乗］

言わずもがなですが、この公式を使うと標準偏差 s_x も次のように簡単に表せます。

$$s_x = \sqrt{V_x} = \sqrt{\overline{x^2} - \overline{x}^2}$$

先ほど分散と標準偏差を調べたA組のデータについて、前頁の公式を

使ってみましょう。

A組

得点	50	60	40	30	70	50
得点^2	2500	3600	1600	900	4900	2500

$\bar{x}(平均) = \dfrac{50+60+40+30+70+50}{6} = \dfrac{300}{6} = 50$

$\bar{x}^2(平均の2乗) = 50^2 = 2500$

$\overline{x^2}(2乗の平均) = \dfrac{2500+3600+1600+900+4900+2500}{6} = \dfrac{16000}{6} = \dfrac{8000}{3}$

$V_x(分散) = \overline{x^2} - \bar{x}^2$

$= \dfrac{8000}{3} - 2500 = \dfrac{8000-7500}{3} = \dfrac{500}{3} = 166.66\cdots [点^2]$

$s_x(標準偏差) = \sqrt{V_x} = \sqrt{166.666\cdots} = 12.9099\cdots [点]$

ちゃんと、91頁と同じになります。(^_-)-☆

岡田先生より

ちなみに、多峰性分布（複数の「ピーク」がある分布）では分散や標準偏差の値を解釈するのが難しくなります。これは、こうした場合には平均と最頻値とが大きくずれることが多く、必ずしも平均によってデータを代表するのが適切でない場合が多いことが一つの理由です。

偏差値

「偏差値」という言葉を聞いたことがない人はおそらくいないでしょう。学生時代、模試の結果には必ず載っていたと思います（あまり印象の良い言葉ではありませんね……）。

でもその算出方法や意味を正確にわかっている人は多くありません。だいたいの人は「偏差値50は平均、偏差値60は結構優秀、偏差値70はすごく優秀。逆に偏差値40を切っちゃうとちょっとマズイ……」のようなイメージを持っているだけのようです。

これまで学んできた標準偏差（や分散）はデータのばらつき具合を表す指標でした。標準偏差が小さいということは、データが平均のまわりに集中していることを示すのでしたね。一方、偏差値はデータ全体の中である特定のデータがどれだけ「特殊」であるかを測る指標です。

偏差値は平均を50とし、そこから標準偏差の値1つ分ずれる毎に±10します。偏差値の計算式は次の通り。

偏差値の計算式

$$偏差値 = 50 + \frac{特定のデータ - 平均}{標準偏差} \times 10$$

岡田先生より

例えば、難しいテストで70点を取ったA君の偏差値が75で、簡単なテストでA君と同じく70点を取ったB君の偏差値が50である場合、A君の点数はめったに取れないほどよい成績ですが、

> B君の点数はごくありふれた成績だということがわかります。このように**偏差値**は、異なる基準で測定されたデータを比べることができる、という点で優れています。

では次のB組のデータを使って、100点の生徒の偏差値を計算してみましょう。

$$B組：30 \quad 40 \quad 40 \quad 40 \quad 100$$

B組の平均点は50点、標準偏差は$\sqrt{640}$点でしたね。

$$100点の生徒の偏差値 = 50 + \frac{100-50}{\sqrt{640}} \times 10$$

$$\boxed{\begin{array}{l} \sqrt{640} = \sqrt{8^2 \cdot 10} = 8\sqrt{10} \\ \frac{10}{\sqrt{10}} = \frac{\sqrt{10}^2}{\sqrt{10}} = \sqrt{10} \end{array}} \quad \begin{array}{l} = 50 + \frac{50}{8\sqrt{10}} \times 10 \\ \\ = 50 + \frac{25}{4}\sqrt{10} \\ \\ = 69.764\cdots \end{array}$$

やはり100点の生徒は「**すごく優秀**」です。(^_-)-☆

例えばセンター試験のように非常に多くの人が受けるテストの結果は「**正規分布**」と呼ばれる分布でよく近似することができます。正規分布では全データの約7割（68.26％）は標準偏差1つ分のズレの中に入ることがわかっています。

[注）正規分布については後で詳述します。]

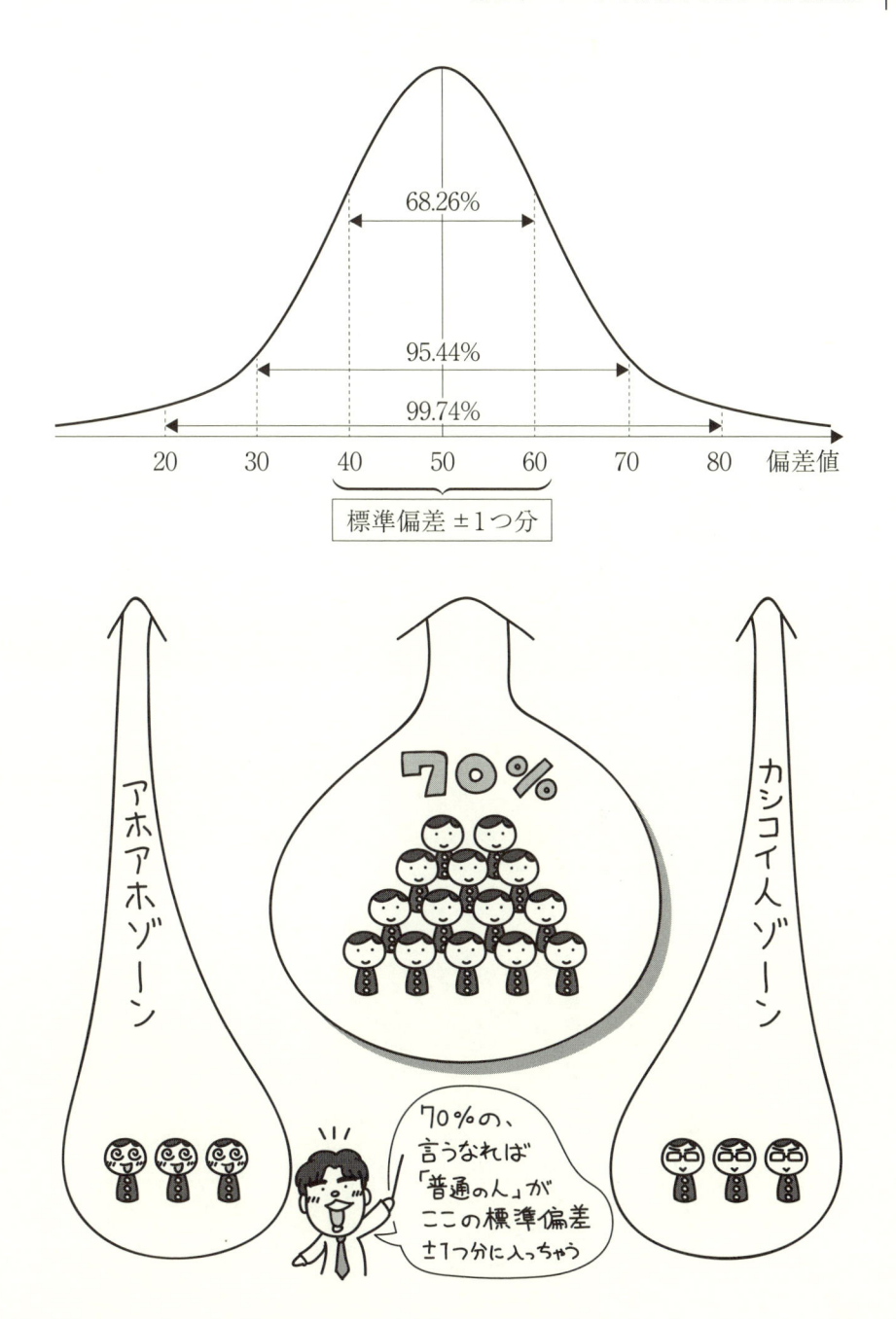

第2章 データを分析するための基礎知識

68.26%
95.44%
99.74%

20　30　40　50　60　70　80　偏差値

標準偏差 ±1つ分

アホアホゾーン

70%

カシコイ人ゾーン

70%の、言うなれば「普通の人」がここの標準偏差±1つ分に入っちゃう

第3章

相関関係を調べるための数学

第3章のはじめに

　誰でも目の前に、
「この壺を買えば幸せになりますよ」
という人があらわれたら、大いに怪しむでしょう。
「今どき、こんな詐欺にひっかかる人いないだろう」
とも思うでしょう。でも、
「この教材を買えば英語が話せるようになります」
「このドリンクを飲めば痩せます」
「このセミナーに参加するとお金持ちになれます」
などはどうでしょうか？　疑わしいものの「本当かな？」と心動かす人もまだまだいるのではないでしょうか？　それが証拠にこの手の広告は目にしない日がないほど巷にあふれています。
　これらの文言が信ずるに足るのかあるいは詐欺まがいの誇大広告なのかをきちんと判断するためには、
「特定教材の購買の有無と英語の実力」
「特定ドリンクの摂取量と体重」
「特定セミナー参加の有無と財産」
といった2つの変量の間に**相関関係**があるといえるのかどうかを調べる必要があります。

　本章では相関関係を調べるための基本的な統計的手法（**散布図**と**相関係数**）のための数学を学びます。

　散布図の理解には1次関数とそのグラフの性質を把握しておく必要があります。また相関係数の原理は決してやさしいものではなく、これをきちんと理解するためには2次関数の最大値・最小値や2次方程式の判別式、

それに**2次不等式**といった数学が必要不可欠です。これらは高校数学の中でも大きなウエイトを占める重要単元ばかりなので、本章はなかなか噛みごたえのある分量と内容になっています。m(_ _)m

　この章の中心的な話題はつまるところ**「関数」**です。（詳しくは後述しますが）関数を理解することは**原因と結果の関係**を理解することに繋がります。そしてそれは統計的な相関関係の理解を進めるだけでなく、**論理的にものごとを考えようとするときの基礎**になるので非常に重要です。中学・高校時代に習った関数に不安がある人や、丸暗記で点数を取ってきてしまった人はぜひ腰を据えて取り組んでみてほしいと思います。私も紙幅のゆるす限り、できるだけ丁寧に説明していきます。

関数

　「関数」はそもそも「函数(かん)」という字を使っていたことをご存知でしょうか？「函(はこだて)」は函館の「函」であり、「郵便をポストに投函する」の「投函」にも使われている、「箱」という意味の漢字です。すなわち「関数」＝「函数」というのは「箱の数」ということです。

　これは私の推測ですが、入力として「函(はこ)」にある値（例えばx）を入れると、出力としてある値（例えばy）が出てくるイメージからきた名前だと思います。学習指導要領で表記が「関数」に一本化されたのは1969年以降ですが、今でも一部の数学者は好んで「函数」を使っているようです。

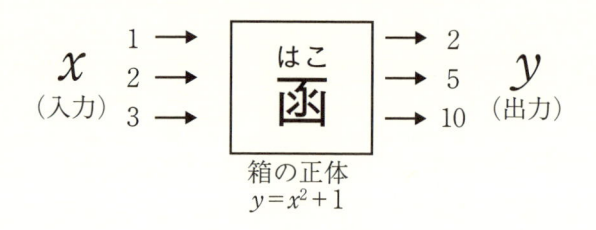

$$x \begin{matrix} 1 \to \\ 2 \to \\ 3 \to \end{matrix} \boxed{函 \text{はこ}} \begin{matrix} \to 2 \\ \to 5 \\ \to 10 \end{matrix} y$$

（入力）　　箱の正体　　（出力）
$y = x^2 + 1$

　「yはxの関数である」とは英語では"y is a function of x"といいますが、少々長いので、数学ではこれを略して"$y = f(x)$"と書きます。
　yがxの関数であるために必要な条件は次の2つです。

---

yがxの関数であるための条件
　（A）xの値によってyの値が一通りに決まる
　（B）xが（決められた範囲内の）自由な値をとることができる

　通勤途中にある自動販売機を思い浮かべてください。

第3章 相関関係を調べるための数学

　実はその自動販売機は同じボタンを押しても日によって出てくる商品が違います。さてあなたはこれを使いますか？（・_・;)
　ギャンブル的に楽しみたい場合をのぞいて別の自動販売機で買おうと思う人がほとんどでしょう。(A) の条件は、1つの入力に対してデタラメな出力をする「函」は関数（函数）の函としてはふさわしくないので認めません、という意味です。

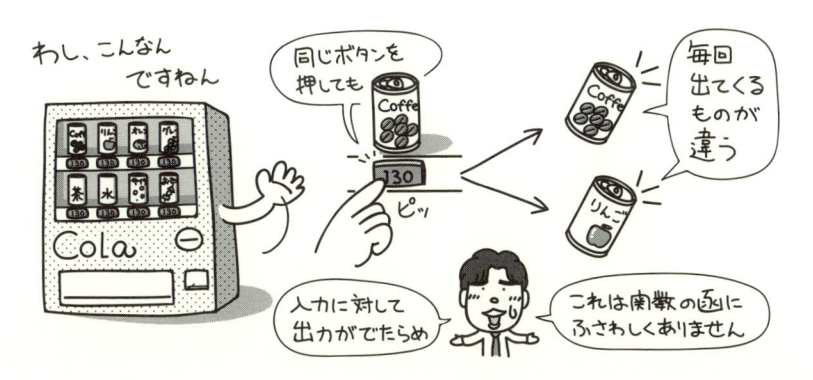

［イラスト：自動販売機「わし、こんなんですねん」／同じボタンを押しても／毎回出てくるものが違う／入力に対して出力がでたらめ／これは関数の函にふさわしくありません］

　また自動販売機にいくつかあるボタンのうち、ダミーのボタンがあって押せないボタンがあるとしたらどうでしょう？　暑い日にやっと見つけた自動販売機で、スポーツドリンクを買おうとしたら実はそのボタンが押せないボタンだった、なんてことになったら腹立たしいですよね。(B) の条件は、入力としてあるものは使えて他のあるものは使えないというのは信頼に足らないので、やはり関数の函としては不適格だという意味です。

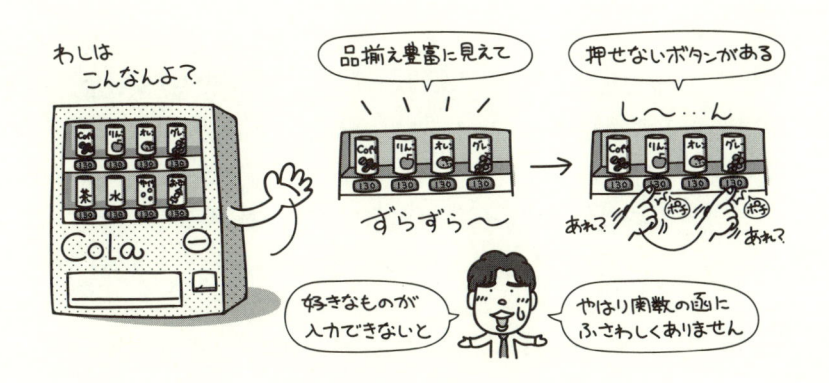

［イラスト：自動販売機「わしはこんなんよで。」／品揃え豊富に見えて　ずらずら～／押せないボタンがある　し～…ん　あれ？あれ？／好きなものが入力できないと／やはり関数の函にふさわしくありません］

103

関数とグラフの関係

$y=f(x)$ のグラフとはその式に代入できる点（その式を満たす点）を集めたもの（集合）です。つまり、$y=f(x)$ の x に a という値を代入したときに得られる $(a, f(a))$ という点は必ず $y=f(x)$ のグラフ上にあります。当たり前といえば当たり前ですが大切なことなので強調させてください。(^_-)-☆

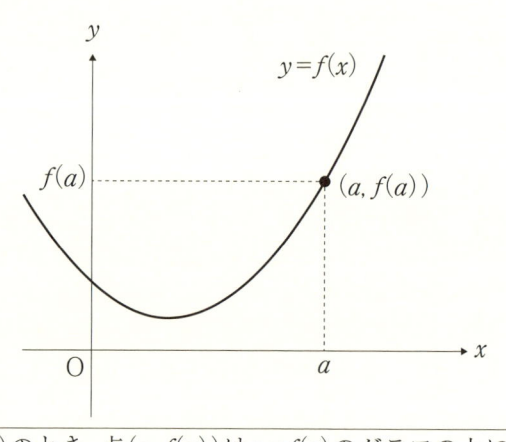

$y=f(x)$ のとき、点 $(a, f(a))$ は $y=f(x)$ のグラフの上にある

関数と、原因と結果の関係

ここまでは x を入力値、y を出力値と考えてきましたが、少し意味を拡げて x を原因、y を結果と考えれば、関数の理解を原因と結果の関係の理解に繋げることができます。その際（A）、（B）の条件のうち（A）の条件が成り立っているかどうかを確認することは特に重要です。なぜなら（A）の条件は原因と結果の間に都合の良い関係が成り立っていることを保証する条件だからです……と言ってもわかりづらいのでもう少し詳しく説明しますね。m(_ _)m

一般に原因と結果の対応には次の図のような4つのタイプがあります。

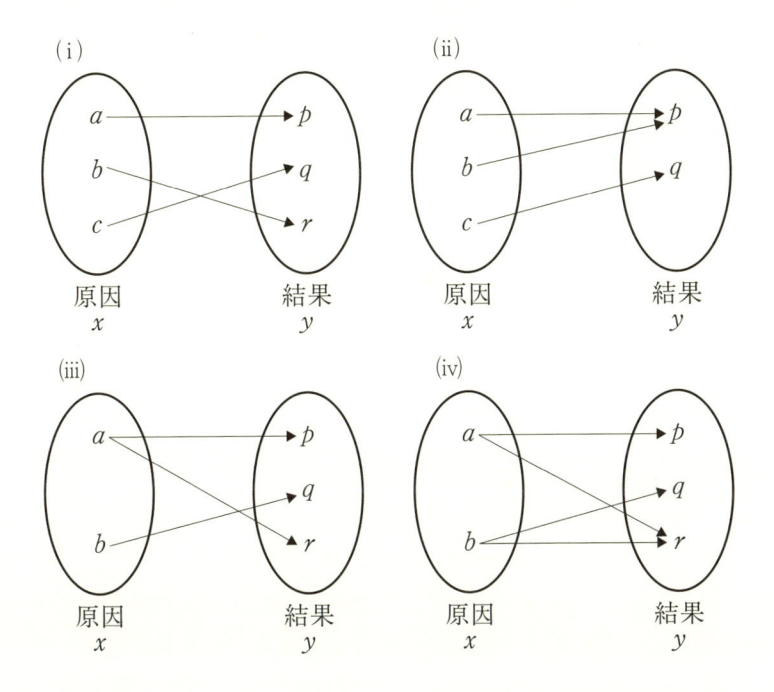

(ⅰ) ある原因から起きる結果は1つに決まり、かつ、ある結果の原因も1つに特定できる。
(ⅱ) ある原因から起きる結果は1つに決まるが、ある結果の原因は1つに特定できない。
(ⅲ) ある原因から起きる結果は1つに決まらないが、ある結果の原因は1つに特定できる。
(ⅳ) ある原因から起きる結果は1つに決まらず、かつ、ある結果の原因も1つに特定できない。

　さあ、これらの中で私たちにとって都合が良いのはどれでしょうか？
　まず（ⅰ）は文句なしにありがたい関係です。ある事柄の原因と結果について、（ⅰ）のような関係がわかっているということは、1つの原因に対する結果が完全に予想できるだけでなく、すでに得られた「結果」に対してもその原因を特定できるからです。

（ⅱ）の場合はどうでしょう？ この場合も1つの原因に対する結果を完全に予想することができますので、私たちは来るべき未来を確信しながら安心して取るべき行動を選択することができます。ただし結果の原因が特定できないのでやや不都合なケースもありそうです。

（ⅲ）はちょっと困ったものですね。すでに起きた結果に対して原因を特定できることはまったく無益とはいいませんが、1つの原因に対して結果を特定できないというのは不安なものです。その昔携帯電話のない時代は、彼女の自宅に電話すると彼女本人が出たり、彼女のお父さんが出たりするので緊張をしたものですが、それと同様の不安を抱えることになります。(^_^;)

（ⅳ）はさらに不確実性が高いケースです。このような場合は原因と結果の間に一定の関係を見出すのは容易ではなくなります。

もうおわかりですね。私たちにとって都合の良い原因と結果の関係は（ⅰ）と（ⅱ）です。そして関数であるための条件（A）は x（原因）と y（結果）の間に、（ⅰ）または（ⅱ）の関係が成立するための条件なのです。

例題3-1 次にあげる x と y の関係について、y は x の関数であるかどうかを答えなさい。

(1) 面積が16cm² である長方形の縦の長さを x cm、横の長さを y cm とする。
(2) ある人の年齢を x 歳、身長を y cm とする。
(3) ある宝くじ販売店の去年の高額当選者の人数を x 人、同じ店の今年の高額当選者の人数を y 人とする。
(4) 全200ページの本の読んだページ数を x ページ、残りのページを y ページとする。

【解説】

(1) 長方形の面積は「縦の長さ×横の長さ」なのでこの場合は、

$$xy = 16$$

ですね。これより、

$$y = \frac{16}{x}$$

です。例えばxの値を2cmとすると、yの値は8cmに定まります。よってyはxの関数です。

(2) これは明らかに関数ではありませんね。成長期の間は年齢が高ければ身長も高い傾向にあるとは思いますが、それにしても年齢によって身長が決められるわけではありません。

(3) これもやはり関数ではありません。ときどき「この売場から一等が出ました！」とアピールしている宝くじ販売店をみかけますが、かつてその店で一等が出たことと、これからその店で一等が出ることは無関係ですね。ある店の去年の高額当選者の人数によって、その店の今年の高額当選者の人数が決まるわけではないので、関数ではないのです。縁起をかつぎたくなる気持ちはわかりますが……。

(4) yをxで表せば、

$$y = 200 - x$$

となります。xの値を決めればyが決まることは明らかなのでyはxの関数です。

> 岡田先生より
>
> 例えば「ある年の首都圏の真夏日の日数をx日、その年の首都圏のビールの売上をy円」とすると、厳密には、yはxの関数ではありません。しかしおそらく、真夏日の日数が多ければビールの売上も大きくなる傾向はあると考えられます。このように実際のデータでは厳密な関数関係があることはまずありませんが、しかし統計では、
>
> 「yはxの関数＋誤差である」
>
> と考えることによって、xとyの間の関係についてよく理解をしたり、y（ビールの売上）を予測したりすることができます。本書の範囲を超えてしまいますが、このようなときに使うのは回帰分析という方法です。

　関数についてイメージが膨らんできましたか？　本章で必要となる関数は1次関数と2次関数です。それぞれの性質とグラフをおさらいしておきましょう。

1次関数

yがxの1次関数であるとき、一般に次のように表されます。

$$y = ax + b \quad [a, b\text{は定数}]$$

注）xは入力値でさまざまな値をとり、yもxの値によって変化する出力値なので、やはりさまざまな値をとります。一方、aやbは「定数」です。例えば$a=2$、$b=3$とした場合の1次関数は次のようになります。

例）$y = 2x + 3$

ここで$b = 0$とすると

$$y = ax$$

です。このときグラフはどのようになるでしょうか？ 中学数学をよく勉強した人は「あっ、これは**yがxに比例**するときの関係式だ！ 確か……グラフは**原点を通る直線**になるはず」と思い出してくれるかもしれません。確かにその通りです。

「そうだっけ？」と忘れてしまった人のために、簡単な例で確認しておきましょう(^_-)-☆

今、

$$y = 2x$$

とします。次の表はxに具体的な値をいくつか代入してみて対応するyの値を表にまとめたものです。

x	-2	-1	0	1	2	3	4
y	-4	-2	0	2	4	6	8

この表から、「$y = 2x$」のグラフは（少なくとも）次の7つの点を通ることがわかります。

　　　$(-2, -4)$、$(-1, -2)$、$(0, 0)$、$(1, 2)$、$(2, 4)$、$(3, 6)$、$(4, 8)$

そこで、xを横軸にyを縦軸にとった座標軸にこれらの7つの点をプロットして（書き込んで）、滑らかに繋いでみましょう。

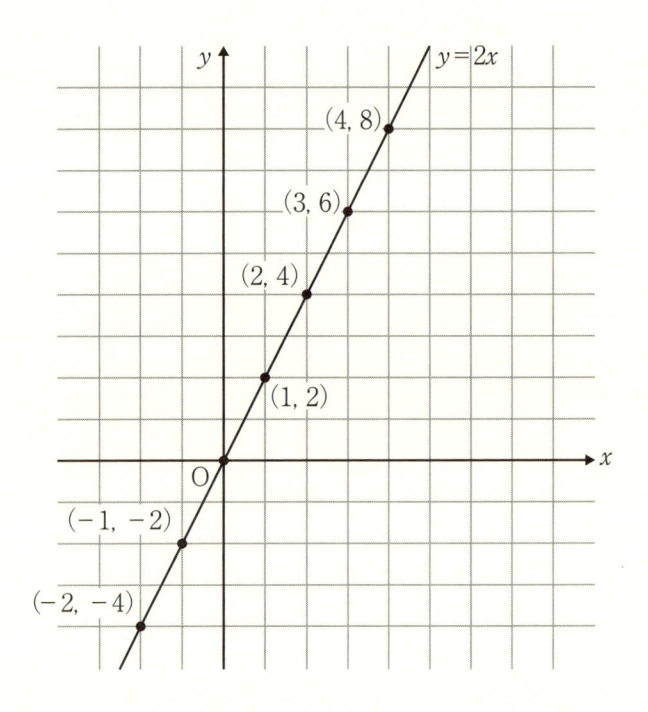

確かに、原点 $(0, 0)$ を通る直線になりますね。(^_-)-☆

ただし、これは「$y = 2x$」を満たす7つの点を滑らかに繋いだだけなので、「$y = 2x$」のグラフが原点を通る直線になることの証明にはなっていません。

一般に「$y = ax$」のとき、グラフが原点を通る直線になることは次のようにして示すことができます。

まず「$y = ax$」より、$x = 0$のとき$y = 0$なのでグラフが原点を通ることは明らかです。次に$x \neq 0$のとき、

$$y = ax$$
$$\Rightarrow \quad \frac{y}{x} = a \quad \cdots ①$$

と変形します。aは定数なので①は「$\frac{y}{x}$」の値が一定であることを示しています。これはグラフ上では何を意味するのでしょうか？

今、座標軸上で原点と点(x, y)を結んで次の図のような直角三角形を作ります。

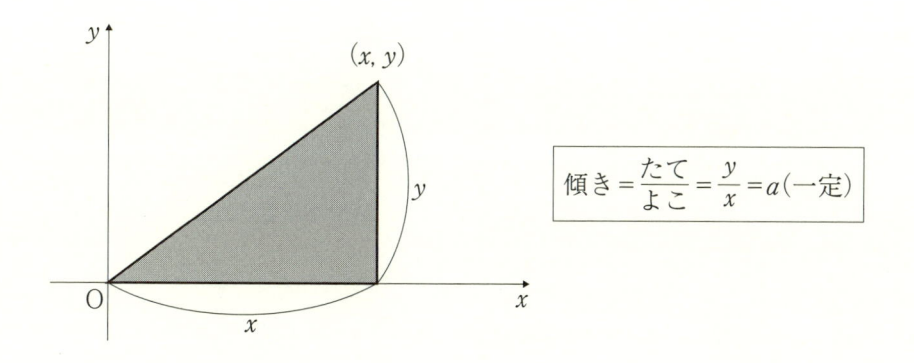

$$傾き = \frac{たて}{よこ} = \frac{y}{x} = a(一定)$$

数学では普通「傾き」を、

$$傾き = \frac{たて}{よこ}$$

で表しますので、「$\frac{y}{x}$」の値が一定であるというのは原点と「$y = ax$」上の任意の点(x, y)を結んだ直線の傾きが一定であることに他なりません。これは「$y = ax$」上の任意の点(x, y)は原点を通る1本の直線上にあることを意味します！

では「$y = ax + b$」のグラフはどうなるでしょうか？ 「$y = ax + b$」は「$y = ax$」にbを加えたものですから、「$y = ax + b$」のグラフは「$y = ax$」のグラフをy方向に＋bだけ底上げ（平行移動）したものになります。

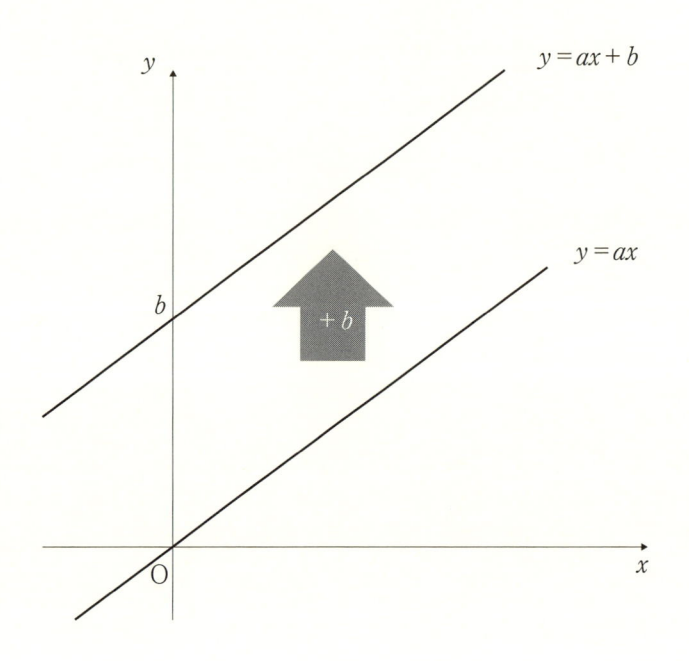

以上、1次関数についてまとめておきます。(^_-)-☆

1次関数

　yがxの1次関数であるとき
　一般式：$y = ax + b$ [a, bは定数]
　グラフ：直線（aは傾き、bはy切片）

［注）「y切片」というのは「y軸との交点」という意味です。］

> **例題3-2** 次の1次関数の傾きとy切片を求め、グラフを書きなさい。
> (1) $y = 3x - 1$
> (2) $y = 2 - 2(x - 1)$

【解説】

(1)

　一般式の形をしているので傾きが3でy切片が−1であることはすぐわかります。

　グラフは直線ですね。直線は2点を与えれば1本に決まるので、適当な値（計算のしやすい値）を代入して通る2点を求め、その2点を通る直線を引くのが簡単です。

$$x = 0のとき \Rightarrow y = 3 \cdot 0 - 1 = -1$$
$$x = 1のとき \Rightarrow y = 3 \cdot 1 - 1 = 2$$

よって、グラフは (0, −1)、(1, 2) を通る直線になります。

(2)

　一見「$y = ax + b$」の形には見えません……分配法則を使って展開してみましょう。

$$y = 2 - 2(x - 1) = 2 - 2x + 2 = -2x + 4$$

一般式の形になりました。傾きは−2でy切片は4です。

$$x = 0のとき \Rightarrow y = -2 \cdot 0 + 4 = 4$$
$$x = 1のとき \Rightarrow y = -2 \cdot 1 + 4 = 2$$

よって、グラフは (0, 4)、(1, 2) を通る直線になります。

　(1) と (2) のグラフを同じ座乗軸に書くと次のようになります。

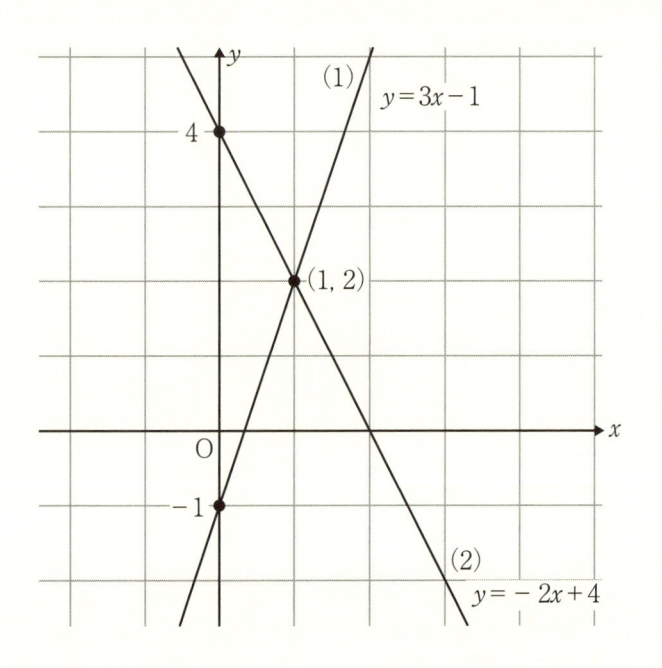

傾きの正負とグラフについて

　ここで、傾きについて注意しておきたいことがあります。上の問題の(2)の1次関数は傾きが「−2」で負の値ですが、これはよこ（x方向）に＋1、たて（y方向）に−2の傾きを持っていると考えられますので、グラフは右肩下がりになります。

$$傾き = \frac{たて}{よこ} = \frac{-2}{+1} = -2$$

一般に、1次関数の傾きの正負とグラフについては次のようにまとめることができます。

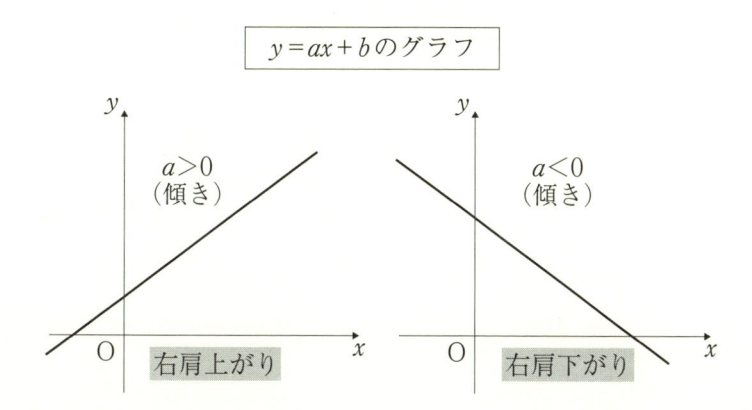

$y = ax + b$ のグラフ

$a > 0$
（傾き）

右肩上がり

$a < 0$
（傾き）

右肩下がり

> 1次関数の理解は「散布図」の理解に役立ちます。

1次関数のグラフの式の求め方

1次関数の最後に**傾きと通る1点がわかっている場合のグラフの式の求め方**を、例題を通して学んでおきましょう。

例題3-3 傾きが $\frac{2}{3}$ で（3, 4）を通る1次関数のグラフの式を求めなさい。

【解説】
中学数学でも答えは出せます（注参照）が、ここでは数Ⅱ（高校2年）で学ぶ考え方を紹介します。

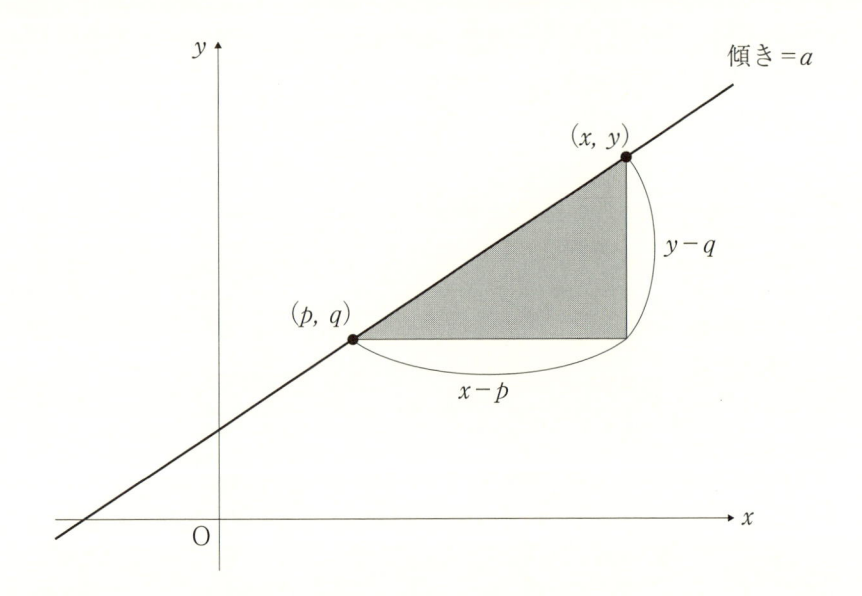

一般に、傾きがaで点(p, q)を通る直線上に任意の点(x, y)をとって上の図のように直角三角形を作ると、

$$傾き = \frac{たて}{よこ} = \frac{y-q}{x-p} = a$$

であることがわかります。これから、

$$\frac{y-q}{x-p} = a$$

$$\Rightarrow \quad y - q = a(x - p)$$
$$\Rightarrow \quad y = a(x - p) + q \quad \cdots ②$$

はい、これが**傾きがaで点(p, q)を通る直線の式**になります。(^_-)-☆
本問の場合、傾きは$\frac{2}{3}$、通る点は$(3, 4)$なので、

$$a = \frac{2}{3}、 (p, q) = (3, 4)$$

ですね。②式にこれらを代入すると、

$$y = \frac{2}{3}(x-3) + 4 = \frac{2}{3}x - 2 + 4 = \frac{2}{3}x + 2$$

以上より求める直線の式は、

$$y = \frac{2}{3}x + 2$$

> 注）中学数学の解き方
>
> 求める直線を、
>
> $$y = \frac{2}{3}x + b \quad \cdots ③$$
>
> とする。これが（3, 4）を通るので、
>
> $$4 = \frac{2}{3} \times 3 + b = 2 + b$$
> $$\Rightarrow b = 2$$
>
> ③に代入して、
>
> $$y = \frac{2}{3}x + 2$$

傾きが a で点 (p, q) を通る直線の式

$$y = a(x - p) + q$$

永野より

相関係数が1や−1のときに最も強い相関になることは、この式を使って説明します。

この先の数十頁の内容はすべて「**相関係数rの値は必ず－1〜1になる**」ということを理解するために必要な数学です。かなり分量がありますので、迷子にならないように先に話の筋道をフローチャートで示しておきますね。

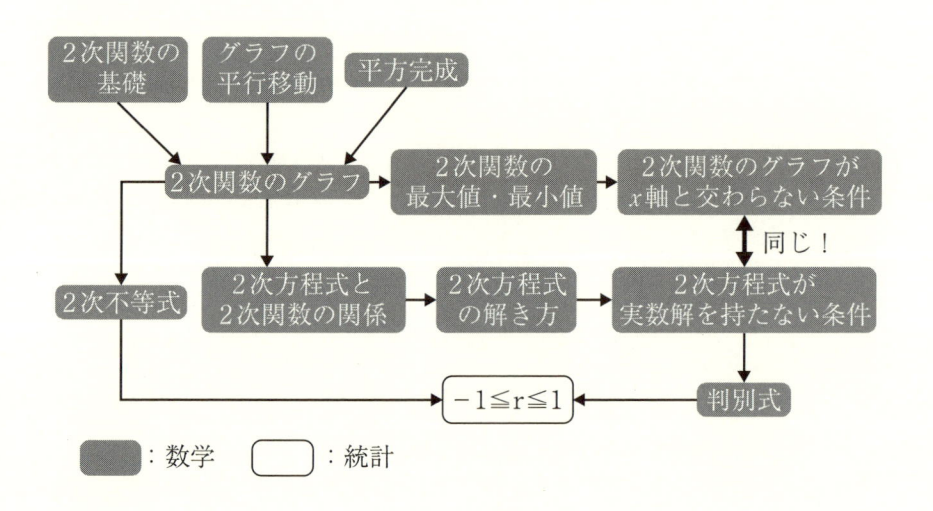

```
[2次関数の基礎]  [グラフの平行移動]  [平方完成]
         ↓           ↓           ↓
        [2次関数のグラフ] → [2次関数の最大値・最小値]  [2次関数のグラフが$x$軸と交わらない条件]
         ↓                                              ↕ 同じ！
[2次不等式]  [2次方程式と2次関数の関係] → [2次方程式の解き方] → [2次方程式が実数解を持たない条件]
         ↓                                                              ↓
                    [$-1 \leq r \leq 1$]                            [判別式]
```

■：数学　　□：統計

　たった1つの数式を証明するためにこれだけの数学が必要なんて驚きかもしれませんが、これこそが相関係数の理論的背景が難しいといわれる理由です。
　じっくりナビゲートしますので、ついてきてくださいね！(^_-)-☆

2次関数の基礎

さて、次は2次関数です。yがxの2次関数であるとき一般には次のように表されます。

$$y = ax^2 + bx + c \quad [a, b, c は定数]$$

> 注）1次関数のときと同様に、xとyにはさまざまな値が入りますがa、b、cは定数です。例えば$a=3$、$b=2$、$c=1$とした場合の2次関数は次のようになります。
>
> 例）$y = 3x^2 + 2x + 1$

ここで$b = 0$、$c = 0$とすると、

$$y = ax^2$$

です。このグラフがどんな形になるか憶えていますか？
はい、原点を通る放物線ですね。これも簡単な具体例で確認しておきましょう。今、

$$y = x^2$$

とします。

x	-3	-2	-1	0	1	2	3
y	9	4	1	0	1	4	9

この表から、「$y = x^2$」のグラフは（少なくとも）次の7つの点を通ることがわかります。

$(-3, 9)$、$(-2, 4)$、$(-1, 1)$、$(0, 0)$、$(1, 1)$、$(2, 4)$、$(3, 9)$

なんかデジャブな文章ですみません……。(・_・;)

今回もxを横軸にyを縦軸にとった座標軸にこれらの7つの点をプロットして（書き込んで）、滑らかに繋いでみます。

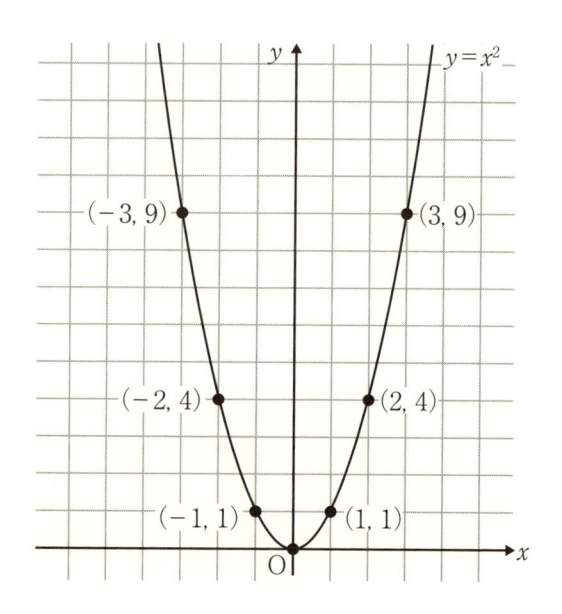

このような曲線を **放物線**（＝物を放り投げたときにできる曲線）といいます。

> 注）これも1次関数のときと同じく、「$y=x^2$」が通る7つの点を滑らかに繋いだだけなので、一般に「$y=ax^2$」のグラフが放物線になることの証明にはなっていません。そして「$y=ax^2$」のグラフが放物線になることを厳密に示すには微分が必要です。ただ、そこまで踏み込むとこの章の中には入りきらなくなってしまいますので、「$y=ax^2$」のグラフが原点を通る放物線になることは「そうなりそう」ということでご容赦いただきたいと思います。m(_ _)m

一般に「$y=ax^2$」のグラフはaが正のときは原点を通る下向き凸の放物線に、aが負のときは同じく原点を通る上向き凸の放物線になります。

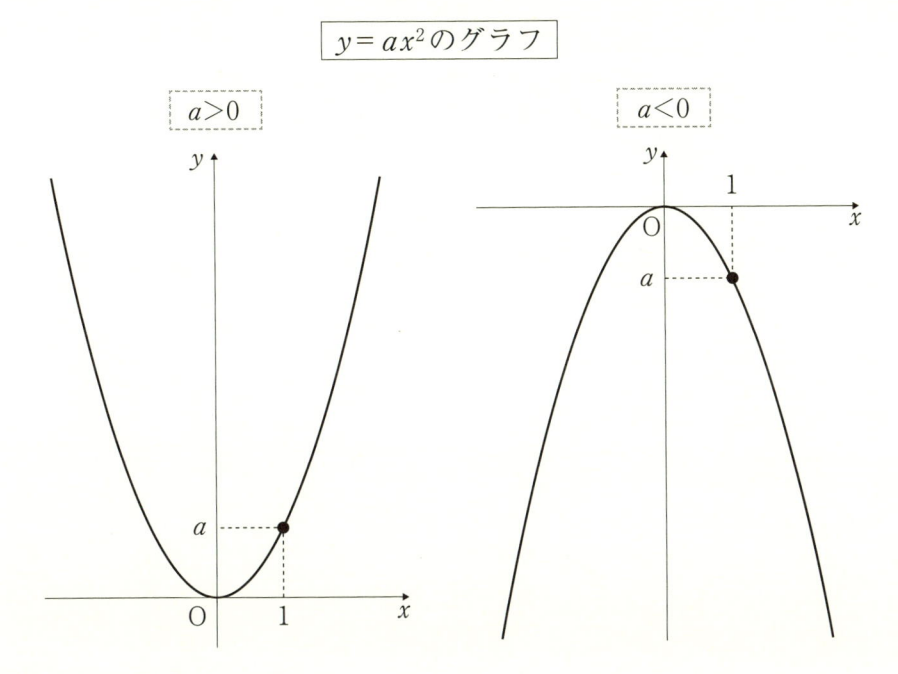

第3章 相関関係を調べるための数学

$y = ax^2$ のグラフ

$a > 0$

$a < 0$

グラフの平行移動

次に原点を頂点とする「$y = ax^2$」のグラフを、

x 方向に $+p$
y 方向に $+q$

だけ平行移動することを考えます。

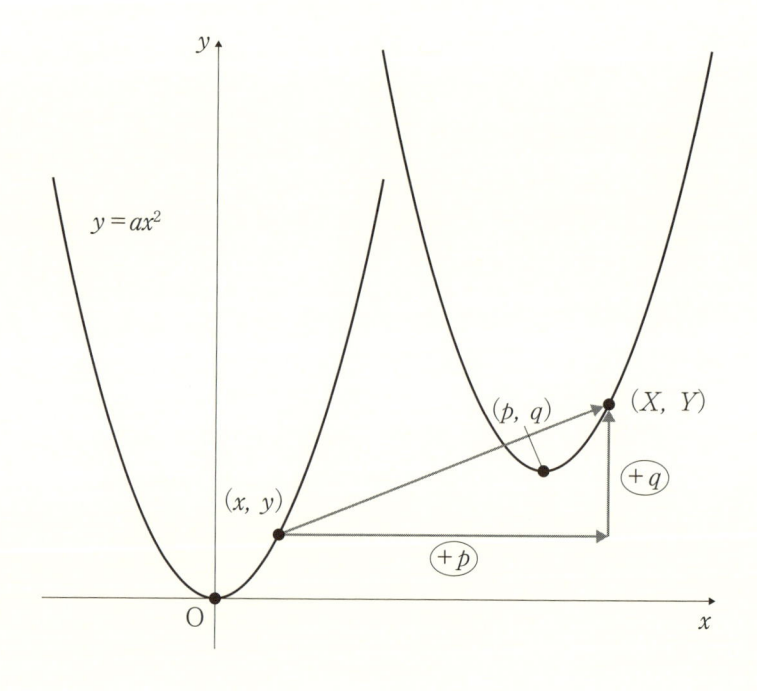

このとき「$y = ax^2$」上の点 (x, y) が (X, Y) に移ったとすると、図より、

$$\begin{cases} X = x + p \\ Y = y + q \end{cases}$$

ですね。これを (x, y) について解き直すと

$$\begin{cases} x = X - p \\ y = Y - q \end{cases}$$

となります。これを「$y = ax^2$」に代入してみましょう。

$$Y - q = a(X - p)^2$$
$$\Rightarrow \quad Y = a(X - p)^2 + q \quad \cdots ③$$

③の式は (X, Y) の関係式になっています。(X, Y) は平行移動後の放物線上の点ですから、③は平行移動後の放物線上の点が満たす式、すなわち<u>平行移動後のグラフの式</u>です。

もともと「$y = ax^2$」の頂点は原点 $(0, 0)$ だったので、平行移動後の放物線の<u>頂点は (p, q)</u> になります。

2次関数 $y = a(x-p)^2 + q$ のグラフ
　　　　（ⅰ）形は $y = ax^2$ と同じ
　　　　（ⅱ）頂点は (p, q)

　ここは難しいところですが、2次関数の理解には欠かせない部分なので頑張って！

$y = a(x-p)^2 + q$
$[a > 0]$

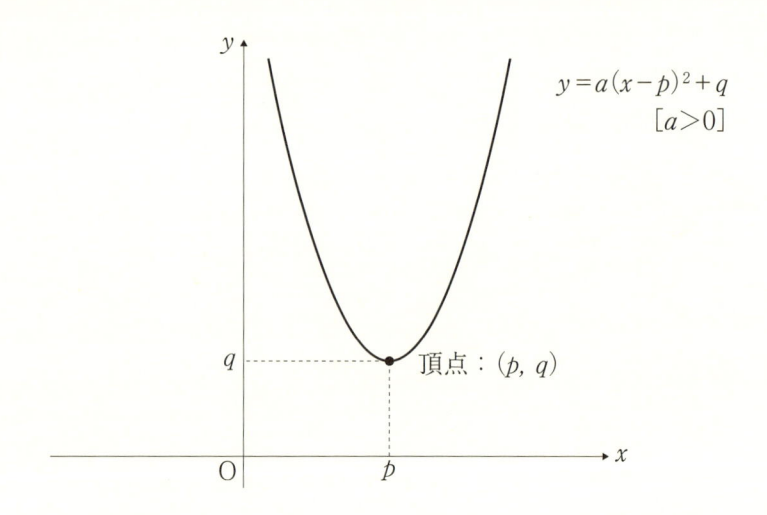

頂点：(p, q)

注) ③の (X, Y) がさりげなく (x, y) に変わっていることを訝しく思う人もあるかもしれませんね。平行移動後の点を (X, Y) と表したのは、平行移動前の点と区別をするためで、それ以上の意味はありません。③の (X, Y) が (x, y) に変わったのは、混同する恐れがなくなったので、平行移動後の点も (x, y) で表したのだと思ってください。

例題3-4 次の(1)〜(3)の2次関数のグラフを(A)〜(C)から選びなさい。

(1) $y = (x-3)^2 + 2$

(2) $y = \dfrac{1}{2}x^2 - 1$

(3) $y = -(x+1)^2 + 5$

(A)

(B) (3, 2)

(C) (−1, 5)

【解説】

(1) 頂点が (3, 2) で下向き凸の放物線ですから (B) ですね。

(2)
$$y = \frac{1}{2}x^2 - 1 = \frac{1}{2}(x-0)^2 + (-1)$$

より、頂点は (0, -1) で下向き凸の放物線。(A) ですね。

(3)
$$y = -(x+1)^2 + 5 = -\{x-(-1)\}^2 + 5$$

より、頂点は (-1, 5) で上向き凸の放物線。(C) です。

平方完成と2次関数のグラフ

「$y=a(x-p)^2+q$」のグラフがどのようになるかはわかってもらえたと思いますが、まだ釈然としない読者の方も多いと思います。だって2次関数の一般形「$y=ax^2+bx+c$」は「$y=a(x-p)^2+q$」の形をしていないですから。

「$y=ax^2+bx+c$」がどのようなグラフになるかを理解するには、「平方完成」という式変形が必要になります。平方完成とは次のような式変形のことをいいます。

$$ax^2+bx+c=a(x+m)^2+n$$

脅かすわけではありませんが、平方完成はとても難しい式変形なので少々準備が必要です。

まずは（私が勝手に命名した）「平方完成の素」という式変形に慣れてもらいます。

平方完成の素

前章の乗法公式（75頁）で、

$$(x+k)^2=x^2+2kx+k^2$$

になることは学びました。この式を少し変形して、

$$x^2+2kx=(x+k)^2-k^2$$

とします。この式が平方完成の基礎になります。

平方完成の素

$$x^2 + 2kx = (x+k)^2 - k^2$$

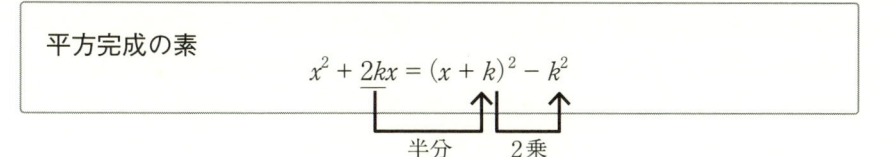

（半分 → 2乗）

いくつか具体的にやってみます。

【例】

$$x^2 + 6x = (x+3)^2 - 9$$

（半分 → 2乗）

$$x^2 - 10x = (x-5)^2 - 25$$

（半分 → 2乗）　　$(-5)^2 = 25$

$$x^2 + 3x = \left(x + \frac{3}{2}\right)^2 - \frac{9}{4}$$

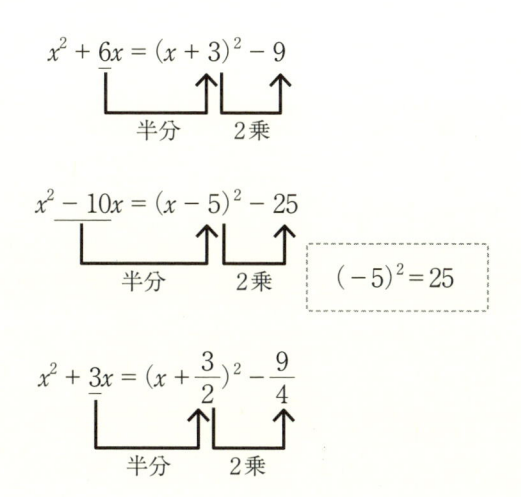

（半分 → 2乗）

平方完成

少しは慣れましたか？ (^_-)-☆

ではいよいよ2次関数の一般形「$y = ax^2 + bx + c$」を平方完成してみましょう。最初の2項「$ax^2 + bx$」は平方完成の素を使って次のように変形できます。

$$ax^2 + bx = a\left(x^2 + \frac{b}{a}x\right) = a\left\{\left(x + \frac{b}{2a}\right)^2 - \left(\frac{b}{2a}\right)^2\right\} = a\left\{\left(x + \frac{b}{2a}\right)^2 - \frac{b^2}{4a^2}\right\}$$

半分　　2乗

グレーの部分が「平方完成の素」ですね(最初に全体をaで無理矢理くくるのもポイントです)。以上より、

$$y = ax^2 + bx + c = a\left\{\left(x + \frac{b}{2a}\right)^2 - \frac{b^2}{4a^2}\right\} + c$$

となります。分配法則を使って｛ ｝を外すと、

$$y = a\left(x + \frac{b}{2a}\right)^2 - \frac{b^2}{4a} + c$$

$$= a\left(x + \frac{b}{2a}\right)^2 - \frac{b^2 - 4ac}{4a}$$

$$-\frac{b^2}{4a} + c = -\frac{b^2}{4a} + \frac{4ac}{4a}$$
$$= -\left(\frac{b^2}{4a} - \frac{4ac}{4a}\right)$$

なんとも複雑な形になってしまいましたが、これで平方完成は完了です。

おっかれさまでした〜

> **２次関数の平方完成**
>
> $$y = ax^2 + bx + c = a\left(x + \frac{b}{2a}\right)^2 - \frac{b^2 - 4ac}{4a}$$

$$y = ax^2 + bx + c = a\left(x + \frac{b}{2a}\right)^2 - \frac{b^2 - 4ac}{4a}$$

$$= a\left\{x - \left(-\frac{b}{2a}\right)\right\}^2 - \frac{b^2 - 4ac}{4a}$$

なので「$y = ax^2 + bx + c$」の頂点は、

$$\left(-\frac{b}{2a},\ -\frac{b^2 - 4ac}{4a}\right)$$

> $y = a(x - p)^2 + q$
> の頂点は (p, q)

であることがわかります。＼(^o^)／

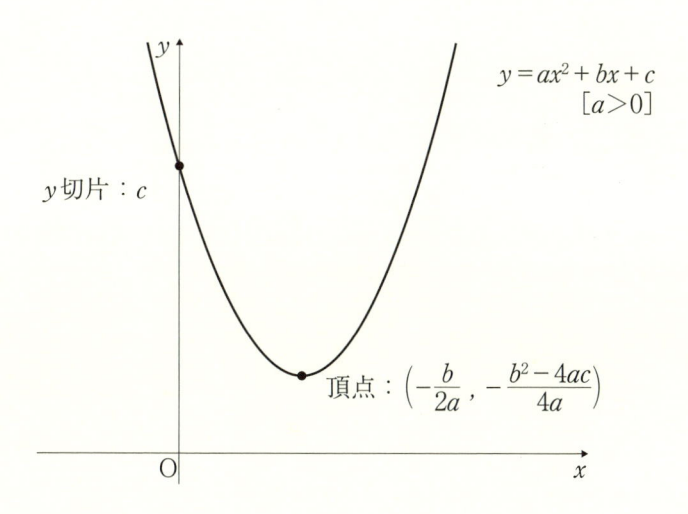

2次関数のグラフの書き方

2次関数のグラフを書くときの手順は次の通りです。

2次関数のグラフを書く手順
（ⅰ）平方完成をして頂点を求める
（ⅱ）$x = 0$ を代入して y 切片を求める
（ⅲ）頂点と y 切片を、放物線を意識しながら滑らかに繋ぐ
（ⅳ）反対側も左右対称になるように書く。

例題3-5 次の2次関数のグラフを書きなさい。
$$y = \frac{1}{2}x^2 - x + \frac{3}{2}$$

【解説】

まずは平方完成です。

$$y = \frac{1}{2}x^2 - x + \frac{3}{2}$$

$$= \frac{1}{2}(x^2 - 2x) + \frac{3}{2}$$ 　　最初の2項を x^2 の係数 $\frac{1}{2}$ でくくる

$$= \frac{1}{2}\{(x-1)^2 - 1\} + \frac{3}{2}$$ 　　平方完成の素！

$$= \frac{1}{2}(x-1)^2 - \frac{1}{2} + \frac{3}{2}$$ 　　分配法則

$$= \frac{1}{2}(x-1)^2 + 1$$

頂点は (1, 1) ですね！

次にy切片を確認しましょう。最初の式のxに0を代入します。

$$y = \frac{1}{2} \times 0^2 - 0 + \frac{3}{2} = \frac{3}{2}$$

なので、<u>y切片は$\frac{3}{2}$</u>です。では座標軸に書いていきましょう。

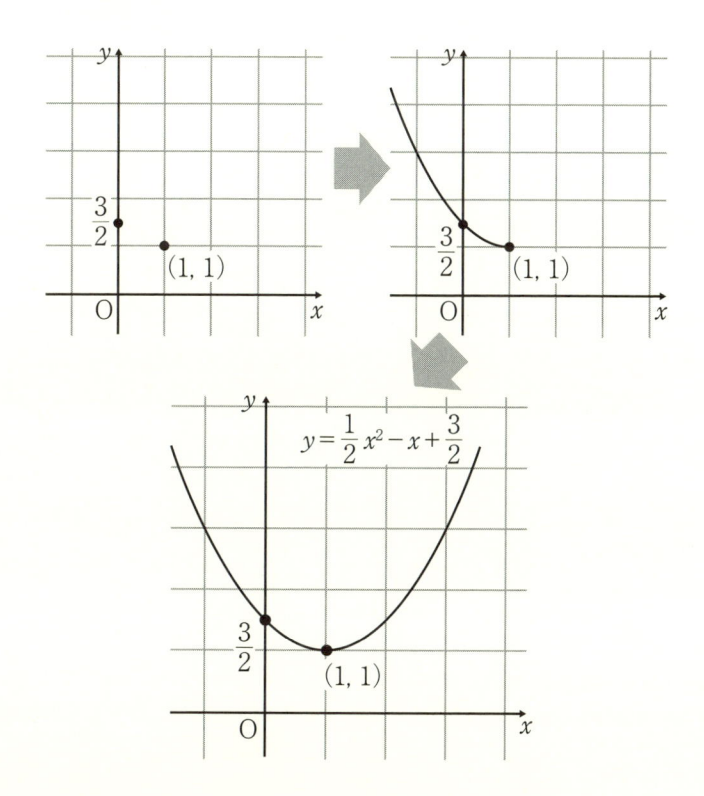

さあ、これで私たちはどんな2次関数のグラフも書けるようになりました！　関数のグラフが書ければxの変化に伴ってyがどのように変化するかもわかります。<u>ある関数を理解するということは、すなわちそのグラフを理解することだと思ってください。</u>また関数では、その最大値や最小値を捉えることは基礎的かつ重要なことですが、それもグラフを書けば一目瞭然です。

2次関数の最大値と最小値

先ほどの例題で登場した、

$$y = \frac{1}{2}x^2 - x + \frac{3}{2}$$

の場合yの値が最も小さくなるのはxがいくつのときでしょう？ 式を眺めていてもよくわかりませんが、グラフを見れば明らかですね！ yの値が最も小さくなるのは頂点（$x=1$）です。頂点のy座標は1なのでこの関数の最小値は$y=1$とわかります。またこのグラフの場合yの値はいくらでも大きくなり得るので最大値を決めることはできません。数学では「決めることができない」ものは存在しないことになっています。(^_^;)

> **例題3-6** 次の式で表されるxの2次関数がxの値によらず常に$y>0$となるためのa,b,cの条件を求めなさい（ただしa,b,cは実数定数とします）。
>
> $$y = ax^2 + bx + c$$

【解説】
「xの値によらず常に$y>0$になる」というのは「関数の最小値が正」というのと同義です。最小値を考えるのでグラフを書きますが、それにはまず平方完成ですね。(^_-)-☆

ただし、$y = ax^2 + bx + c$の平方完成はすでに終了しています（129頁）。

$$y = ax^2 + bx + c = a\left(x + \frac{b}{2a}\right)^2 - \frac{b^2 - 4ac}{4a}$$

でした。

グラフはaが正の場合と負の場合とで変わります。

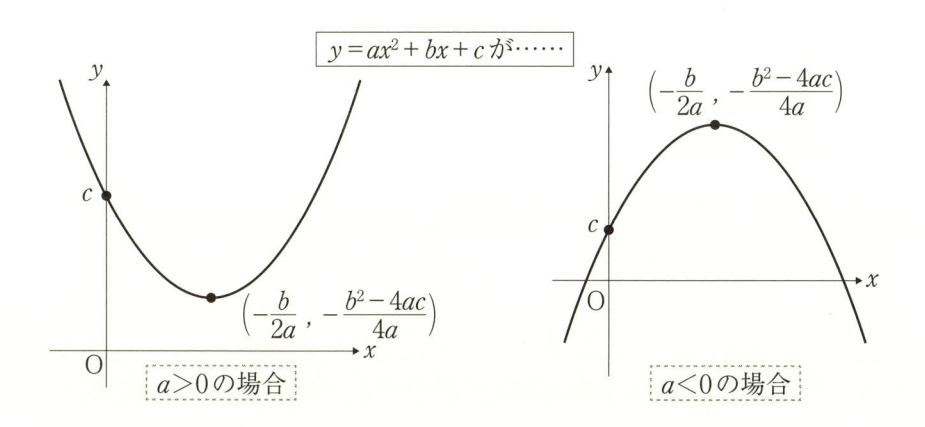

$y = ax^2 + bx + c$ が……

$a>0$の場合: 頂点 $\left(-\dfrac{b}{2a},\ -\dfrac{b^2-4ac}{4a}\right)$

$a<0$の場合: 頂点 $\left(-\dfrac{b}{2a},\ -\dfrac{b^2-4ac}{4a}\right)$

「$a<0$」の場合は「常に$y>0$」は不可能(必ずx軸を横切って$y\leqq0$となることがある)なので、「常に$y>0$」であるためには**少なくとも「$a>0$」であることが必要**です。

「$a>0$」のとき、最小値はグラフより、

$$y_{min} = -\frac{b^2 - 4ac}{4a} \quad \left[x = -\frac{b}{2a}\text{のとき}\right]$$

$y_{min}:y$の最小値

ですね。

常に$y>0 \Leftrightarrow y_{min}>0$

$\Leftrightarrow -\dfrac{b^2 - 4ac}{4a} > 0$ 　両辺に×$4a$【正の数】

$\Leftrightarrow -(b^2 - 4ac) > 0$ 　両辺に×(-1)【負の数】→注2

$\Leftrightarrow b^2 - 4ac < 0$

以上より、求める条件は「$b^2 - 4ac < 0$」です。

「$b^2 - 4ac < 0$」を覚えておいてください！

注1）「⇔」は前後が同値（同じ内容）であることを示す記号です。「AはBより背が高い⇔BはAより背が低い」のように使います。ちなみにこの記号はパソコンなどで「どうち」と入れると変換候補に出てきます。

注2）不等式の式変形について

次の数直線を見てもらえばわかる通り、

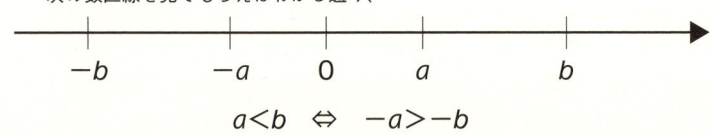

$$-b \quad -a \quad 0 \quad a \quad b$$

$$a < b \quad \Leftrightarrow \quad -a > -b$$

となります。一般に不等式の両辺に負の数を掛けると不等号の向きは逆になります。

2次関数と2次方程式

ところで、2次関数、

$$y = ax^2 + bx + c$$

に $y=0$ を代入するとお馴染みの式が登場します。

$$ax^2 + bx + c = 0$$

これは何ですか？ そうですね。これは「2次方程式」の一般形です。「$y=0$」というのは、座標軸では x 軸そのものを表します。すなわち！ 2次関数に $y=0$ を代入して得られる2次方程式の解は2次関数のグラフと x 軸の交点（の x 座標）を表します！

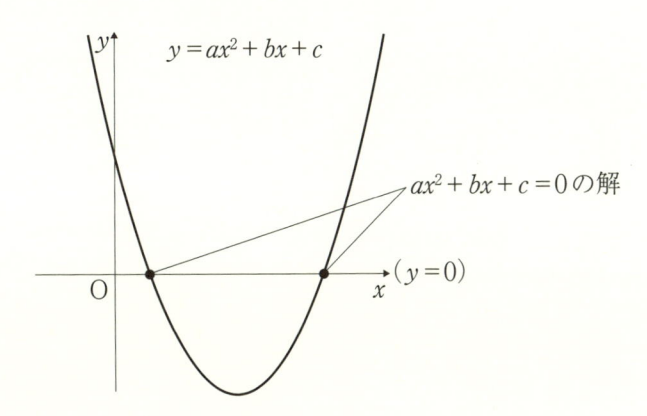

2次方程式の解き方には大きく分けて次の2つがありましたね。
（ⅰ）因数分解による解き方
（ⅱ）「解の公式」を使う解き方
それぞれを簡単におさらいしておきましょう。

2次方程式の解き方（その1：因数分解）

2次方程式の因数分解による解き方は、

$$A \times B = 0$$
$$\Rightarrow \ \ A = 0 \ \ \text{または} \ \ B = 0$$

を使います。

因数分解というのは前章で出てきた「乗法公式」（75頁）を逆に使って和や差で表された多項式を積の形に変形することです。

因数分解公式
(1) $x^2 + (a+b)x + ab = (x+a)(x+b)$
(2) $x^2 + 2ax + a^2 = (x+a)^2$
(3) $x^2 - 2ax + a^2 = (x-a)^2$
(4) $x^2 - a^2 = (x+a)(x-a)$

例題をやってみましょう。

例題3-7 次の2次方程式を、因数分解を使って解きなさい。
(A) $x^2 + 5x + 6 = 0$
(B) $x^2 + 6x + 9 = 0$
(C) $x^2 - 1 = 0$

【解説】
(A) $x^2 + 5x + 6 = 0$
$\Rightarrow x^2 + (2+3)x + 2 \cdot 3 = 0$
$\Rightarrow (x+2)(x+3) = 0$
$\Rightarrow x+2 = 0 \ \ \text{または} \ \ x+3 = 0$

(1) $x^2 + (a+b)x + ab = (x+a)(x+b)$

⇒ $x=-2$ または $x=-3$

(B) $x^2+6x+9=0$
⇒ $x^2+2\cdot 3x+3^2=0$
⇒ $(x+3)^2=0$
⇒ $x+3=0$
⇒ $x=-3$

(2) $x^2+2ax+a^2=(x+a)^2$

(C) $x^2-1=0$
⇒ $x^2-1^2=0$
⇒ $(x+1)(x-1)=0$
⇒ $x+1=0$ または $x-1=0$
⇒ $x=-1$ または $x=1$

(4) $x^2-a^2=(x+a)(x-a)$

2次方程式の解き方（その2：解の公式）

2次方程式の「解の公式」というのは次のようなものです。

2次方程式の解の公式
$ax^2+bx+c=0$ のとき
$$x=\frac{-b\pm\sqrt{b^2-4ac}}{2a}$$

覚えていましたか？ (^_-)-☆

「なんかあったなあ」という人も多いと思いますので証明しておきたいと思います。2次方程式の解の公式を導く証明はその昔慶應義塾大学の入試で出題されたこともあるほど複雑で面倒なのですが、実は私たちはその大部分の計算をすでに終えています！

$y=ax^2+bx+c$ のグラフを書くために行った平方完成（129頁）を用います。

$$ax^2 + bx + c = a\left(x + \frac{b}{2a}\right)^2 - \frac{b^2 - 4ac}{4a}$$

より、

$ax^2 + bx + c = 0$

$\Rightarrow\ a\left(x + \dfrac{b}{2a}\right)^2 - \dfrac{b^2 - 4ac}{4a} = 0$

$\Rightarrow\ a\left(x + \dfrac{b}{2a}\right)^2 = \dfrac{b^2 - 4ac}{4a}$

$\Rightarrow\ \left(x + \dfrac{b}{2a}\right)^2 = \dfrac{b^2 - 4ac}{4a^2}$

$\Rightarrow\ x + \dfrac{b}{2a} = \pm\sqrt{\dfrac{b^2 - 4ac}{4a^2}}$

$\Rightarrow\ x = -\dfrac{b}{2a} \pm \dfrac{\sqrt{b^2 - 4ac}}{2a}$

$\Rightarrow\ x = \dfrac{-b \pm \sqrt{b^2 - 4ac}}{2a}$

はい！　導けました。＼(^o^)／

これも例題で使う練習をしておきましょう。

例題3-8　次の2次方程式を、解の公式を使って解きなさい。

$$3x^2 + 5x + 1 = 0$$

【解説】

解の公式に当てはめるだけです。

$3x^2 + 5x + 1 = 0$

$\Rightarrow \quad x = \dfrac{-5 \pm \sqrt{5^2 - 4 \cdot 3 \cdot 1}}{2 \cdot 3} = \dfrac{-5 \pm \sqrt{25 - 12}}{6} = \dfrac{-5 \pm \sqrt{13}}{6}$

> $ax^2 + bx + c = 0$ のとき
> $x = \dfrac{-b \pm \sqrt{b^2 - 4ac}}{2a}$

グラフと判別式の関係

ところで、解の公式の$\sqrt{}$の中の式、

$$b^2 - 4ac$$

は、【例題3-6】で2次関数「$y = ax^2 + bx + c$」が「常に$y > 0$となる」条件＝「$y_{min} > 0$」の条件（134頁）

$$b^2 - 4ac < 0$$

に登場した式と同じですね。これは偶然ではありません。

「$y = ax^2 + bx + c\ (a > 0)$」において「$y_{min} > 0$」ということは「$y = ax^2 + bx + c$」のグラフが常に$x$軸の上側にある、ということです。すなわち「$b^2 - 4ac < 0$」はグラフが$x$軸と交点を持たないための条件でもあります。

一方、解の公式においては、「$b^2 - 4ac$」は$\sqrt{}$の中身です。

$\sqrt{}$の中に負の数を入れると例えば$\sqrt{-3}$のようになります。$\sqrt{}$の定義（63頁）によると$\sqrt{-3}$は「2乗して-3になる数（のうち正のほう）」を意味しますが、そのような数は実数（real number）の範囲にはありません。

> 注）2乗して負になる数のことを虚数（imaginary number）といいます。例えば$\sqrt{-3}$は「i（虚数単位）」を使って、
>
> $$\sqrt{-3} = \sqrt{3}\,i$$
>
> と表します。$b^2 - 4ac < 0$ のとき、$ax^2 + bx + c = 0$の解は
>
> $$x = \frac{-b \pm \sqrt{-(b^2 - 4ac)}\,i}{2a}$$
>
> となり、（実数解は持ちませんが）虚数解を2つ持つことになります。

「$b^2-4ac<0$」のとき、解の公式によって得られる「解」は実数の範囲には存在しない数になります。つまり「$b^2-4ac<0$」は「$ax^2+bx+c=0$」が実数解を持たないための条件であることがわかります。

（勘の良い読者の方はそろそろお気づきかと思いますが）先ほど$ax^2+bx+c=0$の解は「$y=ax^2+bx+c$」とx軸との交点（のx座標）を表すというお話もしました。

ということは……「$ax^2+bx+c=0$が実数解を持たない」ことと「$y=ax^2+bx+c$とx軸が交点を持たない」ことは同義です！ 放物線のグラフがx軸と交点を持たないための条件と、2次方程式が実数解を持たないための条件が一致するのは「当たり前」なのです。(^_-)-☆

いま、

$$D=b^2-4ac$$

とすると、$ax^2+bx+c=0$の解の公式は、

$$x=\frac{-b\pm\sqrt{D}}{2a}$$

と書けます。ここでDの符号（正か0か負か）に注目すると次のことがわかります。

$$\begin{cases} D>0のとき \quad x=\dfrac{-b+\sqrt{D}}{2a} あるいは \dfrac{-b-\sqrt{D}}{2a} \text{［実数解が2つ］} \\ D=0のとき \quad x=\dfrac{-b}{2a} \text{［実数解は1つ］} \\ D<0のとき \quad 実数解なし \end{cases}$$

2次方程式の実数解の個数（＝2次関数のグラフとx軸との交点の個数）が判別できるので「$D=b^2-4ac$」は**判別式**（discriminant）と呼ばれます。

グラフと判別式の関係は次の通りです。

$y = ax^2 + bx + c$ $(a>0)$ のグラフと $D = b^2 - 4ac$ の関係

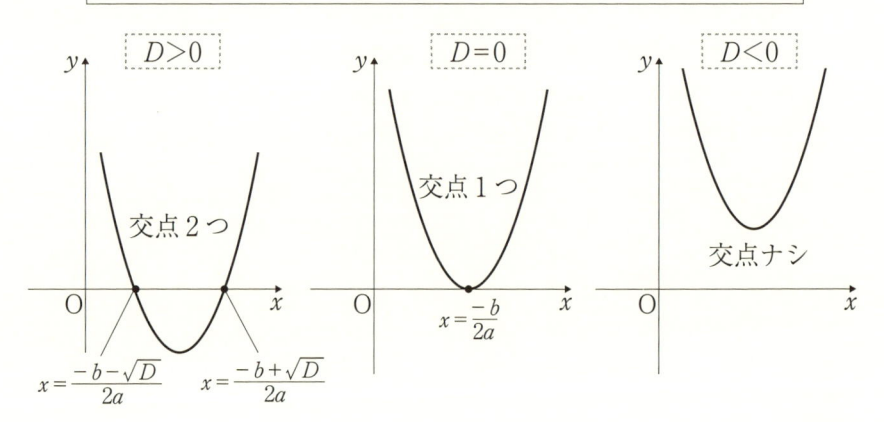

$D>0$ 交点2つ $x = \dfrac{-b-\sqrt{D}}{2a}$, $x = \dfrac{-b+\sqrt{D}}{2a}$

$D=0$ 交点1つ $x = \dfrac{-b}{2a}$

$D<0$ 交点ナシ

> 永野より
>
> 後で、グラフが x 軸と交わらない条件が「$b^2 - 4ac < 0$」であることを使って、相関係数 r について「$-1 \leqq r \leqq 1$」が成り立つことを示します。

例題3-9 次の2次関数のグラフと x 軸との交点の個数を求めなさい。
(1) $y = x^2 + x + 1$
(2) $y = 9x^2 + 6x + 1$
(3) $y = -x^2 + 3x + 2$

【解説】
共有点の座標を求めるのではなく、交点の個数を求めるだけなので判別式を使います。

(1)
$$D = 1^2 - 4 \cdot 1 \cdot 1 = 1 - 4 < 0$$

$ax^2 + bx + c = 0$のとき
$D = b^2 - 4ac$

判別式が負なので、交点はナシです。

(2)
$$D = 6^2 - 4 \cdot 9 \cdot 1 = 36 - 36 = 0$$

判別式が0なので、交点は1つです。

(3)
$$D = 3^2 - 4 \cdot (-1) \cdot 2 = 9 + 8 > 0$$

判別式が正なので、交点は2つです。

2次不等式

　これまでは2次方程式と2次関数のグラフについて見てきましたが、例えば、

$$x^2 - 4x + 3 > 0$$

という**2次不等式**も2次関数のグラフを参考にして解くことができます。

$x^2 - 4x + 3 = 0$
$\Rightarrow \ x^2 + \{(-1) + (-3)\}x + (-1) \cdot (-3) = 0$
$\Rightarrow \ (x-1)(x-3) = 0$
$\Rightarrow \ x - 1 = 0 \ \ または \ \ x - 3 = 0$
$\Rightarrow \ x = 1 \ \ または \ \ x = 3$

$$\boxed{\begin{array}{c} x^2 + (a+b)x + ab \\ = (x+a)(x+b) \end{array}}$$

より、「$y = x^2 - 4x + 3$」のグラフとx軸とは$x = 1$と$x = 3$で交わります。

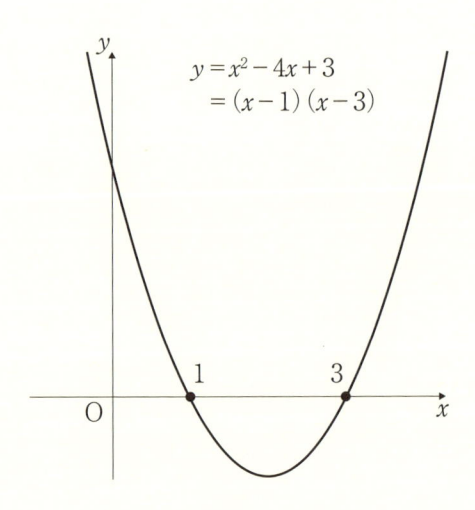

「$y = x^2 - 4x + 3$」において「$x^2 - 4x + 3 > 0$」とは、$y>0$ であることを意味しますね。グラフでは下の実線の部分になります。

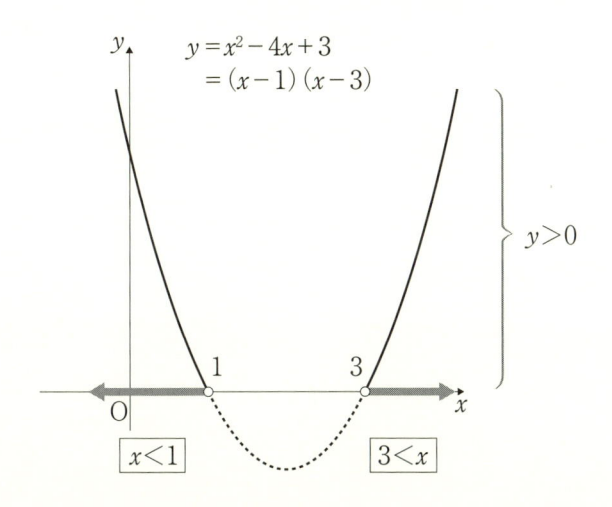

$$y = x^2 - 4x + 3 = (x-1)(x-3)$$

グラフより「$x^2 - 4x + 3 > 0$」のとき、

$$x < 1 \quad \text{あるいは} \quad 3 < x$$

であることがわかります。すなわち、

$x^2 - 4x + 3 > 0$
$\Rightarrow \quad (x-1)(x-3) > 0$
$\Rightarrow \quad x < 1 \quad \text{または} \quad 3 < x$

です！ 同様に考えるとグラフとの関係から2次不等式の解は次のようにまとめることができます。

2次関数「$y = ax^2 + bx + c \ (a > 0)$」と$x$軸が2点で交わり、その交点が $\underset{\text{アルファ}}{\alpha}$、$\underset{\text{ベータ}}{\beta}$ であるとしましょう（$\alpha < \beta$）。

$ax^2+bx+c>0$ のとき　　$ax^2+bx+c<0$ のとき

$y=ax^2+bx+c$ $(a>0)$　　$y>0$
$x<\alpha$　　$\beta<x$

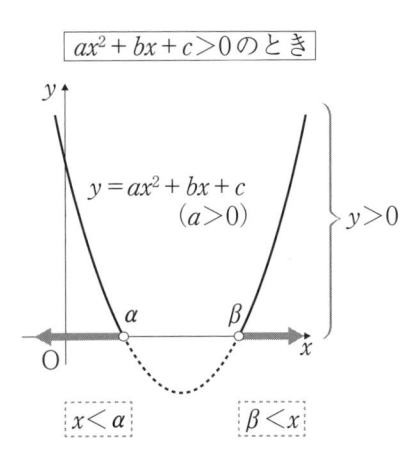

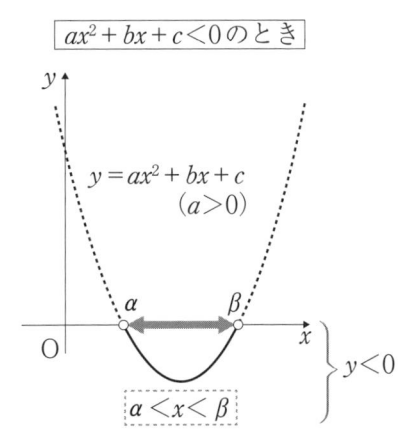

$y=ax^2+bx+c$ $(a>0)$　　$y<0$
$\alpha<x<\beta$

例題3-10　次の2次不等式を解きなさい。

(1) $x^2-3x+2>0$

(2) $x^2 \leqq 1$

(3) $x^2+x-3<0$

【解説】

不等号（＞や＜）を等号（＝）に変えて2次方程式を解き、2次関数のグラフとx軸の交点を求めてから**グラフを参考にして解きます**。

(1)

$x^2-3x+2=0$

$\Rightarrow (x-1)(x-2)=0$

$\Rightarrow x=1$ または $x=2$

$x^2-3x+2>0$ なのでグラフより

$x<1$ または $2<x$

$y=x^2-3x+2$

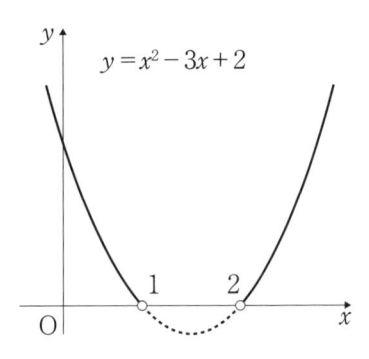

(2)

$x^2 = 1$
$\Rightarrow x^2 - 1 = 0$
$\Rightarrow (x+1)(x-1) = 0$
$\Rightarrow x = -1$ または $x = 1$
$x^2 - 1 \leq 0$ なのでグラフより
$-1 \leq x \leq 1$

$$x^2 - a^2 = (x+a)(x-a)$$

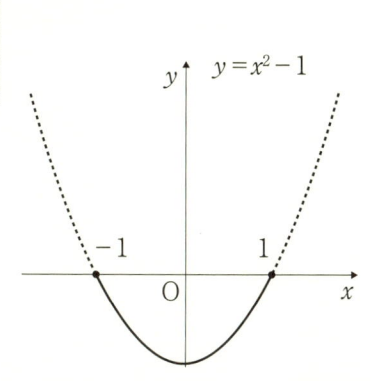

（永野より）

「$x^2 \leq 1$」の解が「$-1 \leq x \leq 1$」であることは、後で「$-1 \leq r \leq 1$」を示すときに使います。

(3)

$x^2 + x - 3 = 0$

解の公式より

$\Rightarrow x = \dfrac{-1 \pm \sqrt{1^2 - 4 \cdot 1 \cdot (-3)}}{2 \cdot 1}$

$= \dfrac{-1 \pm \sqrt{1 + 12}}{2}$

$= \dfrac{-1 \pm \sqrt{13}}{2}$

$$ax^2 + bx + c = 0 \text{のとき}$$
$$x = \dfrac{-b \pm \sqrt{b^2 - 4ac}}{2a}$$

$x^2 + x - 3 < 0$ なのでグラフより

$\dfrac{-1 - \sqrt{13}}{2} < x < \dfrac{-1 + \sqrt{13}}{2}$

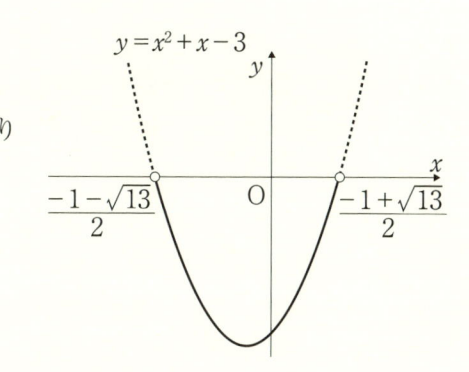

[注)2次不等式を解くためのグラフを書く際には頂点を求める必要はありません。]

　この章は本当に盛りだくさん！　お疲れ様です。m(_ _)m　あともうひと息！　ここまでの内容を練習問題で確認しておきましょう。

《練習問題》

練習3-1 次にあげるxとyの関係について、yはxの関数であるかどうかを答えなさい。
(1) 1辺の長さが$x$cmの長方形の面積を$y$cm^{2}とする。
(2) 1辺の長さが$x$cmの正方形の面積を$y$cm^{2}とする。
(3) x, yは$x = y^2$を満たす数である。
(4) 円周率3.14159265359…の小数第x位の数字をyとする。

【解答】
(1) 長方形の面積（y）は1辺の長さ（x）だけでは決まりませんね。よって、□□□□□□□□□□ことがわかります。
(2) 正方形の面積（y）は1辺の長さ（x）だけで決まりますね。よって、□□□□□□□□□□といえます。
(3) $x = y^2$であるとき、例えば$x = 4$とすると、

$$4 = y^2 \quad \Rightarrow \quad y = \pm 2$$

となりyの値は「2」と「-2」のいずれかで、どちらか一方に決めることはできません。よって□□□□□□□□□□とわかります。
(4) 例えば$x = 6$とすると、円周率の小数第6位の数は「2」なので、$y = 2$と決まります。yをxの式で表すことはできませんが、□□□□□□□□□□といえます。

練習3-2 次のグラフの式を求めなさい。

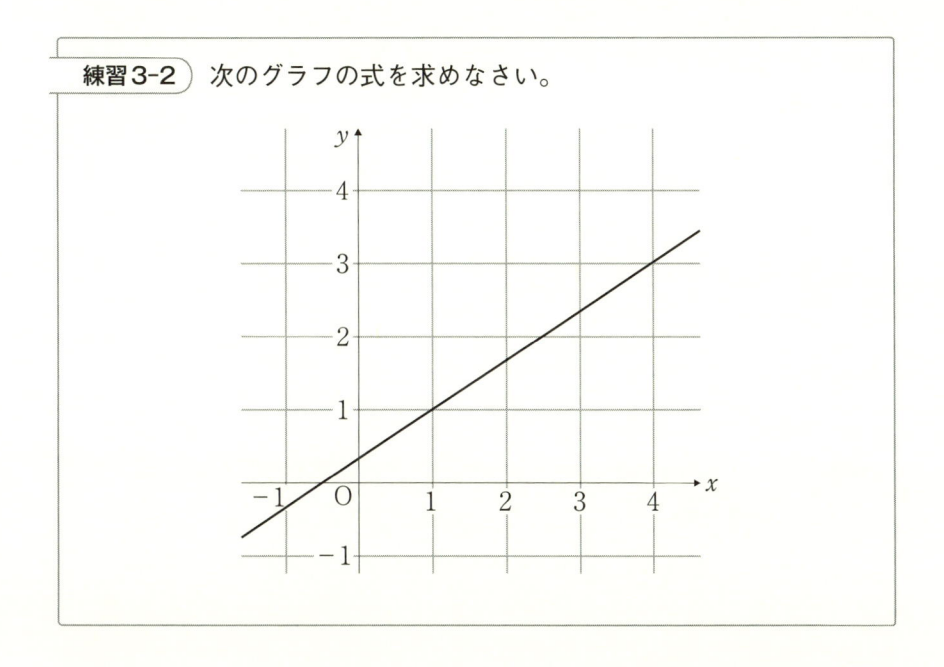

【解答】

直線の式は傾きと通る1点がわかれば求められます。グラフは (1,1) と (4,3) を通っているので、

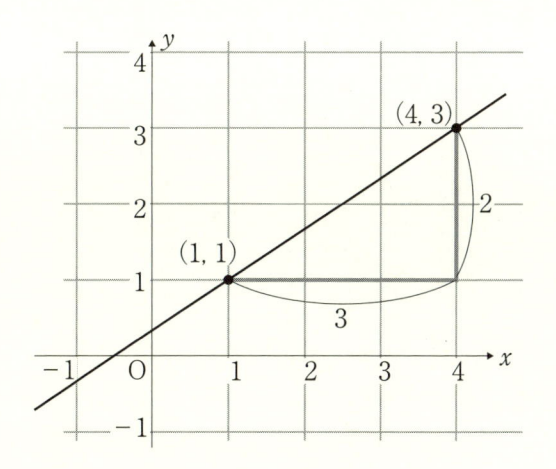

図より、

傾き = □

> 傾きが a で点 (p, q) を通る直線の式
> $y = a(x - p) + q$

直線は $(1, 1)$ を通るので求めるグラフの式は、

$$y = \Box(x - \Box) + \Box = \Box$$

練習3-3 1次関数 $y = ax + 4$（$a < 0$）の x の範囲が $-2 \leqq x \leqq 4$ のとき、y の値の範囲が $b \leqq y \leqq 6$ となるように定数 a, b の値を求めなさい。

【解答】

傾き（a）が負なので、グラフは右肩下がりの直線になります。つまり x の値が一番大きいとき y の値は一番 □、x の値が一番小さいとき y の値は一番 □ なるはずです。

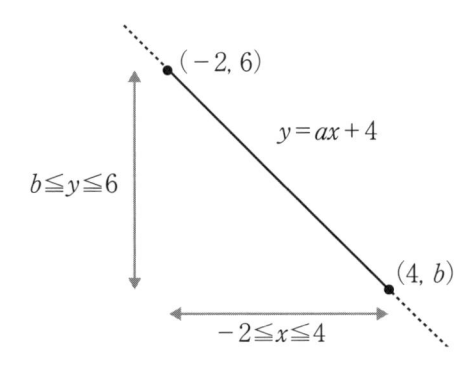

よって、グラフは点 $(-2, 6)$ と $(4, b)$ を通るので

第3章 相関関係を調べるための数学

$$\begin{cases} \boxed{} = a \times \boxed{} + 4 \\ \boxed{} = a \times \boxed{} + 4 \end{cases}$$

> $y = f(x)$ のとき、
> 点 $(a, f(a))$ は $y = f(x)$
> のグラフ上にある

この連立方程式を解いて、

$$a = \boxed{} \quad b = \boxed{}$$

練習3-4 次の2次関数のグラフを書きなさい。

$$y = -x^2 + 4x + 1$$

【解答】

頂点を調べるために、まずは平方完成します。

$$\begin{aligned} y &= -x^2 + 4x + 1 \\ &= -(x^2 - 4x) + 1 \\ &= -\{(x - \boxed{})^2 - \boxed{}\} + 1 \\ &= \boxed{} \end{aligned}$$

> $x^2 + 2kx =$
> $(x+k)^2 - k^2$

よって、頂点は $\boxed{}$。また y 切片は $\boxed{}$。x^2 の係数が負なのでグラフは $\boxed{}$ 凸ですね。

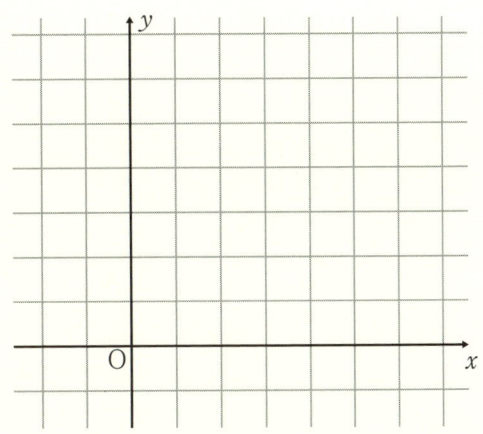

> **練習3-5** 次の不等式が成り立つことを証明しなさい。また等号が成立するときのxとyの値を求めなさい。
>
> $$x^2 - 2x + y^2 + 6y + 10 \geqq 0$$

【解答】

$$z = x^2 - 2x + y^2 + 6y + 10$$

とすると、この問題は「zの最小値は0であることを示し、zが最小になるときのxとyの値を求めなさい」と言い換えることができます。

　zの値はxとyで決まるので、zはxとyの関数です。このように2つの変数によって決まる関数のことを **2変数関数** といいます。

　zはxの2次式とyの2次式の和になっているのでxとyそれぞれについて ☐ します。

$$z = x^2 - 2x + y^2 + 6y + 10$$
$$= \{(x - \boxed{})^2 - \boxed{}\} + \{(y + \boxed{})^2 - \boxed{}\} + 10$$
$$= \boxed{}^2 + \boxed{}^2$$

ここで

$$z_1 = \boxed{}^2$$
$$z_2 = \boxed{}^2$$

とすると、

$$z = z_1 + z_2$$

z_1とz_2のそれぞれをグラフにすると、

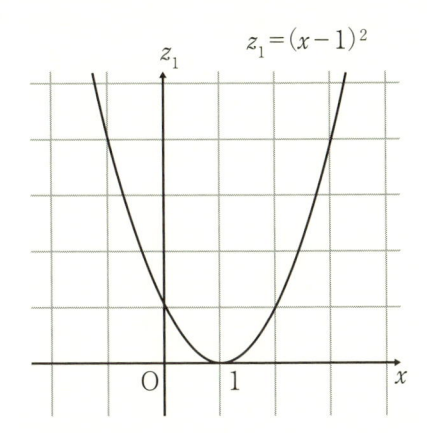

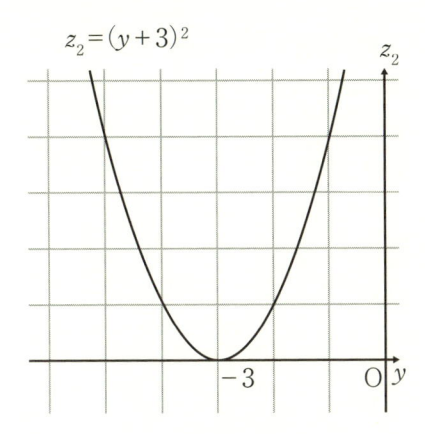

となるので、

$x = \boxed{}$ のとき z_1 の最小値 $= \boxed{}$ ⇒ $z_1 \geqq 0$

$y = \boxed{}$ のとき z_2 の最小値 $= \boxed{}$ ⇒ $z_2 \geqq 0$

よって、

$$z = z_1 + z_2 \geqq 0$$

等号が成立するのは、

$x = \boxed{}$、$y = \boxed{}$

のとき。

> 注）一般に
> $$Z_1^2 + Z_2^2 + Z_3^2 + \cdots + Z_n^2 \geqq 0$$
> の不等式は成り立ちます。また、
> $$Z_1^2 + Z_2^2 + Z_3^2 + \cdots + Z_n^2 = 0$$
> となるのは、
> $$Z_1 = Z_2 = Z_3 = \cdots = Z_n = 0$$
> のときです。

練習3-6 2次関数「$y=x^2+(2k-1)x-2k$」のグラフがx軸から切り取る線分の長さが3であるとき、kの値を求めなさい。ただし$k>0$とする。

【解説】

「$y=x^2+(2k-1)x-2k$」のグラフとx軸との交点（のx座標）は2次方程式「$x^2+(2k-1)x-2k=0$」の解です。「$x^2+(2k-1)x-2k$」は意外と（？）因数分解できます。

$$x^2+(2k-1)x-2k=0$$
$$\Rightarrow\ (x+\boxed{})(x-\boxed{})=0$$
$$\Rightarrow\ x=\boxed{}\ \text{または}\ x=\boxed{}$$

$\boxed{\ x^2+(a+b)x+ab\ =(x+a)(x+b)\ }$

$k>0$ より

$$-2k\ \boxed{}\ 1$$

$y=x^2+(2k-1)x-2k$、x軸との交点は$-2k$と1、その間の長さは3

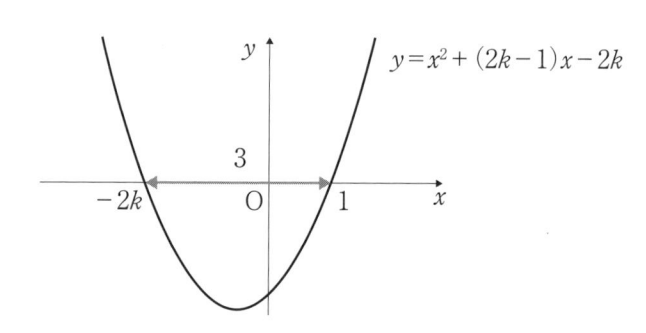

よって、

$$\boxed{}-\boxed{}=3$$
$$\Rightarrow\ k=\boxed{}$$

第3章　相関関係を調べるための数学

練習3-7　次の2次不等式を解きなさい。
(1) $x^2 - 10x + 25 > 0$
(2) $x^2 \leq 3$
(3) $-2x^2 - 3x + 1 \geq 0$

【解答】
(1)
$x^2 - 10x + 25 = 0$
$\Rightarrow \boxed{}^2 = 0$
$\Rightarrow x = \boxed{}$

$\boxed{x^2 - 2ax + a^2 = (x-a)^2}$

グラフを書く

グラフより
$\boxed{}$

(2)
$x^2 = 3$
$\Rightarrow x^2 - 3 = 0$
$\Rightarrow (x + \boxed{})(x - \boxed{}) = 0$
$\Rightarrow x = \boxed{}$ または $x = \boxed{}$

$\boxed{x^2 - a^2 = (x+a)(x-a)}$

グラフを書く

グラフより
$\boxed{}$

(3) x^2の係数は正の方が考えやすいので、

$-2x^2 - 3x + 1 \geq 0 \Rightarrow 2x^2 + 3x - 1 \boxed{} 0$

と変形しておきましょう。

$2x^2 + 3x - 1 = 0$

$\boxed{ax^2 + bx + c = 0 \text{のとき} \\ x = \dfrac{-b \pm \sqrt{b^2 - 4ac}}{2a}}$

155

因数分解できないので、解の公式を使います。

$x = $ ☐

グラフより、

☐

グラフを書く

練習3-8 次の2次関数のグラフが常に x 軸の上側にあるような m の値の範囲を求めなさい。

$$y = x^2 + (m+1)x + m + 1$$

【解答】

x^2 の係数は正なのでグラフは ☐ 凸の放物線。「グラフが常に x 軸の上側にある」とは、「グラフと x 軸が交点を持たない」と同義で、そのためには判別式が ☐ であればよいのでしたね！(^_-)-☆

$D = $ ☐ $= m^2 - 2m - 3$ ☐ 0

$ax^2 + bx + c = 0$ のとき
$D = b^2 - 4ac$

$m^2 - 2m - 3 = 0$

$\Rightarrow (m + ☐)(m - ☐) = 0$

$\Rightarrow m = ☐$ または $m = ☐$

グラフを書く

グラフより求める m の範囲は、

☐

お疲れ様でした！

第3章　相関関係を調べるための数学

統計に応用！

岡田先生：「いよいよ相関係数が出てきますね」

永野：「はい。ここは、統計を学ぶ際の最初の大きな難所だと思います」

岡田先生：「少し統計を勉強した人なら、相関係数rが
$$-1 \leqq r \leqq 1$$
になることは知っていると思いますが、『なぜそうなのか』が説明できる人は少ないですね」

永野：「そうなんです！　相関係数をきちんと理解するためには、先程も紹介したこのフローチャートの通り、たくさんの数学が必要になるからだと思います」

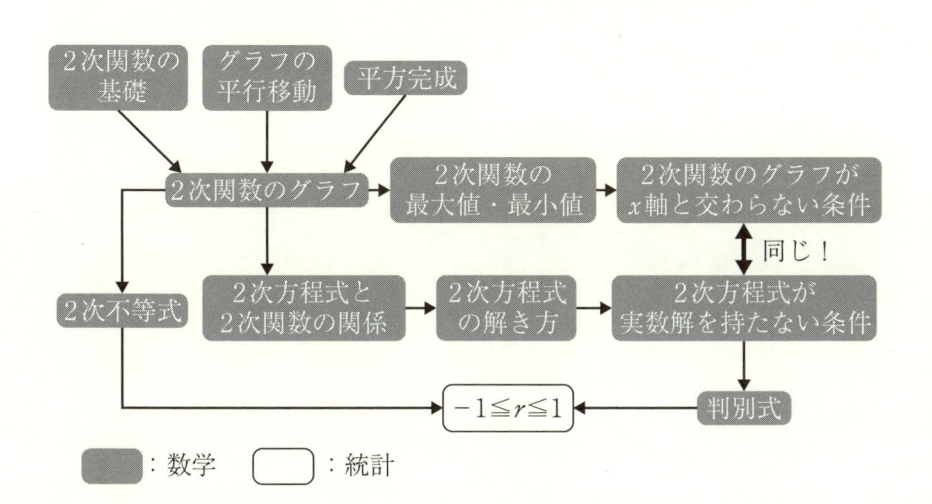

```
[2次関数の基礎] → [2次関数のグラフ] ← [グラフの平行移動] [平方完成]
                        ↓
                  [2次関数の最大値・最小値]   [2次関数のグラフが x軸と交わらない条件]
                                                    ↕ 同じ！
[2次不等式] ← [2次方程式と2次関数の関係] → [2次方程式の解き方] → [2次方程式が実数解を持たない条件]
                                                                    ↓
                              [ -1≦r≦1 ] ← ← ← [判別式]
```

■：数学　□：統計

岡田先生「確かに。統計は道具として便利なのでその使い方だけを覚えてしまおうという人が多いようですが、いろいろな統計量に対しての『理解』がないと、自分が何をやっているかがわからなくなって勉強が先に進まなくなります。ぜひ読者の皆さんには頑張ってほしいですね」

永野「私も頑張って、説明します！」

岡田先生「2つの変量の間にこの章の前半で学んだ関数のような厳密な関係があることは、実社会ではあまり多くありませんが、『一方が増えれば、他方も増える（一方が減れば、他方も減る）』という大まかな傾向があることは珍しくありません。このような傾向の強弱を表すための数学的な手法を手に入れようというのがこの章の目標です」

散布図

　第1章で学んだヒストグラムや箱ひげ図は、1変量データを整理してその傾向を調べるのに適したグラフでした。しかし2変量データに対してはヒストグラムや箱ひげ図を作ることができません。2変量データを整理して傾向をつかむためにはまた別のグラフが必要になります。それが「散布図（あるいは相関図）」です。

> 注）例えば、田中さん、鈴木さん、佐藤さんの3人について身長を調べた次のようなデータは「1変量データ」です。
>
> | 名前 | 田中 | 鈴木 | 佐藤 |
> |---|---|---|---|
> | 身長（cm） | 162 | 172 | 177 |
>
> 一方、3人について身長と体重を調べた次のようなデータのことを「2変量データ」といいます。
>
> | 名前 | 田中 | 鈴木 | 佐藤 |
> |---|---|---|---|
> | 身長（cm） | 162 | 172 | 177 |
> | 体重（kg） | 58 | 65 | 79 |

　散布図では2つの変数の値を座標として扱い、それを座標軸上にプロットしていきます……と言ってもわからないですよねえ。(・_・;)
　こういうのは実際の作業を見てもらったほうがわかりやすいと思いますので、ここでは以下のデータの散布図を作ってみましょう。
　これは第1章から使っているA組の数学の点数と同じ人の物理の点数をデータとしてまとめたものです。

出席番号	①	②	③	④	⑤	⑥
数学[点]	50	60	40	30	70	50
物理[点]	40	60	40	20	80	50

ここで、横軸に数学の点数、縦軸に物理の点数をとった座標軸を考えて、①～⑥の生徒のそれぞれの数学と物理の点数を、

$$(数学の点数, 物理の点数)$$

と座標で表すことにします。そうすると①の生徒の点数は、

$$(50, 40)$$

なので、①の生徒の点数は下の図のように座標軸上にプロット（点を書き入れること）できます。

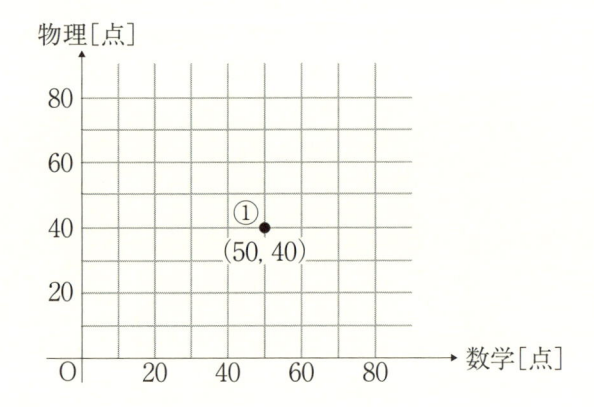

　同じことを②～⑥の生徒の点数についても行うと右のようになります。これが**散布図**です。(^_-)-☆

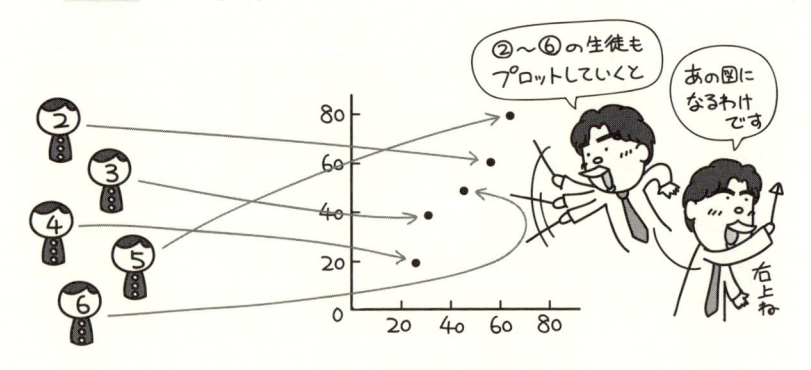

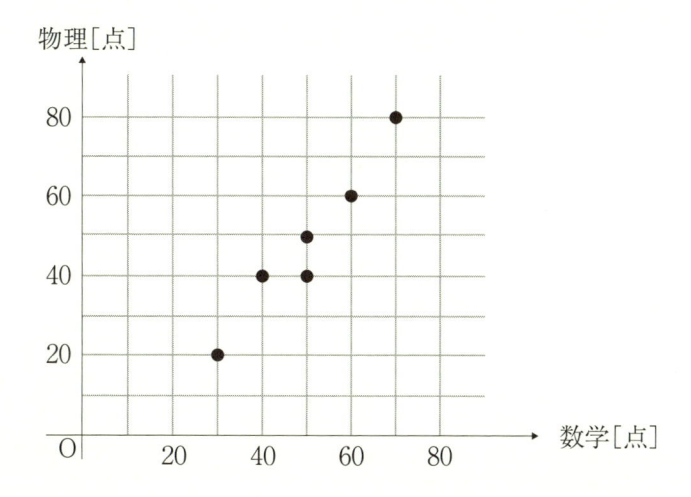

第3章　相関関係を調べるための数学

［注）座標軸のとり方について特に決まりはありません。横軸に「物理の点数」、縦軸に「数学の点数」をとることもできます。］

さて、この散布図からどんなことが読み取れますか？　すぐに、数学の点数が高い人ほど物理の点数も高い傾向にあることがわかるでしょう。今、散布図の各点は全体として右肩上がりの比較的狭い帯の中に入っています。これは正の傾きを持つ1次関数のグラフ（115頁）に似ていますね。

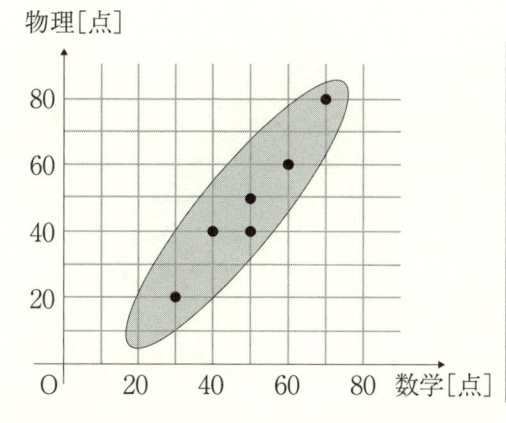

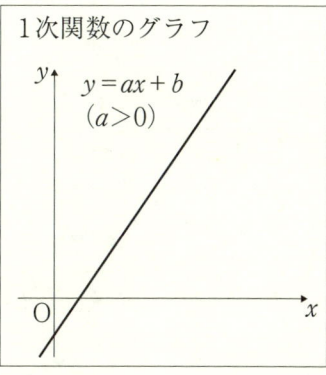

1次関数のグラフ
$y = ax + b$
$(a > 0)$

このようなとき、統計では「2つの変量の間には**強い正の相関がある**」という言い方をします。
　散布図は大きく分けて以下の5種類に分類されます。2変量データを整理して散布図を作れば、(大雑把ではありますが)2つの変量の間の**相関関係の有無**や**強弱**を知ることができます。

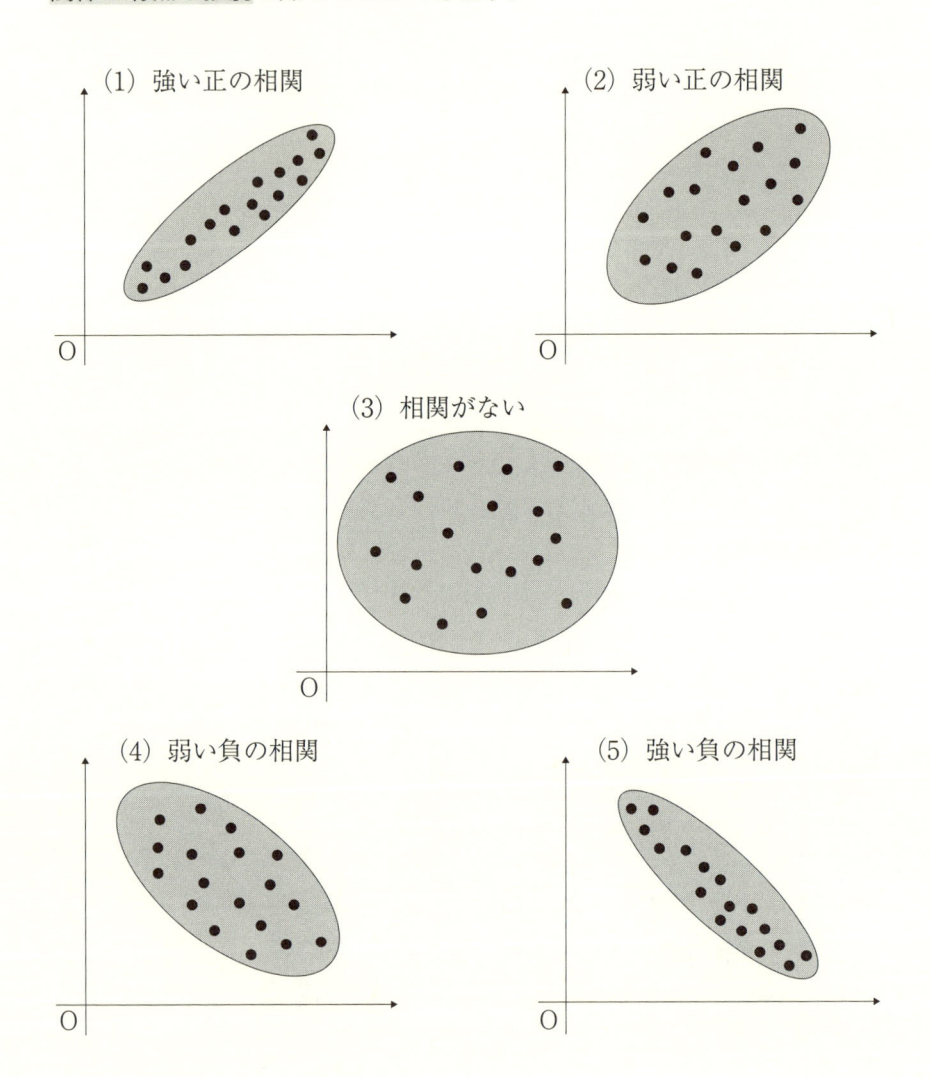

(1) 強い正の相関

(2) 弱い正の相関

(3) 相関がない

(4) 弱い負の相関

(5) 強い負の相関

> 注）散布図が全体として右肩上がりのときは「正の相関」、右肩下がりのときは「負の相関」といいます。これは1次関数のグラフ（直線）で、
>
> グラフが右肩上がり⇒直線の傾きは正
> グラフが右肩下がり⇒直線の傾きは負
>
> であることと対応しています。

下の表はA組の6人の生徒について、数学の点数と身長のデータをまとめたものです。

出席番号	①	②	③	④	⑤	⑥
数学[点]	50	60	40	30	70	50
身長[cm]	173	173	170	178	167	177

これを散布図にまとめてみましょう。

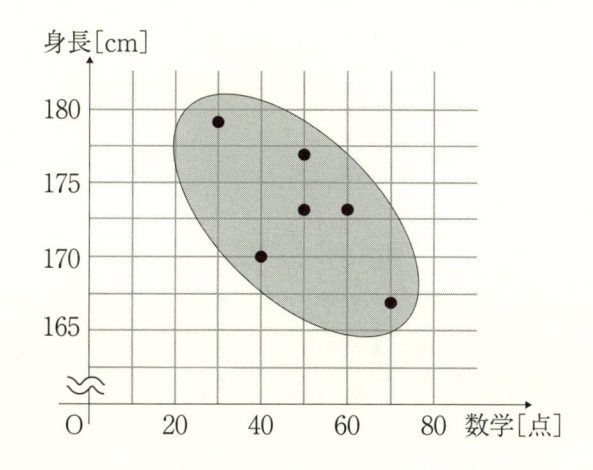

今度はどのような傾向が読み取れますか？　そうですね。A組の生徒の数学の点数と身長の間には**弱い負の相関がある**ことがわかります。

相関関係についての注意点

　ただし！　相関の傾向を調べる際には注意しなくてはいけないことが2つあります。1つは、得られた相関関係はあくまでもその調査対象についての結果であって、それをもってただちに「一般的な関係」だと考えることは普通できません。前頁の例でも、A組の6人に対してはたまたま「身長が高いほど、数学の点数が低い」という相関関係が得られましたが、これをすべての高校生にあてはまる「常識」にしてしまうと、全国の背の高い高校生から怒られます（笑）。

　それともう1つ、2変量データに対して何らかの相関があることがわかったとしても、両者の間に因果関係があるとは決めつけられないことも要注意です。A組の例でも身長の高低と数学の成績の良し悪しに因果関係があるとは到底考えられません。相関関係≠因果関係です。

相関関係について注意すべきこと
(1) 得られた傾向が一般的であるとは限らない。
(2) 相関関係があっても因果関係があるとは限らない。

岡田先生より

　(1) について。母集団のすべてのデータを用いる場合をのぞき、他の統計量（平均、分散、標準偏差など）についても、得られた結果が「一般的」であるとは限りません。**母集団から抽出した一部の標本（サンプル）について求めた結果が、一般的である（母集団の傾向を正しく反映している）と考えられるかどうかを調べる**ための手法、それこそが「推測統計」です。

（2）について。例えば X と Y の2つの変量の間に相関関係があるというだけでは、次のいずれかであるかを判別することはできません。

- X（原因）→ Y（結果）の関係があるから、X と Y の間に相関がみられる
- Y（原因）→ X（結果）の関係があるから、X と Y の間に相関がみられる
- X と Y がともに共通の原因 Z の結果である（$Z→X$ かつ $Z→Y$）から、X と Y の間に相関がみられる
- より複雑な関係がある
- たまたま

相関係数

　散布図によって、2変量データの大まかな相関関係はつかめるもののその強弱の判断は多分に感覚的であり、同じ散布図を見てある人は「強い相関がある」と感じ、別の人は「弱い相関がある」と感じることもあり得ます。これでは微妙な違いを議論することはなかなか難しいですね。そこで統計では相関関係の正負や強弱を厳密に表す数値が用意されています。それが「相関係数」です。

　ただし相関係数を理論的な裏付けも含めて理解することは簡単ではありません。高校数学では成り立ちには触れずにその求め方（計算方法）だけを学ぶことになっています。

　でも求め方だけでは寂しいので、本書では求め方を学んだ後に、理論についてもできるだけ噛み砕いて説明したいと思います。(^_-)-☆

相関係数の求め方

　以下のようなxとyという2つの変量をもつデータ（2変量データ）があるとします。

データ番号	①	②	③	…	ⓝ
x	x_1	x_2	x_3	…	x_n
y	y_1	y_2	y_3	…	y_n

　相関係数を求めるために必要な値は3つあります。それはxとyそれぞれの標準偏差（92頁）と次の式で定義される**共分散（covariance）**です。

第3章　相関関係を調べるための数学

> **共分散の定義**
>
> xとyの共分散をc_{xy}とすると、
>
> $$c_{xy} = \frac{(x_1 - \bar{x})(y_1 - \bar{y}) + (x_2 - \bar{x})(y_2 - \bar{y}) + \cdots + (x_n - \bar{x})(y_n - \bar{y})}{n}$$
>
> [$\bar{x}$と$\bar{y}$はそれぞれxとyの平均]

またxとyの標準偏差をそれぞれs_x、s_yとすると**相関係数（correlation coefficient）**は次のように表されます。

> **相関係数の定義**
>
> xとyの相関係数をrとすると、
>
> $$r = \frac{c_{xy}}{s_x \cdot s_y}$$

> 注）標準偏差は次のように表されるのでしたね（92頁）
>
> $$s_x = \sqrt{V_x} = \sqrt{\frac{(x_1-\bar{x})^2 + (x_2-\bar{x})^2 + (x_3-\bar{x})^2 + \cdots + (x_n-\bar{x})^2}{n}}$$
>
> $$s_y = \sqrt{V_y} = \sqrt{\frac{(y_1-\bar{y})^2 + (y_2-\bar{y})^2 + (y_3-\bar{y})^2 + \cdots + (y_n-\bar{y})^2}{n}}$$
>
> [V_xとV_yはそれぞれxとyの分散]
>
> ちなみにxとyの相関係数rはr_{xy}と、添え字x,yをつけて書くのが本来ですが、自明なときにはしばしば省略されます。

いきなり文字式がズラズラと出てきてクラクラしたと思います。(∩_∩;) 具体的にやってみましょう。

今、次のような2変量データがあるとします。

データ番号	①	②	③
x	-1	2	2
y	1	3	5

相関係数を求めるには次のような**表にまとめる**のがお勧めです。

データ番号	①	②	③	合計	合計÷3	
x	-1	2	2	3	1	──$\bar{x}$（xの平均）
y	1	3	5	9	3	──$\bar{y}$（yの平均）
$x-\bar{x}$	-2	1	1	0	0	
$y-\bar{y}$	-2	0	2	0	0	
$(x-\bar{x})^2$	4	1	1	6	2	──V_x（xの分散）
$(y-\bar{y})^2$	4	0	4	8	$\frac{8}{3}$	──V_y（yの分散）
$(x-\bar{x})(y-\bar{y})$	4	0	2	6	2	──c_{xy}（共分散）

$\sqrt{V_x} = \sqrt{2}$　　s_x（xの標準偏差）

$\sqrt{V_y} = \sqrt{\dfrac{8}{3}}$　　s_y（yの標準偏差）

相関係数を求めるには色のついた3つの値を使います。

$$r = \frac{c_{xy}}{s_x \cdot s_y} = \frac{2}{\sqrt{2} \cdot \sqrt{\dfrac{8}{3}}} = \frac{2}{\sqrt{\dfrac{16}{3}}} = \frac{2}{\left(\dfrac{4}{\sqrt{3}}\right)}$$

$$= 2 \div \frac{4}{\sqrt{3}} \qquad \boxed{\sqrt{3} = 1.732\cdots}$$

$$= 2 \times \frac{\sqrt{3}}{4} = \frac{\sqrt{3}}{2} \fallingdotseq 0.87$$

相関係数の解釈

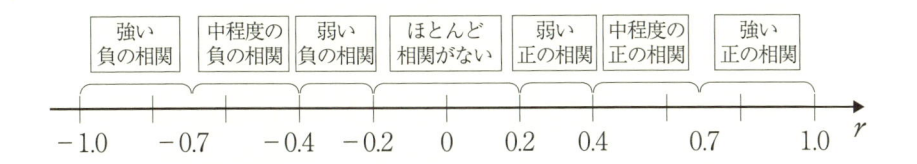

相関係数rは必ず$-1 \leq r \leq 1$の範囲にあります（理由は後述します）。
相関関係の強弱はrの値からおよそ次のように判断するのが普通です。

```
 強い    中程度の  弱い    ほとんど  弱い    中程度の  強い
 負の相関 負の相関  負の相関 相関がない 正の相関 正の相関  正の相関
├────┼────┼────┼────┼────┼────┼────┼────→
-1.0  -0.7  -0.4  -0.2   0    0.2   0.4   0.7   1.0   $r$
```

先ほどのA組の数学と物理の点数（159頁）について共分散を求めると次のようになります（計算にはエクセルを使い、値は小数第3位を四捨五入しています）。

出席番号	①	②	③	④	⑤	⑥	合計	合計÷6	
x(数学[点])	50	60	40	30	70	50	300	50.00	$\bar{x}$(xの平均)
y(物理[点])	40	60	40	20	80	50	290	48.33	$\bar{y}$(yの平均)
$x-\bar{x}$	0.00	10.00	-10.00	-20.00	20.00	0.00	0.00	0.00	
$y-\bar{y}$	-8.33	11.67	-8.33	-28.33	31.67	1.67	0.00	0.00	
$(x-\bar{x})^2$	0.00	100.00	100.00	400.00	400.00	0.00	1000.00	166.67	V_x(xの分散)
$(y-\bar{y})^2$	69.44	136.11	69.44	802.78	1002.78	2.78	2083.33	347.22	V_y(yの分散)
$(x-\bar{x})(y-\bar{y})$	0.00	116.67	83.33	566.67	633.33	0.00	1400.00	233.33	c_{xy}(共分散)

$\sqrt{V_x} = \sqrt{166.67} = $ **12.91** s_x (xの標準偏差)

$\sqrt{V_y} = \sqrt{347.22} = $ **18.63** s_y (yの標準偏差)

$$r = \frac{c_{xy}}{s_x \cdot s_y} = \frac{233.33}{12.91 \times 18.63} \fallingdotseq 0.97$$

rの値はほとんど1ですから（散布図からわかるように）、A組の数学と物理の点数の間にはかなり強い相関があることがわかります。ちなみに、

A組の数学の点数と身長（163頁）に関しても同様の計算を行うと、

$$r \fallingdotseq -0.65$$

です（余力のある人はぜひ、確かめてみてくださいね！）。

相関係数の理論的背景

　そもそも相関係数は、イギリスで活躍した統計学者の**フランシス・ゴルトン**（1822-1911）によって提唱され、ゴルトンの後継者である**カール・ピアソン**（1857-1936）がガウスの2次元正規分布の理論を基にまとめあげたものです。前述の通りその理解は容易ではありません。そこで本書ではまず、相関係数 r は必ず $-1 \leq r \leq 1$ の範囲にあることを証明し、その後で相関係数が1や-1に近いと「強い相関がある」といえる理由を説明したいと思います。この後はちょっと（かなり？）数式が多くなりますが、できるだけ噛み砕いて書いていきますので、どうぞついてきてください。

相関係数は、

$$r = \frac{c_{xy}}{s_x \cdot s_y} \quad \cdots ①$$

で表され、c_{xy}、s_x、s_y はそれぞれ、

$$c_{xy} = \frac{(x_1 - \bar{x})(y_1 - \bar{y}) + (x_2 - \bar{x})(y_2 - \bar{y}) + \cdots + (x_n - \bar{x})(y_n - \bar{y})}{n}$$

$$s_x = \sqrt{\frac{(x_1 - \bar{x})^2 + (x_2 - \bar{x})^2 + (x_3 - \bar{x})^2 + \cdots + (x_n - \bar{x})^2}{n}}$$

$$s_y = \sqrt{\frac{(y_1 - \bar{y})^2 + (y_2 - \bar{y})^2 + (y_3 - \bar{y})^2 + \cdots + (y_n - \bar{y})^2}{n}}$$

というものものしい式でしたが、ここでは簡単のために $n=3$ の場合について考えたいと思います。すなわち、

$$c_{xy} = \frac{(x_1-\bar{x})(y_1-\bar{y}) + (x_2-\bar{x})(y_2-\bar{y}) + (x_3-\bar{x})(y_3-\bar{y})}{3}$$

$$s_x = \sqrt{\frac{(x_1-\bar{x})^2 + (x_2-\bar{x})^2 + (x_3-\bar{x})^2}{3}}$$

$$s_y = \sqrt{\frac{(y_1-\bar{y})^2 + (y_2-\bar{y})^2 + (y_3-\bar{y})^2}{3}}$$

これでもまだ式が長ったらしいので、

$$X_1 = x_1 - \bar{x}, \quad X_2 = x_2 - \bar{x}, \quad X_3 = x_3 - \bar{x}$$
$$Y_1 = y_1 - \bar{y}, \quad Y_2 = y_2 - \bar{y}, \quad Y_3 = y_3 - \bar{y}$$

と置き換えましょう。すると、

$$c_{xy} = \frac{X_1Y_1 + X_2Y_2 + X_3Y_3}{3} \quad \cdots ②$$

$$s_x = \sqrt{\frac{X_1^2 + X_2^2 + X_3^2}{3}} \quad \cdots ③$$

$$s_y = \sqrt{\frac{Y_1^2 + Y_2^2 + Y_3^2}{3}} \quad \cdots ④$$

となります(いくらかマシです)。

さて私たちの当面の目標は $-1 \leqq r \leqq 1$ を示すことですが、ここで、

$$r^2 \leqq 1$$
$$\Leftrightarrow \quad r^2 - 1 \leqq 0$$

$$\Leftrightarrow \quad (r+1)(r-1) \leq 0$$
$$\Leftrightarrow \quad -1 \leq r \leq 1 \quad \cdots ⑤$$

であることを思い出してもらえれば（147頁）$-1 \leq r \leq 1$ を示すためには、

$$r^2 \leq 1 \quad \cdots ⑥$$

が示せればよい、ということになります。⑥に①を代入すれば、

$$\left(\frac{c_{xy}}{s_x \cdot s_y}\right)^2 \leq 1 \quad \cdots ⑦$$

ですね。これに②～④を代入して、証明すべき式を簡単にしていきます。

⑦式 $\Leftrightarrow \left(\dfrac{\frac{X_1Y_1+X_2Y_2+X_3Y_3}{3}}{\sqrt{\frac{X_1^2+X_2^2+X_3^2}{3}} \cdot \sqrt{\frac{Y_1^2+Y_2^2+Y_3^2}{3}}}\right)^2 \leq 1$

$\Leftrightarrow \left(\dfrac{\frac{X_1Y_1+X_2Y_2+X_3Y_3}{3}}{\frac{\sqrt{X_1^2+X_2^2+X_3^2} \cdot \sqrt{Y_1^2+Y_2^2+Y_3^2}}{3}}\right)^2 \leq 1$

$\Leftrightarrow \left(\dfrac{X_1Y_1+X_2Y_2+X_3Y_3}{\sqrt{X_1^2+X_2^2+X_3^2} \cdot \sqrt{Y_1^2+Y_2^2+Y_3^2}}\right)^2 \leq 1$

$\Leftrightarrow \dfrac{(X_1Y_1+X_2Y_2+X_3Y_3)^2}{(X_1^2+X_2^2+X_3^2)(Y_1^2+Y_2^2+Y_3^2)} \leq 1$

$\Leftrightarrow (X_1Y_1+X_2Y_2+X_3Y_3)^2 \leq (X_1^2+X_2^2+X_3^2)(Y_1^2+Y_2^2+Y_3^2) \cdots ⑧$

ふぅ……。(・＿・;) これだけでも面倒な式変形でしたが、⑧式こそ私たちが証明すべき式です。

ここで⑧式を証明するために<u>ナナメ上からのかなり意外な方法</u>を紹介し

ます。これはふつう自力で思い付けるような方法ではなく、そういう意味では天下り的ですが、2次関数のグラフを使った視覚的な理解が可能であり、$n=3$のとき以外にも通用する画期的な方法です。ぜひ先人たちの知恵を味わってください。(^_-)-☆

まず次のような不等式を用意します。

$$(X_1 t - Y_1)^2 + (X_2 t - Y_2)^2 + (X_3 t - Y_3)^2 \geq 0 \quad \cdots ⑨$$

> 注）ここで新しい文字「t」を登場させる理由は、議論の主役をXやYから他の文字に移すためです。以下の証明は$X_1, X_2, X_3, Y_1, Y_2, Y_3$のそれぞれを単なる「係数」に格下げするのがポイントです。もちろん新しい文字は「t」でなくてもかまいません。

左辺について、

$$(X_1 t - Y_1)^2 \geq 0, \quad (X_2 t - Y_2)^2 \geq 0, \quad (X_3 t - Y_3)^2 \geq 0$$

なので⑨が成り立つことは明らかです。

⑨の左辺を展開して、tについて整理すると、

$$(X_1 t - Y_1)^2 + (X_2 t - Y_2)^2 + (X_3 t - Y_3)^2 \geq 0$$
$$\Leftrightarrow X_1^2 t^2 - 2X_1 Y_1 t + Y_1^2 + X_2^2 t^2 - 2X_2 Y_2 t + Y_2^2 + X_3^2 t^2 - 2X_3 Y_3 t + Y_3^2 \geq 0$$
$$\Leftrightarrow (X_1^2 + X_2^2 + X_3^2)t^2 - 2(X_1 Y_1 + X_2 Y_2 + X_3 Y_3)t + (Y_1^2 + Y_2^2 + Y_3^2) \geq 0 \cdots ⑩$$

ここで見方を変えて、⑩式の左辺をtの2次関数（119頁）だと思ってください。（←ここがミソです）すなわち、

$$f(t) = (X_1^2 + X_2^2 + X_3^2)t^2 - 2(X_1 Y_1 + X_2 Y_2 + X_3 Y_3)t + (Y_1^2 + Y_2^2 + Y_3^2)$$

と考えるわけです。そうすると⑩式は$y = f(t)$が常に0以上であることを示しています。

グラフでいえば次のいずれかの状況です。

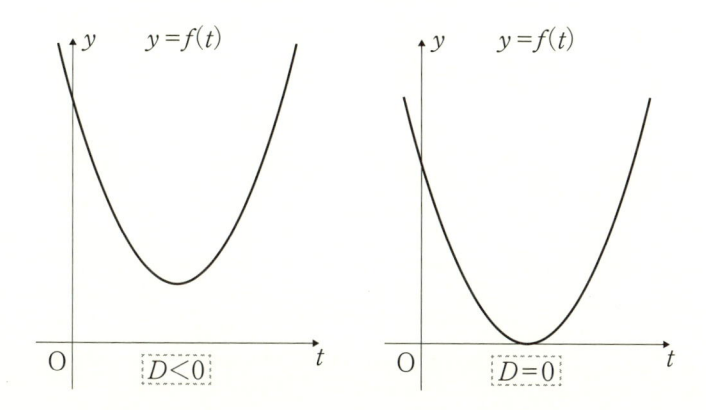

（左図：$D<0$ の放物線、右図：$D=0$ の放物線）

このようになる条件は何でしたっけ？……そうですね！
方程式の判別式 D（141頁）が、

$$D \leq 0$$

を満たすことです！

> $at^2 + bt + c = 0$
> の判別式は
> $D = b^2 - 4ac$

⑩より

$D = \{2(X_1Y_1 + X_2Y_2 + X_3Y_3)\}^2 - 4(X_1^2 + X_2^2 + X_3^2)(Y_1^2 + Y_2^2 + Y_3^2) \leq 0$
$\Leftrightarrow 4(X_1Y_1 + X_2Y_2 + X_3Y_3)^2 - 4(X_1^2 + X_2^2 + X_3^2)(Y_1^2 + Y_2^2 + Y_3^2) \leq 0$
$\Leftrightarrow (X_1Y_1 + X_2Y_2 + X_3Y_3)^2 \leq (X_1^2 + X_2^2 + X_3^2)(Y_1^2 + Y_2^2 + Y_3^2)$

やりました！　⑧式が証明できました。＼(^o^)／
あとは先ほどの逆をたどるだけです。⑧式は⑦式と同値であり、⑦式は⑥式および⑤式と同値ですから、以上より、

$$-1 \leq r \leq 1 \quad \cdots ⑪$$

です！（お疲れ様でした！）

（終）

ところで⑨式の等号（＝）が成立するのはどんなときでしょうか？

⑨式の等号が成立するならば、

$$(X_1t - Y_1)^2 + (X_2t - Y_2)^2 + (X_3t - Y_3)^2 = 0$$

$\boxed{\begin{array}{l} A^2 + B^2 + C^2 = 0 \\ \Leftrightarrow \quad A = 0 \text{かつ} \\ B = 0 \text{かつ} C = 0 \end{array}}$

このとき、

$$(X_1t - Y_1)^2 = 0 \quad \text{かつ} \quad (X_2t - Y_2)^2 = 0 \quad \text{かつ} \quad (X_3t - Y_3)^2 = 0$$

これより、

$$(X_1t - Y_1)^2 = 0 \quad \Leftrightarrow \quad X_1t - Y_1 = 0 \quad \Leftrightarrow \quad t = \frac{Y_1}{X_1}$$

$$(X_2t - Y_2)^2 = 0 \quad \Leftrightarrow \quad X_2t - Y_2 = 0 \quad \Leftrightarrow \quad t = \frac{Y_2}{X_2}$$

$$(X_3t - Y_3)^2 = 0 \quad \Leftrightarrow \quad X_3t - Y_3 = 0 \quad \Leftrightarrow \quad t = \frac{Y_3}{X_3}$$

ですね。つまり、

$$t = \frac{Y_1}{X_1} = \frac{Y_2}{X_2} = \frac{Y_3}{X_3} \quad \cdots ⑫$$

が、<u>⑨式の等号が成立する条件</u>になります。$\frac{Y_1}{X_1}$と$\frac{Y_2}{X_2}$と$\frac{Y_3}{X_3}$の値がすべて等しく、それがtに等しいということは、

$$(X_1t - Y_1)^2 + (X_2t - Y_2)^2 + (X_3t - Y_3)^2 = 0 \quad \cdots ⑬$$

の<u>方程式の解は1つだけ</u>であるということです。

一方、⑬式は⑩式と同じように変形すれば、

$$(X_1^2 + X_2^2 + X_3^2)t^2 - 2(X_1Y_1 + X_2Y_2 + X_3Y_3)t + (Y_1^2 + Y_2^2 + Y_3^2) = 0 \quad \cdots ⑭$$

の2次方程式と同値。すなわち、

⑬の方程式の解が1つ ⇔ ⑭の2次方程式の解が1つ

です。このとき⑭式の判別式は0になるので、先ほど（175頁）の計算から、

$$(X_1Y_1 + X_2Y_2 + X_3Y_3)^2 = (X_1^2 + X_2^2 + X_3^2)(Y_1^2 + Y_2^2 + Y_3^2)$$

つまり、⑧式において等号が成立します。
⑧式の等号が成立するとき、⑥式の等号も成立するので

$$r^2 = 1 \quad \Leftrightarrow \quad r = 1 \quad \text{あるいは} -1$$

ですね。以上より⑨式の等号が成り立つとき、⑪式の等号も成立し、rは1か−1になることがわかりました。

⑫において置き換え（172頁）を元に戻すと「⑨式の等号が成立する条件＝⑪式の等号が成立する条件 ＝ rが1か−1になる条件」は、

$$t = \frac{y_1 - \bar{y}}{x_1 - \bar{x}} = \frac{y_2 - \bar{y}}{x_2 - \bar{x}} = \frac{y_3 - \bar{y}}{x_3 - \bar{x}} \quad \cdots ⑮$$

です。

なお⑨式を一般化して、

$$(X_1t - Y_1)^2 + (X_2t - Y_2)^2 + (X_3t - Y_3)^2 + \cdots + (X_nt - Y_n)^2 \geqq 0$$

という不等式を使えば、上とまったく同じようにして、

$$(X_1Y_1 + X_2Y_2 + X_3Y_3 + \cdots + X_nY_n)^2 \leqq$$
$$(X_1^2 + X_2^2 + X_3^2 + \cdots + X_n^2)(Y_1^2 + Y_2^2 + Y_3^2 + \cdots + Y_n^2) \quad \cdots ⑯$$

が示せます。

等号成立は、

$$\frac{Y_1}{X_1} = \frac{Y_2}{X_2} = \frac{Y_3}{X_3} = \cdots = \frac{Y_n}{X_n} \quad \cdots ⑰$$

のときです。

⑯式はいわゆる**コーシー・シュワルツの不等式**と呼ばれる不等式の一般形（nで表した式）で、理系の人は大学1年生の春に（以上の証明方法も含めて）習います。

> 注）$n=2$や$n=3$の場合のコーシー・シュワルツの不等式は高校数学でも登場します。

⑯式を使えば、$n=3$の場合と同様にして、一般の場合でも相関係数rが**$-1 \leqq r \leqq 1$となることが導かれます**（ぜひ確かめてくださいね！）。

第3章 相関関係を調べるための数学

相関係数の「直感的」理解

数式が続いてしまいましたが、これで難しい式変形は終わりです。
相関係数rが1や-1に近いとき「強い相関がある」と言える理由についてはグラフ（散布図）を使って直感的に理解したいと思います。

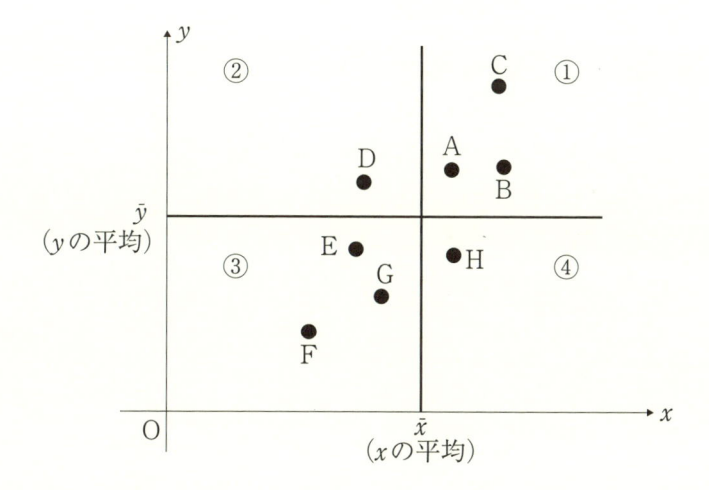

上の図で$\bar{x}$や$\bar{y}$はそれぞれ、xとyの平均を表しています。例えば点Aのデータはxの値もyの値も平均を上回っているので、

$$x - \bar{x} > 0, \ y - \bar{y} > 0$$

となり、$(x-\bar{x})(y-\bar{y})$ は正の数どうしの掛け算で正の値になります。①の領域に含まれるBやCについても同じことがいえますから、A〜Cの3点については、

$$(x-\bar{x})(y-\bar{y}) > 0$$

179

です。一方、②の領域に含まれるDはxの値は平均を下回り、yの値は平均を上回っているので、

$$x-\bar{x}<0, \ y-\bar{y}>0$$

となり、$(x-\bar{x})(y-\bar{y})$は負の数と正の数の掛け算で負の値になります。すなわち②の領域に含まれる点については、

$$(x-\bar{x})(y-\bar{y})<0$$

です。

③や④の領域についても同様に考えていくと、③にあるE～Gについては、

$$x-\bar{x}<0, \ y-\bar{y}<0 \ \Rightarrow \ (x-\bar{x})(y-\bar{y})>0$$

であり、④にあるHについては、

$$x-\bar{x}>0, \ y-\bar{y}<0 \ \Rightarrow \ (x-\bar{x})(y-\bar{y})<0$$

です。まとめると次のようになります。

A～C、E～Gの6点 ： $(x-\bar{x})(y-\bar{y})$ が正
DとHの2点 ： $(x-\bar{x})(y-\bar{y})$ が負

これらの計8個の点について$(x-\bar{x})(y-\bar{y})$の和を考えるとどうなるでしょうか？ そうですね。正の数のほうが多いので、その和も正の値になりそうです。

> 注）一般に、散布図が右肩上がりなっている場合、DやHのような②や④の領域にある点がよほど飛び抜けたはずれ値でない限り、全体の和が負になることはありません。

散布図を2つの変量の平均点に対して4つの領域に分けると、

①や③の領域のデータ：$(x-\bar{x})(y-\bar{y})$　　が正
　　　②や④の領域のデータ：$(x-\bar{x})(y-\bar{y})$　　が負

となります。このとき共分散c_{xy}（167頁）は、$(x-\bar{x})(y-\bar{y})$の和をnで割った数なので、データが①や③の領域に多く分布している（**正の相関がある**）場合、共分散c_{xy}は正の値になります。逆にデータが②や④の領域に多く分布している（**負の相関がある**）場合、c_{xy}は負の値になります。またデータが①〜④の領域に満遍なく分布している（**相関がない**）場合は、正の値と負の値が打ち消し合ってc_{xy}は0に近い値になります。

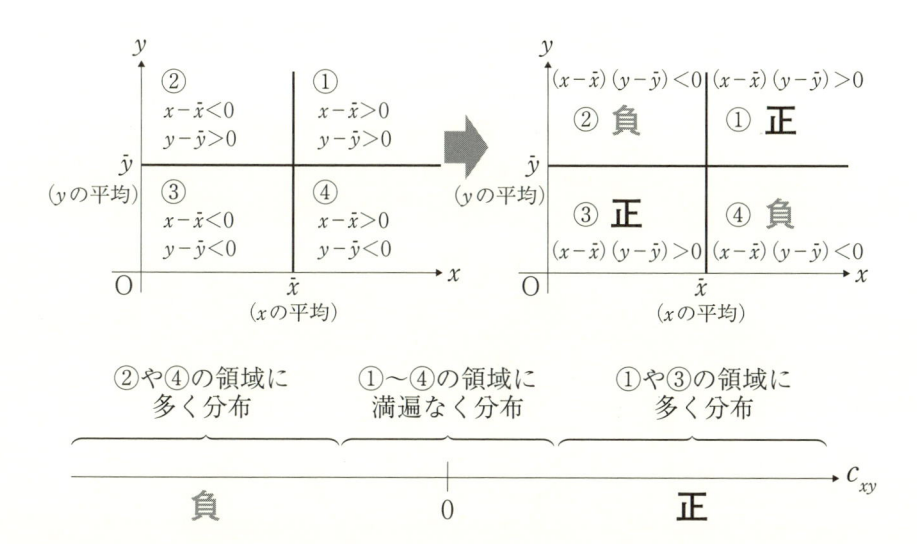

岡田先生より

　共分散は、「**平均と各データ点とが作る長方形の、符号付き面積**」**の平均**と考えればわかりやすいと思います。例えば(x, y)が上の図の①にあるとき、$(x-\bar{x})(y-\bar{y})$は次の図の長方形の面積ですね。

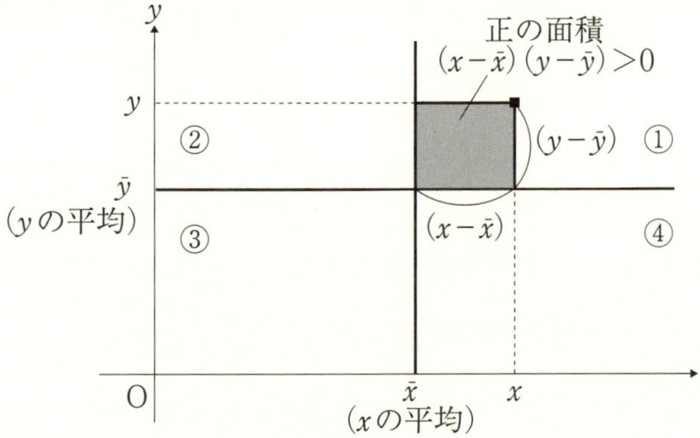

(x,y) が上の図の②にあるときは、$(x-\bar{x})(y-\bar{y})$ は負の値になりますが、**「負の面積」というものを認めることにすると、**(x,y) が②にあるときも**$(x-\bar{x})(y-\bar{y})$は下の図の長方形の面積（ただし値は負）を表すと解釈できます。**

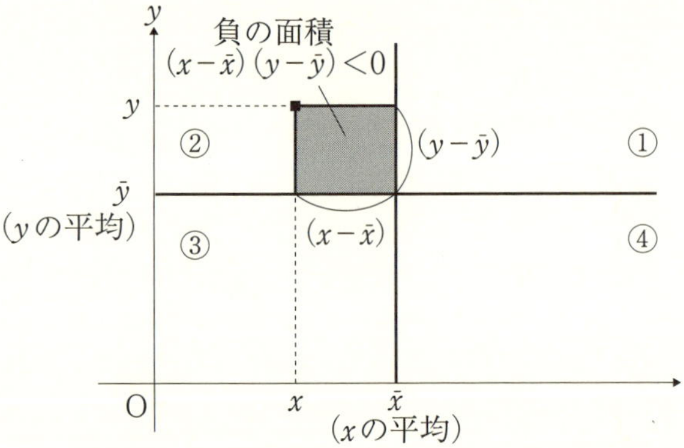

同様に考えれば、

(x, y)が③にあるとき、$(x-\bar{x})(y-\bar{y})$は正の面積
(x, y)が④にあるとき、$(x-\bar{x})(y-\bar{y})$は負の面積

を表すことになります。

結局n個の(x, y)について、$(x-\bar{x})(y-\bar{y})$を足しあわせてそれをnで割った数である共分散c_{xy}は、符号付きの面積の平均であると考えられるのです。

改めて相関係数rの定義式を書きます。

$$r = \frac{c_{xy}}{s_x \cdot s_y}$$

ここで分母のxとyの標準偏差s_xおよびs_yは、$(x-\bar{x})^2$や$(y-\bar{y})^2$を順々に足しあわせたものをnで割って$\sqrt{}$をかけたものですから、負になることのない数です。一方、分子の共分散c_{xy}は、$(x-\bar{x})$と$(y-\bar{y})$の積を足しあわせたものをnで割った数ですから、(今見たように) 正にも負にもなり得ます。rの分母は常に正の数なので、分子の共分散c_{xy}が大きな値になればrも大きな値になることが予想されます。

岡田先生より

ここで「いやいや、c_{xy}が大きくなるにつれてs_xやs_yも大きくなるかもしれないじゃん！」というツッコミが入るかもしれませんね。そこでxとyのそれぞれの標準偏差s_xおよびs_yは変えずに (すなわちxとyのそれぞれの散らばりぐあいは変えずに)、c_{xy}だけを変化させられるかどうかを見てみましょう。

xとyの散らばり具合は同じでも……

②と④に集中	バラバラ	①と③に集中
⇒c_{xy}が小さな値	⇒c_{xy}がほぼゼロ	⇒c_{xy}が大きな値

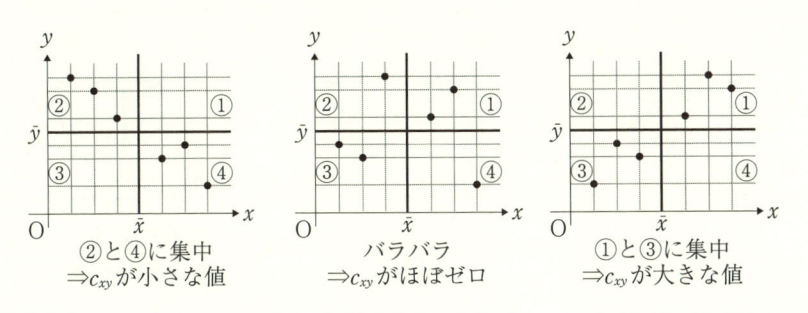

この3つの散布図ではどれも各点からx軸やy軸に下ろした垂線の足の位置は変わっていないことがわかるでしょうか？　すなわちこれらの3つの散布図においてxとyの散らばり具合は同じです（s_xおよびs_yは一定）。でも3つの散布図は全然違いますね。

これで相関係数の分母$s_x \cdot s_y$は一定でも、xとyの間の関係次第で、分子のc_{xy}だけが大きくなったり小さくなったりすることがわかってもらえるでしょう。

さて、先ほど私たちはかなり面倒な計算を行って、相関係数rが、

$$-1 \leqq r \leqq 1$$

を満たすことを示しました。162頁で見たように散布図から「強い正の相関がある」と判断できる場合は、①と③の領域にデータが集中しているケースですね。この場合c_{xy}は大きな値になって相関係数rも最大値である1に近づきます。一方「強い負の相関がある」と判断できる②と④に集中しているケースではc_{xy}は小さな値（絶対値の大きな負の値）になって相関係数rは最小値である－1に近づくのです。また「ほとんど相関がない」ケースは①～④の領域にデータが満遍なく分布していてc_{xy}は0に近い値になり、これに伴って相関係数rも0に近い値をとります。

以上を図にまとめておきましょう

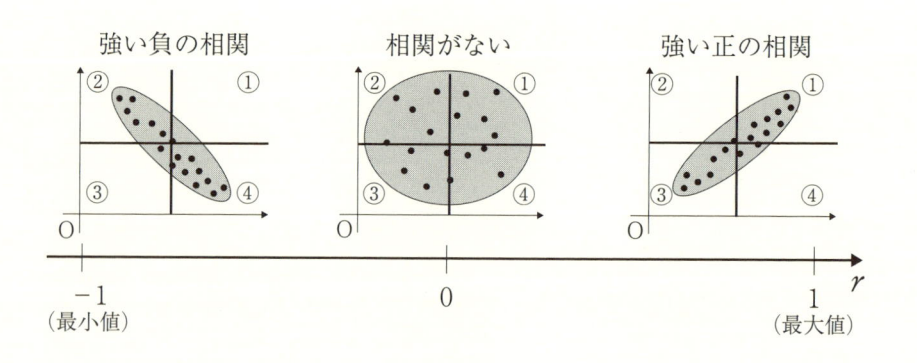

相関係数が最大値や最小値をとるとき

ところで、相関係数の不等式「$-1 \leqq r \leqq 1$」で等号（＝）が成立するのはどういうときでしたっけ？ $n=3$の場合は⑮式（177頁）が成り立つときでしたね。一般には次のようになります。

$$\frac{y_1 - \bar{y}}{x_1 - \bar{x}} = \frac{y_2 - \bar{y}}{x_2 - \bar{x}} = \frac{y_3 - \bar{y}}{x_3 - \bar{x}} = \cdots = \frac{y_n - \bar{y}}{x_n - \bar{x}} \quad \cdots ⑱$$

⑱式は文字k（$k=1, 2, 3\cdots, n$）を使うと、

$$\frac{y_k - \bar{y}}{x_k - \bar{x}} = a \quad [a は定数]$$

と書けます。これより、

$$y_k - \bar{y} = a(x_k - \bar{x})$$
$$\Rightarrow \quad y_k = a(x_k - \bar{x}) + \bar{y} \quad \cdots ⑲$$

です。⑲式はn個の点、

$$(x_1, y_1), (x_2, y_2), (x_3, y_3), \cdots, (x_n, y_n)$$

がすべて、

$$y = a(x - \bar{x}) + \bar{y} \quad \cdots ⑳$$

> $y_k = f(x_k)$が成立
> $\Leftrightarrow$ 点(x_k, y_k)が
> $y = f(x)$上にある

で表されるグラフ上にあることを示しています（104頁）。

⑳式はどんなグラフですか？ そうですね。傾きがaで点$(\bar{x}, \bar{y})$を通る直線です（117頁）。つまり相関係数rが最大値の1や最小値の-1になるのは散布図ですべてのデータが点$(\bar{x}, \bar{y})$を通る直線上に乗っているときだということがわかります。(^_-)-☆

$y=a(x-\bar{x})+\bar{y}$ （$r=1$ のとき）

$y=a(x-\bar{x})+\bar{y}$ （$r=-1$ のとき）

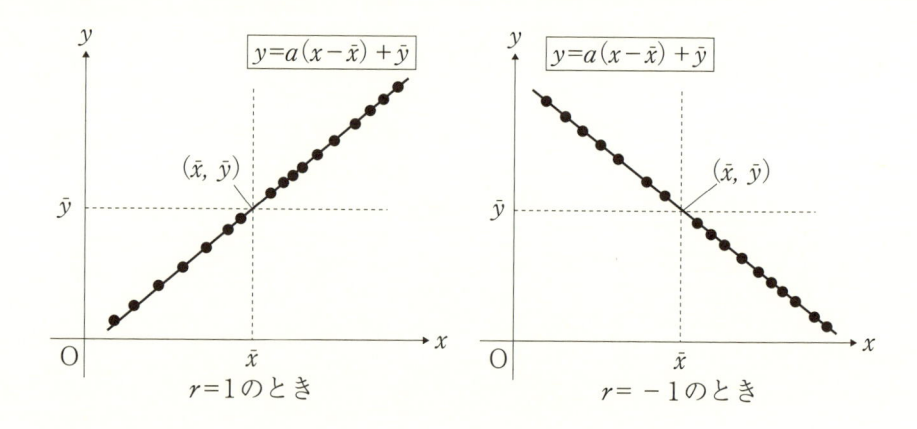

　この章は第1章、第2章に比べて難しく感じた人が多いと思います。相関係数というのはそれだけ難しい概念を含んでいるのです。統計技術の習得に対するニーズが高まる中で、相関係数のことを知っている人は増えてきましたが、相関係数の最大値が1で最小値は－1であることの理由を理解できている人はほとんどいないと思います。でも「なんだかわからないけれど、とりあえずあてはめれば結果が出る」ことを知っているだけでは仕事上の大事な案件に対して相関係数を使うのは不安でしょう。もちろんその結果について深く議論することもできないはずです。

　数学は、そして統計はやり方を知っているだけではやがて必ずわからなくなります。そこが攻略本通りに闇雲に進めればクリアできてしまうゲームとは違うところです。この章の内容について、不安のある人は先に進む前にもう一度じっくり読み返してみてくださいね！　大丈夫です！　きっと理解できるよう精魂込めて書きましたから。(^_-)-☆

第 4 章

バラバラのデータを分析するための数学

第4章のはじめに

　本章では飛び飛びの値をとる「バラバラのデータ（離散型データ）」の統計的な分析に必要な数学を学びます。柱は2本。1つは確率で、もう1つはΣ（シグマ）記号です。

　まじめな（？）統計本の多くには「確率・統計」というタイトルが付いています。なぜ「統計」には「確率」がセットになっているのでしょうか？　そもそも統計の目標は（大雑把に言えば）、世の中にあるさまざまな「偶然」の中に法則性を見出し、その法則性を使って部分から全体を推し量ることにあります。この推測に確率の素養は不可欠なのです。

　例えばあなたが全然試験勉強をせずに4択問題のマークシートテストを受けて50点以上だったとしましょう。果たしてこれは「かなり幸運なこと」なのでしょうか？　それとも「よくあること」なのでしょうか？

　確率はその答えを教えてくれます。確率を学ぶには順列や組合せといった場合の数や集合の理解が必要です。また統計の二項分布に繋がる二項係数（定理）や反復試行も学びます。

　Σ記号に対しては難しいという印象を持っている人が多いようです。でも、バラバラの値を持つ数の和を計算する際には（慣れてくると）とても便利に使える記号ですし、本書を卒業して統計の勉強を進める際には必ず必要になりますからどうぞ臆せず挑んでみてください。導入に離散型データの代表ともいえる等差数列や等比数列にも触れます。

　本章も前章に引き続き盛りだくさんです。焦らずじっくり取り組みましょう！(^_-)-☆

第4章　バラバラのデータを分析するための数学

　ここも長くなりますので、最初に確率部分のフローチャートと統計との繋がりを書いておきますね。

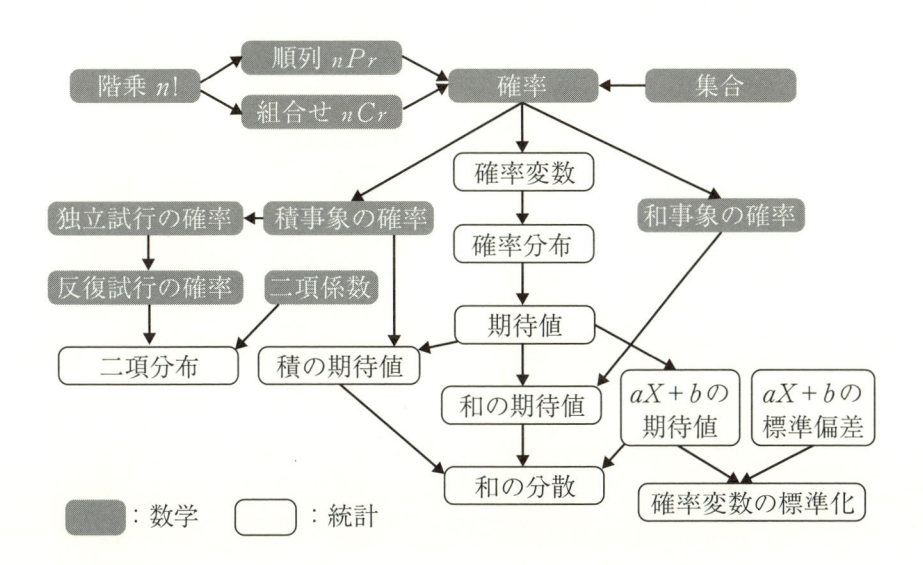

```
                    ┌→ 順列 nPr ┐
        階乗 n! ────┤           ├──→ 確率 ←──── 集合
                    └→ 組合せ nCr ┘    │
                                        │
           ┌───────────────┬────────────┼────────────┐
           ↓               ↓            ↓            ↓
      独立試行の確率   積事象の確率   確率変数      和事象の確率
           ↓               ↓            ↓            │
      反復試行の確率   二項係数     確率分布         │
           ↓               ↓            ↓            │
        二項分布       積の期待値    期待値          │
                           │            ↓            │
                           │         和の期待値   aX+bの    aX+bの
                           │            ↓         期待値    標準偏差
                           └──────→ 和の分散      │         │
                                                  └─→ 確率変数の標準化
```

■：数学　　□：統計

　なかなか込み入っています……が、この章の最終目標は、「二項分布」、「和の分散」、「確率変数の標準化」の3つをしっかりと理解することです。まずは「階乗」から！

階乗

　場合の数の解説に入る前に、階乗（factorial）についておさらいしておきましょう。「階乗」というのは階段を下りていくように数字を1つずつ減らしながら掛けていく計算のことをいいます。記号はビックリマークの「!」を使います。

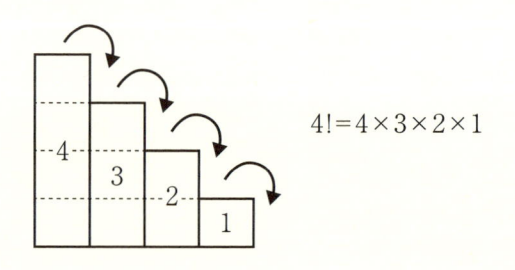

$$4! = 4 \times 3 \times 2 \times 1$$

　例えば「5!」は

$$5! = 5 \times 4 \times 3 \times 2 \times 1 = 120$$

です。一般に自然数（正の整数）nについて$n!$は次のように定義されます。

$n!$（nの階乗）の定義

$$n! = n \times (n-1) \times (n-2) \times \cdots\cdots \times 3 \times 2 \times 1$$

　では、「場合の数」について説明していきます。重要なのは順序を考慮するべきか、考慮しなくてもよいかを見定めることです。順序を考慮する場合の数を順列、順序を考慮しない場合の数を組合せといいます。

順列

　A, B, C, D, Eの5人から成る委員会があります。5人の中から委員長、副委員長、会計の3人を選ぶとしましょう。この場合私たちは選ぶ順序を考慮する必要があります。委員長Aさん、副委員長Bさん、会計Cさんという場合と、委員長Cさん、副委員長Aさん、会計Bさんの場合とでは委員会の雰囲気はまったく違うものになりますよね？(^_-)-☆
　さて3人の選び方は何通りになるでしょうか？
　委員長→副委員長→会計の順に選ぶことにすると、委員長の選び方はA〜Eの5人から選ぶので5通り、副委員長は委員長に選ばれなかった残り4人から選ぶので4通り、会計は委員長にも副委員長にも選ばれなかった残り3人から選ぶので3通りです。

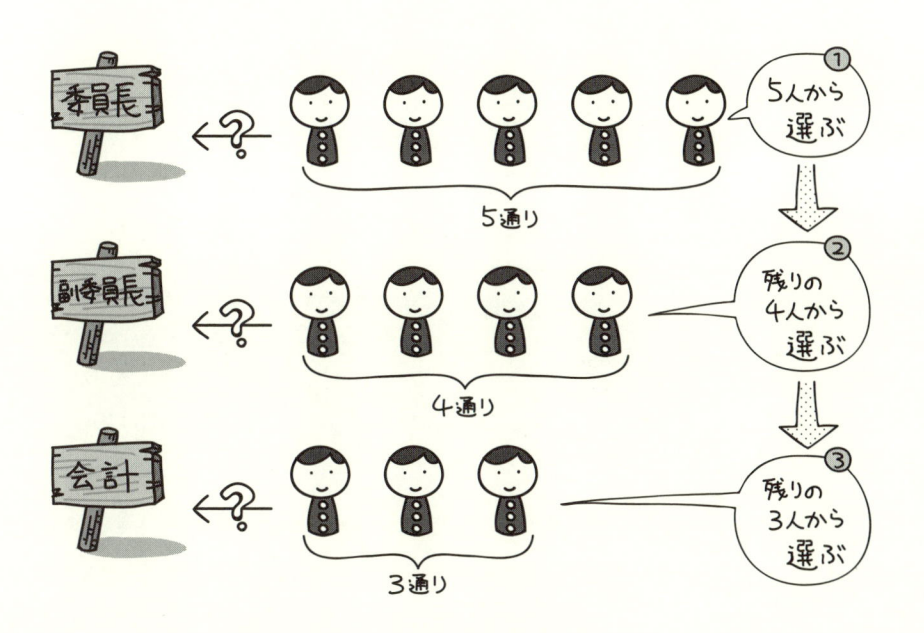

よって場合の数は次のように計算できます。

$$5 \times 4 \times 3 = 60 \quad [通り]$$

このように順序を考慮する場合の数のことを**順列**といいます。異なる5つから順序を考慮して3つを選ぶ場合の数は、順列を表す"**permutation**"の頭文字を取って $_5P_3$ と表します。つまり、

$$_5P_3 = 5 \times 4 \times 3 = 60$$

というわけです。

これは、

$$_5P_3 = 5 \times 4 \times 3 = \frac{5 \times 4 \times 3 \times 2 \times 1}{2 \times 1} = \frac{5!}{2!} = \frac{5!}{(5-3)!}$$

と階乗を使って表すこともできます。一般に次のように書けます。

順列（異なる n 個から r 個選ぶ順列）の一般式

$$_nP_r = \underbrace{n \times (n-1) \times \cdots \times (n-r+1)}_{r個の積} = \frac{n!}{(n-r)!}$$

> 注）最右辺は以下のように無理やり変形しています。
>
> $_nP_r = n \times (n-1) \times \cdots\cdots (n-r+1)$
>
> $= \dfrac{\{n \times (n-1) \times \cdots\cdots (n-r+1)\} \times (n-r) \times (n-r-1) \times \cdots\cdots 3 \times 2 \times 1}{(n-r) \times (n-r-1) \times \cdots\cdots 3 \times 2 \times 1}$
>
> $= \dfrac{n!}{(n-r)!}$
>
> わざわざこのようにする理由は階乗「！」が使えればズラズラと掛け算の式を書かずにすんで簡明だからです。

0!について

「${}_nP_r = n \times (n-1) \times \cdots \times (n-r+1)$」において $r = n$ のときを考えると、

$$\begin{aligned}{}_nP_n &= n \times (n-1) \times \cdots \times (n-n+1) \\ &= n \times (n-1) \times \cdots \times 1 \\ &= n!\end{aligned}$$

ですが、「${}_nP_r = \dfrac{n!}{(n-r)!}$」において $r = n$ のときを考えると、

$$ {}_nP_n = \frac{n!}{(n-n)!} = \frac{n!}{0!} $$

となります。つまり、

$$ ({}_nP_n =)\, n! = \frac{n!}{0!} $$

だということになります。

「0!」というのは階乗の定義からするとあり得ない数のように感じるかもしれませんが、「0!」については上式が破綻しないように特別に次のように定める約束になっています。

0!の定義

$$ 0! = 1 $$

注）「0! = 0」ではありません。(^_-)-☆
このように特別に定めるのは、${}_nP_n$ だけを例外として扱う面倒を回避するためだと理解してください。

例題 4-1

(1) $_7P_3$ の値を求めなさい。
(2) A〜Eの5人が柔道の団体戦に出場します。先鋒、次鋒、中堅、副将、大将の決め方は何通りあるか答えなさい。
(3) 0〜5までの6個の数から異なる3つの数を選んで3桁の数をつくる場合、300以上の数はいくつあるか答えなさい。

【解答】

(1) 順列の一般式にあてはめるだけです。(^_-)-☆

$$_7P_3 = 7 \times 6 \times 5 = 210$$

(2) 先鋒の決め方は5通り、次鋒は先鋒以外の4通り……と考えていけばよいので5人から5人を選ぶ順列ですね。

$$_5P_5 = 5 \times 4 \times 3 \times 2 \times 1 (= 5!) = 120 \quad [通り]$$

(3) 百の位は3、4、5のいずれかで3通り、十の位は6個の数のうち百の位に使った数以外の5通り、一の位は百と十の位に使った数以外で4通り。

$$0, 1, 2, 3, 4, 5$$

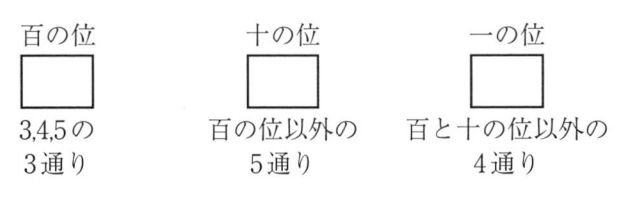

百の位	十の位	一の位
□	□	□
3,4,5の 3通り	百の位以外の 5通り	百と十の位以外の 4通り

$$3 \times 5 \times 4 (= 3 \times {_5P_2}) = 60 \quad [通り]$$

注)Pや「!」は無理して使う必要はありません。(^_-)-☆

組合せ

　次は下の図のように五角形ABCDEの5つの頂点から3つの頂点を選んで三角形を作る場合を考えます。

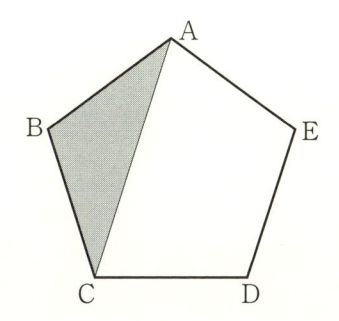

　今度はA→B→Cと選んでも、C→B→Aと選んでも三角形ABCが作られるという点では同じです。選ぶ順序を考慮する必要がありません。このように順序を考慮しないで選ぶ場合の数を組合せといいます。

　先ほどの順列と比較してみましょう。次頁の図のように例えばA,B,Cの3つで作られる順列は6通りありますが、組合せとしては（A,B,C）の1通りになります。もちろんC, D, Eの3つを選ぶ場合も同様です。順列では6通りに考えていたものが、組合せでは1通りになります。

> 注）私たちが何かを「選ぶ」とき、順序は考慮しないことのほうが多いようです。ダブルアイスクリームの味を選ぶとき、旅行に持っていく本を数冊選ぶとき、バイキングで料理を選ぶとき……これらの場合の数はたいてい「組合せ」で求められます。

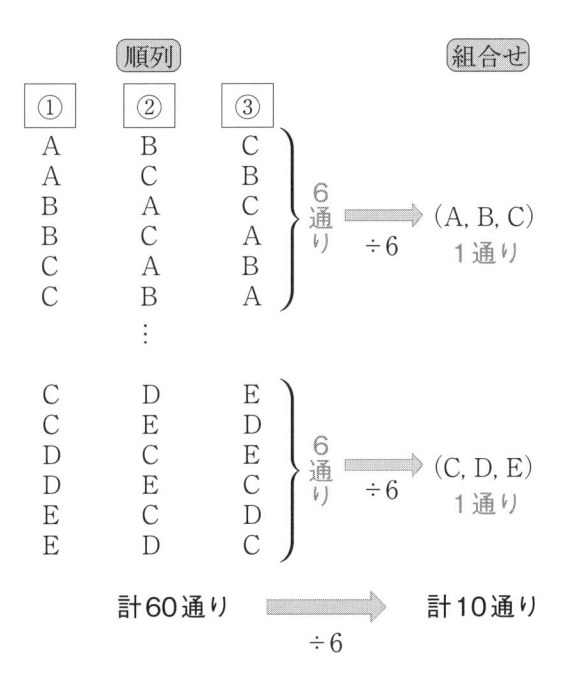

```
順列                           組合せ
① ② ③
A  B  C ⎫
A  C  B ⎪
B  A  C ⎬ 6通り  ÷6  → (A, B, C)
B  C  A ⎪                    1通り
C  A  B ⎪
C  B  A ⎭
   ⋮

C  D  E ⎫
C  E  D ⎪
D  C  E ⎬ 6通り  ÷6  → (C, D, E)
D  E  C ⎪                    1通り
E  C  D ⎪
E  D  C ⎭

計60通り     ⇒     計10通り
        ÷6
```

　ということは……そうですね。今回の組合せの総数は先ほど求めた**5個から3個を選ぶ順列（$_5P_3$）を6で割ってあげればよさそう**です。ちなみにこの「6」という数字は上の図の①・②・③の箱の並び替えの順列から、

$$_3P_3 = 3 \times 2 \times 1 = 3! = 6 \quad [通り]$$

と計算することができます。組合せでは①・②・③の箱の並び替えの分だけダブるということです。

　異なる5つから順序を考慮せずに3つを選ぶ場合の数は、組合せを表す"combination"の頭文字を取って$_5C_3$と表すので、五角形ABCDEの5つの頂点から3つの頂点を選んで三角形をつくる場合の数は、

$$_5C_3 = \frac{_5P_3}{3!} = \frac{5 \times 4 \times 3}{3 \times 2 \times 1} = 10 \quad [通り]$$

となります。これも一般化しておきます。

第4章　バラバラのデータを分析するための数学

> 組合せ（異なるn個からr個選ぶ組合せ）の一般式
>
> $$_nC_r = \frac{_nP_r}{r!} = \frac{n \times (n-1) \times (n-2) \times \cdots\cdots \times (n-r+1)}{r \times (r-1) \times (r-2) \times \cdots\cdots \times 1}$$

$_nC_r$の注意点

先ほど、5つの頂点から3つの頂点を選ぶ場合の数として、

$$_5C_3 = 10$$

と求めましたが、考えてみると例えば「A, B, Cの3つの頂点を選ぶ」と、「D, Eの2つの頂点を選ばない」は同じことです。すなわち、

「5つの頂点から3つの頂点を選ぶ場合の数」
　＝「5つの頂点から残す（選ばない）2つの頂点を選ぶ場合の数」

です。実際、

$$_5C_2 = \frac{_5P_2}{2!} = \frac{5 \times 4}{2 \times 1} = 10 \quad [通り]$$

と計算できるので、

$$_5C_3 = {_5C_2}$$

ですね。
　以上を一般化すると次のように書けます。

> $$_nC_r = {_nC_{n-r}}$$

これを使えば、$_{100}C_{98}$のような面倒な計算も、

197

$$_{100}C_{98} = {}_{100}C_2 = \frac{100 \times 99}{2 \times 1} = 4950$$

と簡略化することができます。

また「$_nC_r = {}_nC_{n-r}$」より、$r = 0$のときを考えると、

$$_nC_0 = {}_nC_{n-0} = {}_nC_n = \frac{_nP_n}{n!} = \frac{n \times (n-1) \times (n-2) \times \cdots \times 1}{n \times (n-1) \times (n-2) \times \cdots \times 1} = 1$$

となります。

> 注)n個からn個を選ぶ組合せの場合の数は1通りなので$_nC_n = 1$は当たり前ですね。

$$_nC_0 = {}_nC_n = 1$$

例題4-2

(1) $_7C_3$の値を求めなさい。

(2) A〜Fの6人を3人、2人、1人に分ける方法は何通りになるか求めなさい。

(3) 下の図でAからBまで遠回りしないで行く経路(最短経路)はいくつあるか求めなさい。

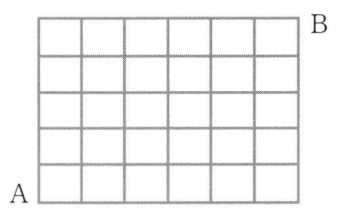

第4章　バラバラのデータを分析するための数学

【解答】
(1) 組合せの一般式より

$$_7C_3 = \frac{_7P_3}{3!} = \frac{7 \times 6 \times 5}{3 \times 2 \times 1} = \boxed{35}$$

(2) 次のように考えます。

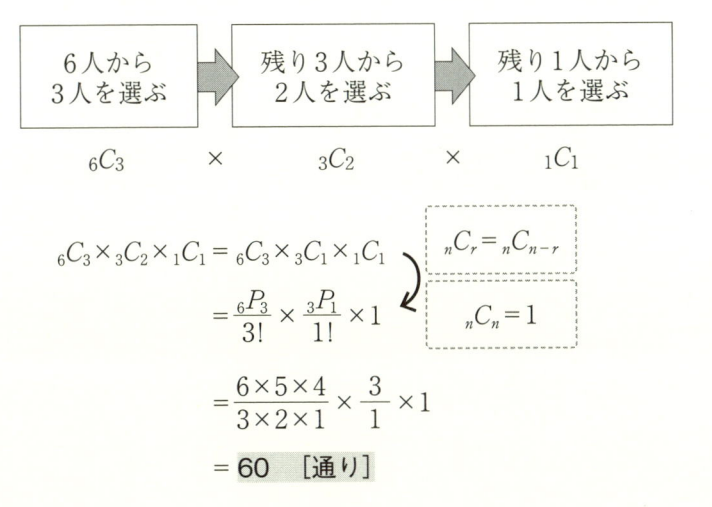

```
┌─────────┐   ┌─────────┐   ┌─────────┐
│ 6人から  │⇒│残り3人から│⇒│残り1人から│
│ 3人を選ぶ │   │ 2人を選ぶ │   │ 1人を選ぶ │
└─────────┘   └─────────┘   └─────────┘
   $_6C_3$    ×    $_3C_2$    ×    $_1C_1$
```

$$_6C_3 \times {_3C_2} \times {_1C_1} = {_6C_3} \times {_3C_1} \times {_1C_1}$$

$$= \frac{_6P_3}{3!} \times \frac{_3P_1}{1!} \times 1$$

（$_nC_r = {_nC_{n-r}}$
$_nC_n = 1$）

$$= \frac{6 \times 5 \times 4}{3 \times 2 \times 1} \times \frac{3}{1} \times 1$$

$$= \boxed{60} \ [通り]$$

(3)「最短経路」というのは左に行ったり下に行ったりせずに右（→）か上（↑）にしか進まない、ということです。この問題の場合はAからスタートして右（→）に6回、上（↑）に5回進めばBにたどりつきます。

例えば、

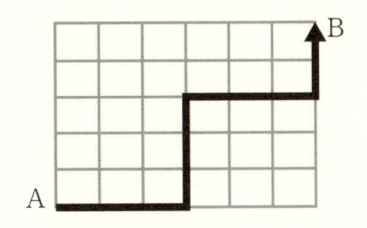

という経路は、

$$\to\to\to\uparrow\uparrow\uparrow\to\to\to\uparrow\uparrow$$

に相当するので、最短経路の総数は、

$$\to\to\to\to\to\to\uparrow\uparrow\uparrow\uparrow\uparrow$$

の並び替えの場合の数に一致します。これはいわゆる「同じものを含む順列」ですが、次のように考えれば nCr を使って計算することもできます。

まず矢印の本数分（11個）の箱を用意します。この11個の箱から「↑」が入る箱を5つ選びましょう。

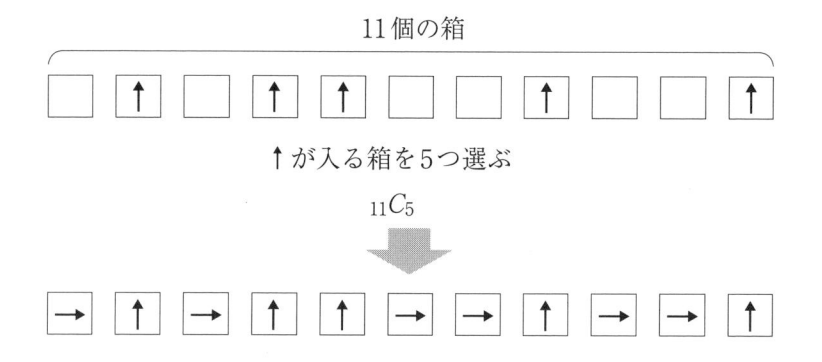

すると残りの6つの箱には自動的に→が入りますね。11個の箱から5個の箱を選ぶ場合の数（$_{11}C_5$）は、

$$\to\to\to\to\to\to\uparrow\uparrow\uparrow\uparrow\uparrow$$

の並び替えの場合の数に一致するというわけです。

以上より求める最短経路の数は、

$$_{11}C_5 = \frac{_{11}P_5}{5!} = \frac{11\times10\times9\times8\times7}{5\times4\times3\times2\times1} = \boxed{462} \quad [通り]$$

と求められます。

第4章　バラバラのデータを分析するための数学

　次は $_nC_r$ の応用として統計的にも大変重要な「二項定理」というものを学びます。余談ですが、二項定理は大学受験生が忘れてしまう定理ワースト3のうちの1つです（永野数学塾調べ）。確かに最後に得られる一般式は複雑な形をしていますので無理もありませんが、定理の成り立ちがわかれば難しいものではありません。まずは具体例でイメージをふくらませていきましょう。(^_-)-☆

二項係数

$$(a+b)^3 = a^3 + 3a^2b + 3ab^2 + b^3$$

という展開公式の「$3a^2b$」の項について考えてみます。この式自体は、

$$\begin{aligned}(a+b)^3 &= (a+b)(a+b)^2 \\ &= (a+b)(a^2+2ab+b^2) \\ &= a^3 + a^2b + 2a^2b + 2ab^2 + ab^2 + b^3 \\ &= a^3 + 3a^2b + 3ab^2 + b^3\end{aligned}$$

と展開することでも計算できますが、ここではあえて「a^2b」の係数が「3」になる理由を「場合の数」として考えてみたいと思います。

「$(a+b)^3$」というのは下のように「$(a+b)$」を3回掛けたものですね。

$$(a+b)^3 = (a+b) \times (a+b) \times (a+b)$$

こう考えると「a^2b」の項が作られるのは、

〈a^2bの作り方〉

$$(a+b) \times (a+b) \times (a+b)$$

3通り $\begin{cases} a & a & b \\ a & b & a \\ b & a & a \end{cases}$

　　右端の（　）のbと、残りの2つの（　）のaを掛ける
　　真ん中の（　）のbと、残りの2つの（　）のaを掛ける
　　左端の（　）のbと、残りの2つの（　）のaを掛ける

のいずれかの場合しかありません。以上より「a^2b」の係数が「3」である理由は、3つの（ ）からbを出す（ ）を1つ選ぶ場合の数が「3」だからと考えられます。

> 注）「3つの（ ）からaを出す（ ）を2つ選ぶ」と考えてもよいのですが、二項定理ではbに注目するのが普通です。m(_ _)m

3つから1つを選ぶということは（この場合順序は考慮しなくてよいので）……そうですね！「組合せ」です。(^_-)-☆

すなわちこの「3」は、

$$3 = {}_3C_1$$

と書くこともできそうです。つまり、

$$(a+b)^3 の a^2b の係数は {}_3C_1$$

なのです！

では、$(a+b)^{10}$のa^7b^3の係数は何でしょう？ 10個の（ ）の中から、bを出す（ ）を3つ選べばよいので……${}_{10}C_3$ですね！

以上のことを一般化しておきましょう。

二項係数

$$(a+b)^n の、a^{n-k}b^k の係数は {}_nC_k$$

二項係数は、統計における「二項分布」を理解するために必要になります。

$_nC_k$ は「異なる n 個から k 個選ぶ組合せの場合の数」ですが、二項式 [$(a+b)^n$ のように2つの項（a と b）からなる式] の展開式の係数として現れるので、**二項係数（binomial coefficient）**とも呼ばれます。二項係数を使うと、$(a+b)^n$ は次のように展開することができます。

二項定理
$$(a+b)^n = {_nC_0}a^n + {_nC_1}a^{n-1}b + {_nC_2}a^{n-2}b^2 + \cdots + {_nC_k}a^{n-k}b^k + \cdots\cdots {_nC_n}b^n$$

例題4-3

$(x-2y)^8$ の x^3y^5 の係数を求めなさい。

【解説】

$$(x-2y)^8 = \{x+(-2y)\}^8$$

と考えます。二項係数を考えると $x^3(-2y)^5$ の係数は $_8C_5$ なので

$$\begin{aligned}
{_8C_5}x^3(-2y)^5 &= {_8C_3}x^3(-2)^5y^5 \\
&= -32\,{_8C_3}x^3y^5 \\
&= -32 \times \frac{_8P_3}{3!} \times x^3y^5 \\
&= -32 \times \frac{8 \times 7 \times 6}{3 \times 2 \times 1} \times x^3y^5 \\
&= -1792x^3y^5
\end{aligned}$$

$$_nC_r = {_nC_{n-r}}$$

よって、求める係数は「**-1792**」。

集合

「24の正の約数（＝24を割り切れる正の数）」とか「○○高校2年1組の生徒」のように範囲のはっきりしたものの集まりを**集合（set）**といい、集合に含まれている1つひとつをその集合の**要素（element）**といいます。

> 注）「小さい数」とか「美味しいもの」のように範囲のはっきりしないものは集合ではありません。

例えば、「3」は「24の正の約数」という集合の要素です。集合の表し方には大きく分けて**要素を書き並べる方法**と**要素が満たす条件を示す方法**の2つがあります。

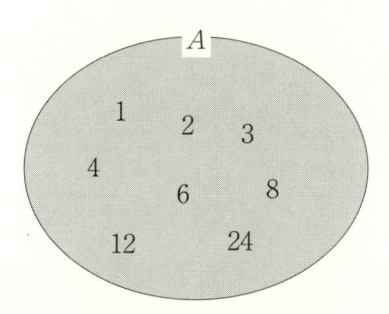

A
1 2 3
4
6 8
12 24

「24の正の約数」の集合をAとすると、要素を書き並べる方法では、

$$A = \{1, 2, 3, 4, 6, 8, 12, 24\}$$

のように表し、要素が満たす条件を示す方法では、

$$A = \{x \mid x\text{は24の正の約数}\}$$

のように表します。いずれも中括弧 { } を使うのが普通です。

> 注）「要素が満たす条件を示す方法」のxは「要素の代表」という意味合いです（使う文字はxでなくてもかまいません）。また「|」の右側の条件の書き方にも特に決まりはありません。

また、

$$A = \{1, 2, 3, 4, 6, 8, 12, 24\}$$
$$B = \{6, 8, 24\}$$

とすると、

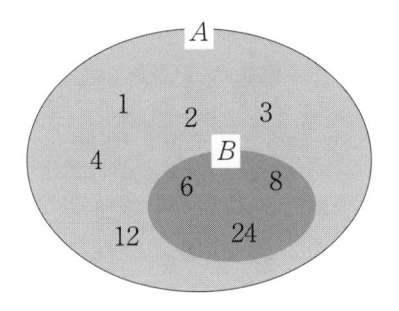

集合Bの要素はすべて集合Aの要素になっています。このように集合Bが集合Aに完全に含まれるとき、BはAの**部分集合**であるといい、

$$B \subset A$$

という記号で表します。

場合の数と集合のおさらいが終わりましたので、いよいよ確率の話に移りたいと思います。(^_-)-☆

確率

いきなり問題です。m(_ _)m
「サイコロを振ったとき、偶数の目が出る確率を求めなさい」
確率についてはまだ何も説明していないのにごめんなさい。でもわかりますよね？ (^_-)-☆　そうです。サイコロの出る目は1～6の6通りで、そのうち偶数の目は2, 4, 6の3通りなので、

$$偶数の目が出る確率 = \frac{3}{6} = \frac{1}{2}$$

です。
数学では、上の問題において「サイコロを振る」という行為を**試行**、サイコロの出る目のすべて（1～6）を**標本空間**、「偶数の目（2, 4, 6）が出ること」を**事象**といいます。
「またまたぁ。簡単な問題をわざわざ難しくするなよな！（怒）」
と思われるかもしれませんが、正しく理解された言葉というのは議論や思索を深める際の大きな武器になります。そしてこれらの言葉は真面目な（？）統計の本には必ず登場する言葉でもありますので、本書を卒業した後に先の勉強を進めやすくするためにも簡単な問題を通してその意味をしっかりとつかんでおきましょう。
それぞれの言葉の定義は次の通りです。

試行（trial）
　　何度でも繰り返すことができて、しかもその結果が偶然に左右される行為のこと
　　例）サイコロを振ること、コインを投げること
標本空間（sample space）
　　ある試行を行った際に起こり得るすべての結果を集めた集合

例）サイコロを振るという試行の標本空間は {1, 2, 3, 4, 5, 6}
コインを投げるという試行の標本空間は {表, 裏}

事象（event）

標本空間の一部（標本空間の部分集合）
例）「偶数の目が出る」はサイコロを振るという試行の事象の1つ
「表が出る」はコインを投げるという試行の事象の1つ

これらの言葉を使うと、確率は次のように定義されます。

確率

ある試行の標本空間 $U = \{e_1, e_2, \cdots, e_n\}$ において $e_1, e_2, \cdots, e_n$ のどれが起こることも同様に確からしいという前提が成立し、かつ事象 E に含まれる要素の数が m のとき、

$$P(E) = \frac{m}{n}$$

を事象 E の確率という。

注）$P(E)$ は "Probability（確率）of E" の略だと思ってください。

上の定義は次のようにも書けます。

$$P(E) = \frac{m}{n} = \frac{事象Eに含まれる要素の数}{標本空間Uに含まれる要素の数}$$

$$= \frac{事象Eの起こる場合の数}{起こり得るすべての場合の数}$$

標本空間 U に含まれる要素の数（"すべて" の場合の数）を n、事象 E に含まれる要素の数（"部分" の場合の数）を m とすると、$0 \leq m \leq n$ であることは明らかなので

$$0 \leq \frac{m}{n} \leq 1 \quad \Rightarrow \quad 0 \leq P(E) \leq 1$$

となります。

なお、確率を求めようとする際に標本空間に含まれるそれぞれの要素が**同様に確からしいことを前提とする**のは大変重要です。

例えば明日の天気について標本空間 U を、

$$U = \{晴れ、曇、雨、雪\}$$

とし、事象 E を、

$$E = \{雪\}$$

とすると、標本空間 U に含まれる要素の数は4、事象 E に含まれる要素の数は1なので、明日の天気が雪になる確率 $P(E)$ は

$$P(E) = \frac{1}{4}$$

となって明らかにおかしい結果になってしまいます。言うまでもありませんが明日の天気が晴れか曇か雨か雪かはそれぞれが起きる確率が同じではありませんので、標本空間の各要素が同様に確からしくなく、このように確率を計算することはナンセンスなのです。

例題4-4

(1) 黒球が4個と白球2個が入っている袋の中から同時に2個の球を取り出すとき、2個とも黒球が出る確率を求めなさい。

(2) 2つのサイコロを同時に投げるとき、出る目の和が9になる確率を求めなさい。

【解説】

(1)

2個とも黒球の取り出し方 = $_4C_2$

すべての球の取り出し方 = $_6C_2$

全部で6個の球があるので球を2個取り出す場合の数は全部で、

$$_6C_2 = \frac{_6P_2}{2!} = \frac{6 \times 5}{2 \times 1} = 15 \quad [通り]$$

4個の黒球から2個の黒球を取り出す場合の数は、

$$_4C_2 = \frac{_4P_2}{2!} = \frac{4 \times 3}{2 \times 1} = 6 \quad [通り]$$

よって求める確率は、

$$\frac{6}{15} = \boxed{\frac{2}{5}}$$

(2)

サイコロの目の出方は全部で、

$$6 \times 6 = 36 \quad [通り]$$

このうち、出る目の和が「9」になるのは、

(3, 6)、(4, 5)、(5, 4)、(6, 3)のいずれかで4通り

よって求める確率は、

$$\frac{4}{36} = \boxed{\frac{1}{9}}$$

ところで (2) を次のように考えた人はいませんか？
実はこれは典型的な「誤答例」なのですが、どこがおかしいかわかるでしょうか？ (^_-)-☆

《誤答例》
サイコロの出る目を「組合せ」で考える。

(1, 1)	(1, 2)	(1, 3)	(1, 4)	(1, 5)	(1, 6)
	(2, 2)	(2, 3)	(2, 4)	(2, 5)	(2, 6)
		(3, 3)	(3, 4)	(3, 5)	(3, 6)
			(4, 4)	(4, 5)	(4, 6)
				(5, 5)	(5, 6)
					(6, 6)

以上の表から目の出方は全部で21通り。このうち和が「9」になるのは、(3, 6)、(4, 5) のいずれかで2通り。よって求める確率は $\frac{2}{21}$。

実はこのように「組合せ」で考えてしまうと、標本空間の要素の数（起こり得るすべての場合の数）として考えている21通りのうち、(1,1)、(2,2)、(3,3)、(4,4)、(5,5)、(6,6) のゾロ目の6通りとゾロ目以外の15通りとが同様に確からしくなくなってしまいます。これを確かめるために出る目を「順列」で考えた次の表を見てみましょう。

(1, 1)	(1, 2)	(1, 3)	(1, 4)	(1, 5)	(1, 6)
(2, 1)	(2, 2)	(2, 3)	(2, 4)	(2, 5)	(2, 6)
(3, 1)	(3, 2)	(3, 3)	(3, 4)	(3, 5)	(3, 6)
(4, 1)	(4, 2)	(4, 3)	(4, 4)	(4, 5)	(4, 6)
(5, 1)	(5, 2)	(5, 3)	(5, 4)	(5, 5)	(5, 6)
(6, 1)	(6, 2)	(6, 3)	(6, 4)	(6, 5)	(6, 6)

例えば組合せとして (1, 1) になるのは36通り中1通りしかありませんが、組合せとして (1, 2) となるのは (1, 2) と (2, 1) の2通りがありますね。すなわち、出る目を「組合せ」で考えてしまうとゾロ目が出る確率はゾロ目以外が出る確率の半分しかありません。**「どれが起こることも同様に確からしい」という前提が崩れています。**しかし出る目を「順列」で考えて (1, 2) と (2, 1) を区別すれば (1, 1) も (1, 2) も (2, 1) も36通り中1通りになって標本空間として考えているすべての目の出方が同様に確からしくなります。

> 注）余談ですが3つのサイコロを使う中国の「大小（タイサイ）」というゲーム（賭け事）では、出る目を予想する賭け方の場合、ゾロ目を含む予想が当たったときのほうがゾロ目を含まない予想が当たったときより高配当になります。これはゾロ目を含む目のほうが出る確率が低いからです。

和事象と積事象

サイコロを振るという試行において、標本空間をU、「奇数の目が出る」という事象をA、「素数の目が出る」という事象をBとすると

$$U = \{1,2,3,4,5,6\}$$
$$A = \{1,3,5\}$$
$$B = \{2,3,5\}$$

となります。

> 注) 素数というのは「1と自分自身しか約数を持たない2以上の整数」のことで2,3,5,7,11,13,17,19…などがあります。

図ではこういう感じですね（こういう図を**ベン図**といいます）。

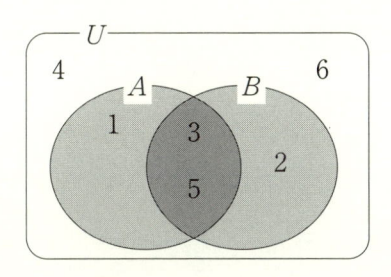

一般に、ある試行においてAとBという2つの事象があるとき、「AとBのうち少なくとも一方が起こる」という事象をAとBの**和事象**と呼び、$A \cup B$という記号で表します。また「AとBの両方が起こる」という事象は**積事象**と呼んで$A \cap B$と表します。上の例では、

和事象：$A \cup B = \{1, 2, 3, 5\}$

積事象：$A \cap B = \{3, 5\}$

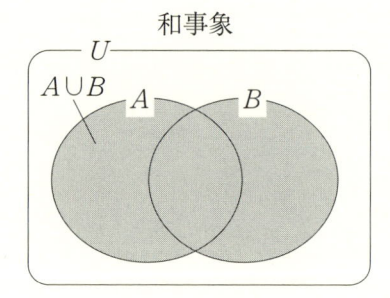

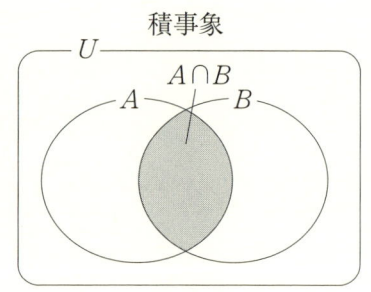

です。

和事象　　　　　　積事象

注）「∪」は「または」と読んだり、(取っ手を付ければコーヒーカップに見えるので)"cup"(カップ)と読んだりします。一方「∩」は「かつ」と読んだり、(つばを付けると帽子に見えるので)"cap"(キャップ)と読んだりします。

和事象の確率$P(A \cup B)$と積事象の確率$P(A \cap B)$の間には次の関係があります。

和事象と積事象の確率

$$P(A \cup B) = P(A) + P(B) - P(A \cap B)$$

実際、前頁の例でも、

$U = \{1, 2, 3, 4, 5, 6\}$

$A = \{1, 3, 5\} \Rightarrow P(A) = \dfrac{3}{6}$、$B = \{2, 3, 5\} \Rightarrow P(B) = \dfrac{3}{6}$

$A \cup B = \{1, 2, 3, 5\} \Rightarrow P(A \cup B) = \dfrac{4}{6}$、$A \cap B = \{3, 5\} \Rightarrow P(A \cap B) = \dfrac{2}{6}$

$$P(A) + P(B) - P(A \cap B) = \frac{3}{6} + \frac{3}{6} - \frac{2}{6} = \frac{4}{6}$$

なので確かに $P(A \cup B)$ と $P(A) + P(B) - P(A \cap B)$ は等しくなります。

積事象 $A \cap B$ というのは、要するに A と B のダブリのことですから、和事象 $A \cup B$ を考える際には A と B を足したものからダブリを引いておく必要があるのです。(^_-)-☆

また、特にベン図が次のようになるとき、

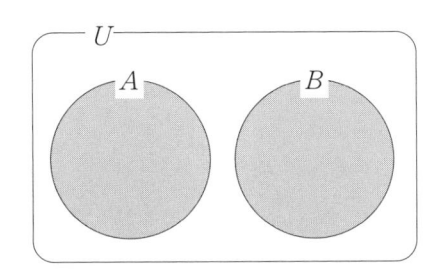

A と B は同時に起きることがないので、

$$P(A \cap B) = 0$$

です。このように A と B が、片方が起これば他方は起こらない関係にあるとき A と B は**互いに排反**(mutually exclusive)であるといい、次式が成立します。

A と B が互いに排反であるときの和事象の確率
$$P(A \cup B) = P(A) + P(B)$$

和事象とか積事象とか排反、とかいう言葉は小難しい感じがするかもしれませんが、難しい概念ではないので使っているうちにすぐ慣れます！

ということで例題です。(^_-)-☆

> **例題4-5**
> (1) 1～12までの番号が付いた12枚の札から無作為に1枚を引くという試行において「12の約数を引く」という事象をA、「偶数を引く」という事象をBとします。和事象$A \cup B$と積事象$A \cap B$をそれぞれ集合で表しなさい。
> (2) 袋の中に黒球5個と白球3個が入っています。この中から同時に3個の球を取り出すとき、黒球と白球の両方が取り出される確率を求めなさい。

【解説】

(1)

事象Aと事象Bを集合で表すと、

$$A = \{1, 2, 3, 4, 6, 12\}$$
$$B = \{2, 4, 6, 8, 10, 12\}$$

ですね。これよりベン図を作ってみると次のようになります。

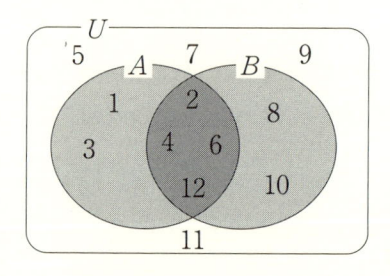

これより、

$$A \cup B = \{1, 2, 3, 4, 6, 8, 10, 12\}$$
$$A \cap B = \{2, 4, 6, 12\}$$

(2)

まず全部で8個の球があるので3個の球の取り出し方は全部で、

$$_8C_3 = \frac{_8P_3}{3!} = \frac{8 \times 7 \times 6}{3 \times 2 \times 1} = 56 \quad [通り]$$

で、黒球と白球の両方が取り出される事象は次の2つが考えられます。

　　　　事象A：「黒球2つと白球1つが取り出される」
　　　　事象B：「黒球1つと白球2つが取り出される」

事象Aの場合の数は、5つの黒球から2つ、3つの白球から1つを取り出すので、

$$_5C_2 \times _3C_1 = \frac{_5P_2}{2!} \times \frac{_3P_1}{1!} = \frac{5 \times 4}{2 \times 1} \times \frac{3}{1} = 30 \quad [通り]$$

です。よって、

$$P(A) = \frac{30}{56}$$

となります。

一方、事象Bの場合の数は、5つの黒球から1つ、3つの白球から2つを取り出すので、

$$_5C_1 \times _3C_2 = \frac{_5P_1}{1!} \times \frac{_3P_2}{2!} = \frac{5}{1} \times \frac{3 \times 2}{2 \times 1} = 15 \quad [通り]$$

です。よって、

$$P(B) = \frac{15}{56}$$

求める確率は$P(A \cup B)$ですが、事象Aと事象Bは互いに排反なので（AとBが同時に起こることはないので）、

$$P(A \cup B) = P(A) + P(B) = \frac{30}{56} + \frac{15}{56} = \frac{45}{56}$$

となります。

図でも確認しておきましょう。(^_-)-☆

U
黒球3個
A：黒球2個＆白球1個
B：黒球1個＆白球2個
白球3個

> 統計で「和の平均（期待値）」を求める際に、和事象の理解が必要です。

永野より

独立な試行

5本のくじの中に2本の当たりが入っているとしましょう。一郎、二郎の2人がこの順番でくじを1本ずつ引くとき、次の2つのケースでは何が違うでしょうか？

(ⅰ) 一郎が引いたくじを戻すケース
(ⅱ) 一郎が引いたくじを戻さないケース

今「一郎がくじを引くという」試行をS、「二郎がくじを引く」という試行をTとします。

(ⅰ) のケースでは、Sの結果はTの結果に影響しません。一郎が当たっても外れても、二郎が当たる確率は$\frac{2}{5}$ですね。一方 (ⅱ) のケースではSの結果がTの結果に影響します。引いたくじを戻さないので一郎が当たった場合二郎が当たる確率は$\frac{1}{4}$ですが、一郎が外れた場合の二郎が当たる確率は$\frac{2}{4}$です。

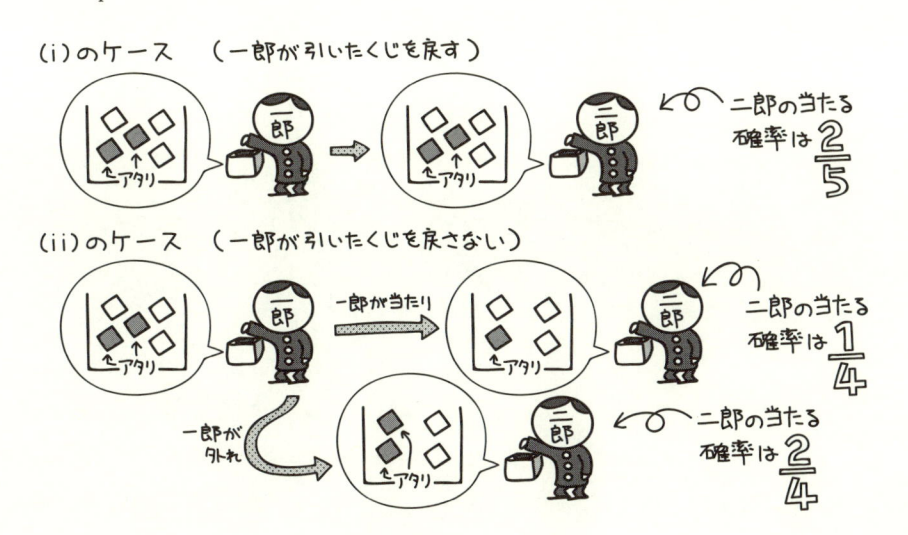

(ⅰ)のケース （一郎が引いたくじを戻す）

二郎の当たる確率は$\frac{2}{5}$

(ⅱ)のケース （一郎が引いたくじを戻さない）

一郎が当たり → 二郎の当たる確率は$\frac{1}{4}$

一郎が外れ → 二郎の当たる確率は$\frac{2}{4}$

（ i ）のケースのように、2つの試行SとTにおいて、一方の試行の結果が他方の試行の結果に無関係であるとき、SとTは独立な試行であるといいます。

一般に試行S、Tが独立であるとき、Sで事象Aが起こりかつTで事象Bが起こる確率$P(A \cap B)$は次のように計算できます。

> **独立な試行の積事象の確率**
> $$P(A \cap B) = P(A) \times P(B)$$

先ほどのくじ引きの例で確認しておきましょう。

今、SとTは独立なので、考えるのは（ i ）の一郎が引いたくじを元に戻すケースです。試行Sで「一郎が当たる」という事象をA、試行Tで「二郎が当たる」という事象をBだとします。5本中当たりくじは2本なので、

$$P(A) = \frac{2}{5},\ P(B) = \frac{2}{5}$$

ですね。では$P(A \cap B)$はどのように考えたらよいでしょうか？ それには次のような表を使うことにしましょう。

	事象A					
T\S	○	○	×	×	×	
事象B ○						
○						
×						
×						
×						

$A \cap B$：4マス
全体：25マス

一郎のくじの引き方は全部で5通り、二郎のくじの引き方も同様に5通

りなので試行SとTの結果の全体は25通りです。これを前頁の表では25個のマスで表しています。このうち一郎と二郎が共に当たる場合、すなわち$A \cap B$となるマス（グレーのマス）は4つですね。以上より、

$$P(A \cap B) = \frac{4}{25}$$

であることがわかりますが、これは確かに次の式と一致します。＼(^o^)／

$$P(A) \times P(B) = \frac{2}{5} \times \frac{2}{5}$$

> **例題4-6** ある試験でAが合格する確率は$\frac{1}{2}$、Bが合格する確率は$\frac{3}{4}$です。2人とも合格する確率を求めなさい。

【解説】

Aが試験に合格するという事象をE、Bが試験に合格するという事象をFとすると、

$$P(E) = \frac{1}{2}, \quad P(F) = \frac{3}{4}$$

です。Aが試験を受ける試行とBが試験を受ける試行は互いに独立である（Aの合否とBの合否は影響しあわない）と考えられるので、

$$P(E \cap F) = P(E) \times P(F) = \frac{1}{2} \times \frac{3}{4} = \boxed{\frac{3}{8}}$$

> 統計で「積の平均（期待値）」を求める際に、積事象の理解が必要です。

反復試行

今度はサイコロを4回続けて振る場合を考えます。このとき1の目が2回出る確率はいくらになるでしょうか？

サイコロを何回か続けて振る場合、1回ずつの試行は他の試行に影響を与えないのでそれぞれの試行は独立です。このような独立な試行の繰り返しを**反復試行**（あるいは**独立重複試行**）といいます。

サイコロを4回投げるうち1の目が2回出るケースを書き出してみます。○は1の目、×は1以外の目を表していると考えてください。

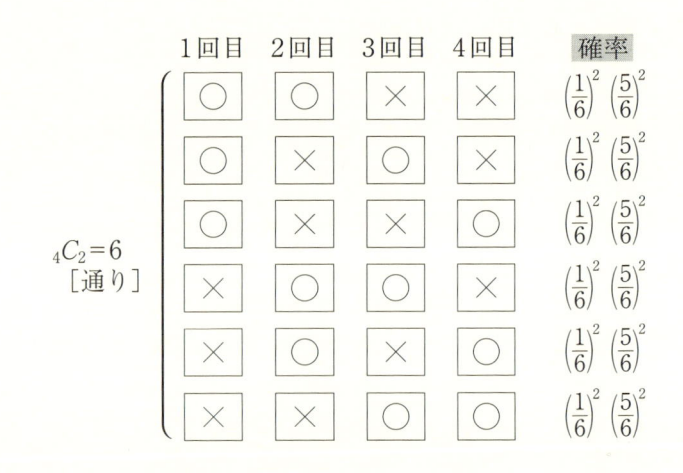

	1回目	2回目	3回目	4回目	確率
	○	○	×	×	$\left(\frac{1}{6}\right)^2 \left(\frac{5}{6}\right)^2$
	○	×	○	×	$\left(\frac{1}{6}\right)^2 \left(\frac{5}{6}\right)^2$
$_4C_2=6$	○	×	×	○	$\left(\frac{1}{6}\right)^2 \left(\frac{5}{6}\right)^2$
［通り］	×	○	○	×	$\left(\frac{1}{6}\right)^2 \left(\frac{5}{6}\right)^2$
	×	○	×	○	$\left(\frac{1}{6}\right)^2 \left(\frac{5}{6}\right)^2$
	×	×	○	○	$\left(\frac{1}{6}\right)^2 \left(\frac{5}{6}\right)^2$

例えば1回目と2回目が○で3回目と4回目が×のケースの確率を求めてみましょう。○（1の目が出る）確率は$\frac{1}{6}$で、×（1以外の目が出る）確率は$\frac{5}{6}$、さらにそれぞれの試行が独立なので、

$$\frac{1}{6} \times \frac{1}{6} \times \frac{5}{6} \times \frac{5}{6} = \left(\frac{1}{6}\right)^2 \left(\frac{5}{6}\right)^2$$

ですね。それでは1回目と3回目が○で2回目と4回目が×のケースはどうでしょう？

$$\frac{1}{6} \times \frac{5}{6} \times \frac{1}{6} \times \frac{5}{6} = \left(\frac{1}{6}\right)^2 \left(\frac{5}{6}\right)^2$$

結局、同じ $\left(\frac{1}{6}\right)^2 \left(\frac{5}{6}\right)^2$ になりますね。他のケースも同様です。

また4回中○が2回になる場合の数は4つの□から○が入る□を2つ選ぶ場合の数であると考えられるので、

$$_4C_2 = \frac{_4P_2}{2!} = \frac{4 \times 3}{2 \times 1} = 6 \quad [通り]$$

です。**6つのケースはそれぞれ排反**（同時に起こることはない）なので、求めるべき確率は $\left(\frac{1}{6}\right)^2 \left(\frac{5}{6}\right)^2$ を6回足しあわせたもの、すなわち、

$$_4C_2 \times \left(\frac{1}{6}\right)^2 \left(\frac{5}{6}\right)^2 = 6 \times \left(\frac{1}{6}\right)^2 \left(\frac{5}{6}\right)^2 = \frac{25}{216}$$

> A と B が互いに排反であるとき
> $P(A \cup B) = P(A) + P(B)$

になります。

反復試行については一般に次の公式が成立します。

反復試行

ある試行で事象 A が起こる確率が、

$$P(A) = p \quad (0 \leq p \leq 1)$$

であるとする。この試行を n 回繰り返す反復試行で事象 A がちょうど k 回だけ起こる確率は次の通り。

$$_nC_k p^k (1-p)^{n-k} \quad (0 \leq k \leq n)$$

なんだか難しげな公式ですね……(>_<)。少し図解しておきましょう。なお、$\bar{A}$ は事象 A が起こらないことを表しています。

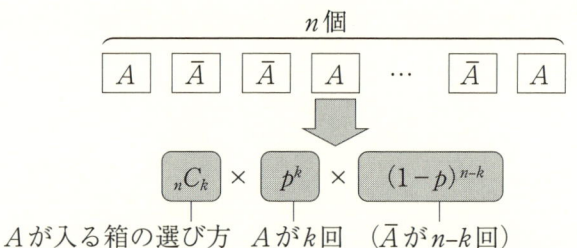

$$\underbrace{\boxed{A}\ \boxed{\bar{A}}\ \boxed{\bar{A}}\ \boxed{A}\ \cdots\ \boxed{\bar{A}}\ \boxed{A}}_{n個}$$

$$\boxed{{}_nC_k} \times \boxed{p^k} \times \boxed{(1-p)^{n-k}}$$

A が入る箱の選び方　A が k 回　（$\bar{A}$ が $n-k$ 回）

まだ、う～ん……と唸ってしまうあなたのために例題も用意しました！反復試行も慣れればそう難しいことではないので、諦めずに取り組んでみてください！

> **例題4-7**　4択問題が5問あります。A君は残念ながらまったくわかりません。A君がデタラメに答えたとき、半分以上正解する確率を求めなさい。

【解説】

　半分以上正解、ということは5問全部正解、4問正解、3問正解の3つのケースが考えられます。4択なので1つの問題に正解する確率は $\frac{1}{4}$ です。

（ⅰ）5問全部正解する場合

　5回の反復試行で5回とも正解するのは、

$${}_5C_5\left(\frac{1}{4}\right)^5\left(1-\frac{1}{4}\right)^0 = 1 \times \frac{1}{1024} \times 1 = \frac{1}{1024}$$

> $4^5 = 2^{10} = 1024$
>
> 一般に、$a^0 = 1$
>
> ${}_nC_n = 1$

（ⅱ）4問正解する場合

　念のため図解もしておきましょう。

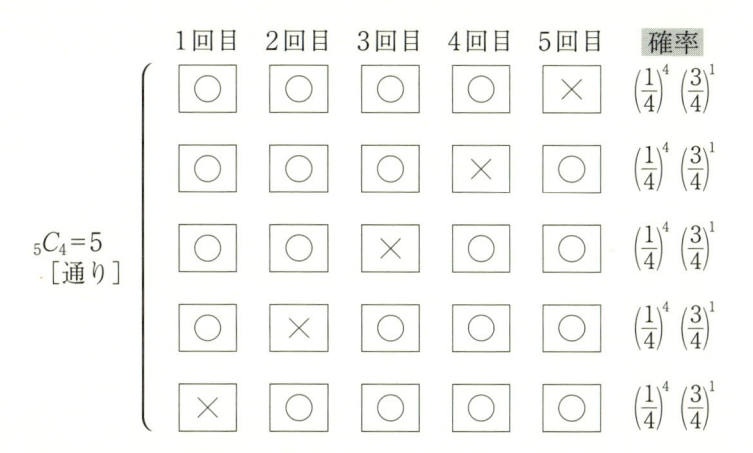

第4章　バラバラのデータを分析するための数学

	1回目	2回目	3回目	4回目	5回目	確率
	○	○	○	○	×	$\left(\frac{1}{4}\right)^4 \left(\frac{3}{4}\right)^1$
	○	○	○	×	○	$\left(\frac{1}{4}\right)^4 \left(\frac{3}{4}\right)^1$
$_5C_4 = 5$ [通り]	○	○	×	○	○	$\left(\frac{1}{4}\right)^4 \left(\frac{3}{4}\right)^1$
	○	×	○	○	○	$\left(\frac{1}{4}\right)^4 \left(\frac{3}{4}\right)^1$
	×	○	○	○	○	$\left(\frac{1}{4}\right)^4 \left(\frac{3}{4}\right)^1$

5回の反復試行で4回正解するので、

$$_5C_4 \left(\frac{1}{4}\right)^4 \left(1 - \frac{1}{4}\right)^1 = {_5C_1} \times \frac{1}{4^4} \times \left(\frac{3}{4}\right)^1$$

$$= 5 \times \frac{3}{4^5} = \frac{15}{1024}$$

$$_nC_r = {_nC_{n-r}}$$

$$_5C_1 = \frac{_5P_1}{1!} = \frac{5}{1} = 5$$

（ⅲ）3問正解する場合

同様に考えます。5回の反復試行で3回正解するので、

$$_5C_3 \left(\frac{1}{4}\right)^3 \left(1 - \frac{1}{4}\right)^2 = {_5C_2} \times \frac{1}{4^3} \times \left(\frac{3}{4}\right)^2$$

$$= 10 \times \frac{9}{4^5} = \frac{90}{1024}$$

$$_nC_r = {_nC_{n-r}}$$

$$_5C_2 = \frac{_5P_2}{2!} = \frac{5 \times 4}{2 \times 1} = 10$$

（ⅰ）〜（ⅲ）のケースは互いに排反なので求める確率は、

$$\frac{1}{1024} + \frac{15}{1024} + \frac{90}{1024} = \frac{106}{1024} = 0.103\cdots$$

となります。おやおや10％ほどしかありませんね。マークシートの試験を受ける際「ま、選択だからなんとかなるだろう」と高を括っていたら

思ったより点数が低かった…という経験はありませんか？(∩_∩;)
　もしあなたのお子さんが同じように考えているようなら、ぜひ反復試行を教えてあげてくださいね。(^_-)-☆

> 反復試行は統計における二項分布を理解するのに役立ちます。

　以上で確率に関するお話は終わりです。
　後半は**Σを使えるようになることが目標**です。Σはあくまで表記の手間を省くための道具に過ぎませんし、実際使えるようになるととても便利なものです。
　Σは、統計で**確率変数の平均（期待値）や分散**を計算するときにも、**確率変数の1次関数や標準化**を考えるときにも大活躍します。
　ただし、まずは**数列の基本**から入ります。遠回りのようですが、Σとは結局「**バラバラの数の和**」ですから、バラバラの数が並んだもの＝数列の理解は欠かせません。そして結局はこれが**一番の近道**です。

等差数列

数列とは

$$2, 4, 6, 8, 10, 12, 14, 16, \cdots\cdots$$

のように数を一列に並べたものを「**数列（sequence）**」といいます。本書では数列のうち最も基本となる等差数列と等比数列についてその一般項と和を確認しておきましょう。(^_-)-☆

> 注）「一般項」というのは数列のn番目の数であるa_nをnの式で表す（nの関数として表す）ことです。一般項が求められれば、nに具体的な数字を入れることで10番目の数も100番目の数も求めることができます。

今、$a_1 \sim a_5$の数が等間隔dで1列に並んでいるとします。

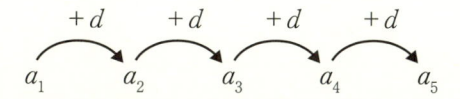

$$\begin{array}{ccccccccc} & +d & & +d & & +d & & +d & \\ a_1 & \to & a_2 & \to & a_3 & \to & a_4 & \to & a_5 \end{array}$$

このように前の数との差が一定である数列のことを**等差数列**といいます。a_5はa_1にdを4つ足した値になりますから、

$$a_5 = a_1 + 4d$$

となることは明らかですね。
では、もしこの数列に先があったとしたらa_{10}はどうなるでしょう？今度はa_1にdを9つ足せばいいはずですから、

$$a_{10} = a_1 + 9d$$

ですね。

同様に考えれば、

$$a_{100} = a_1 + 99d$$

です。

以上を一般化すると次のようになります（なお、dのことを公差 "common difference" といいます）。

等差数列の一般項

$$a_n = a_1 + (n-1)d$$

（ただし、a_1：初項、d：公差）

等差数列の和

次に等差数列$a_1 \sim a_5$の和S_5を考えます。

$$S_5 = a_1 + a_2 + a_3 + a_4 + a_5$$

たかだか5つの数の和ですから単純に足しあわせてもS_5は求められますが、ここでは図形的に計算してみましょう。

幅が1の長方形を考えればS_5は次の階段状の図形の面積に等しくなります。

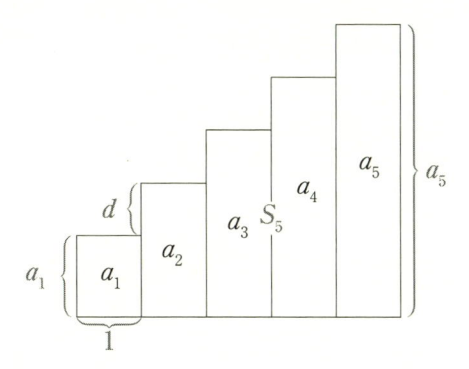

第4章　バラバラのデータを分析するための数学

このような図形を2つ用意して上下逆さに重ねると、幅が5で、高さが$a_1 + a_5$の長方形ができ上がりますね。この長方形の面積は$2S_5$ですから、

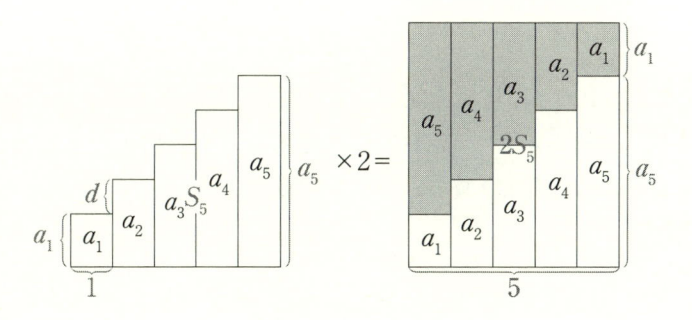

$$2S_5 = 5 \times (a_1 + a_5)$$

両辺を2で割ると、

$$S_5 = \frac{5(a_1 + a_5)}{2}$$

となります。同様に考えれば、

$$S_n = a_1 + a_2 + a_3 + \cdots + a_n$$

は、

$$2S_n = n(a_1 + a_n)$$

なので両辺を2で割れば次式を得ます。＼(^o^)／

等差数列の和

等差数列 a_n について、
$$S_n = a_1 + a_2 + a_3 + \cdots + a_n$$
とすると、
$$S_n = \frac{n(a_1 + a_n)}{2}$$

例題をやってみましょう。(^_-)-☆

例題4-8 第3項が11、第8項が31である等差数列 a_n の一般項を求め、a_n の初項から第20項までの和を求めなさい。

【解説】

数列 a_n は等差数列なので初項を a_1、公差を d とすれば、

$$a_3 = a_1 + 2d = 11$$
$$a_8 = a_1 + 7d = 31$$

等差数列の一般項
$a_n = a_1 + (n-1)d$

ですね。a_1 と d の連立方程式を解きます(^_-)-☆

$$
\begin{array}{r}
a_1 + 2d = 11 \quad \cdots ① \\
-)\ a_1 + 7d = 31 \quad \cdots ② \\
\hline
-5d = -20
\end{array}
$$
$$\therefore\ d = 4$$

①に代入して、

$$a_1 + 2 \times 4 = 11$$
$$\Rightarrow \quad a_1 + 8 = 11$$
$$\Rightarrow \quad a_1 = 3$$

となります。以上より a_n の一般項は、

$$a_n = a_1 + (n-1)d$$
$$= 3 + (n-1) \times 4$$
$$= 4n - 1$$

です。次に「初項から第20項までの和」すなわち、

$$S_{20} = a_1 + a_2 + a_3 + \cdots + a_{20}$$

を求めます。等差数列の和は、

$$\frac{項数 \times (初項 + 末項)}{2}$$

> 等差数列の和
> $S_n = \dfrac{n(a_1 + a_n)}{2}$

なので、

$$S_{20} = \frac{20 \times (a_1 + a_{20})}{2}$$
$$= \frac{20 \times \{3 + (4 \cdot 20 - 1)\}}{2}$$
$$= 10 \times (3 + 79)$$
$$= 820$$

> $a_1 = 3$
> $a_n = 4n - 1$

等比数列

今度は、$a_1 \sim a_5$ の数が次のように並んでいるとします。

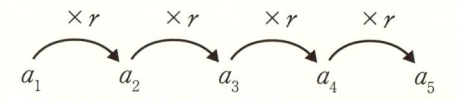

$$a_1 \xrightarrow{\times r} a_2 \xrightarrow{\times r} a_3 \xrightarrow{\times r} a_4 \xrightarrow{\times r} a_5$$

このように前の数に一定の数を掛けた数列のことを「等比数列」といいます。

a_5 は a_1 に r を4回掛けた値になりますから、

$$a_5 = a_1 r^4$$

です。同様に考えれば、

$$a_{10} = a_1 r^9$$
$$a_{100} = a_1 r^{99}$$

となることは明らかなので、等比数列の一般項は次にようになります（なお、r のことは公比 "common ratio" といいます）。

等比数列の一般項

$$a_n = a_1 r^{n-1}$$

（ただし、a_1：初項、r：公比）

等比数列の和

等比数列 a_n について $a_1 \sim a_n$ の和を、

$$S_n = a_1 + a_2 + a_3 + \cdots + a_{n-1} + a_n$$

とすると等比数列の一般項より、

$$S_n = a_1 + a_1 r + a_1 r^2 + \cdots + a_1 r^{n-2} + a_1 r^{n-1}$$

となります。この S_n を求めてみましょう。

ただし、$r = 1$ の場合は

$$S_n = a_1 + a_1 + a_1 + \cdots + a_1 + a_1$$

となって、n 個の a_1 を足すだけですから、

$$S_n = na_1$$

です。これでは面白くもなんともないので(^_-)-☆、ここでは $r \neq 1$ とします。$r \neq 1$ の場合の S_n は次のように「$S_n - rS_n$」を計算すれば求められます。

$$
\begin{array}{rl}
S_n = & a_1 + a_1 r + a_1 r^2 + \cdots\cdots + a_1 r^{n-2} + a_1 r^{n-1} \\
-)\ rS_n = & \quad\ \ a_1 r + a_1 r^2 + \cdots\cdots\ + a_1 r^{n-2} + a_1 r^{n-1} + a_1 r^n \\
\hline
S_n - rS_n = & a_1 \qquad\qquad\qquad\qquad\qquad\qquad\qquad\ - a_1 r^n
\end{array}
$$

これより、

$$(1 - r)S_n = a_1 - a_1 r^n = a_1(1 - r^n)$$

となります。ここで $r = 1$ の場合は「$1 - r = 0$」となって $(1 - r)$ で割ることができませんが、今は $r \neq 1$ の場合を考えているので両辺を $(1 - r)$ で割ることができて、次の式が得られます！＼(^o^)／

> **等比数列の和**
>
> 等差数列 a_n について、
> $$S_n = a_1 + a_2 + a_3 + \cdots + a_n = a_1 + a_1 r + a_1 r^2 + \cdots + a_1 r^{n-1}$$
> とすると、
> $$S_n = \frac{a_1(1 - r^n)}{1 - r} \quad (r \neq 1 のとき)$$
> $$S_n = na_1 \quad (r = 1 のとき)$$

$r \neq 1$ の場合の式は複雑ですね……。(>_<)

実はこの等比数列の和の公式は前述の二項定理（204頁）と同じく大学受験生が忘れてしまう公式ワースト3の1つです（永野数学塾調べ）。

> 注）あともう1つは数Ⅱに出てくる「点と直線の距離の公式」です。

でも上に示したような公式の成り立ちが頭に入っていれば、たとえ忘れてしまってもいつでも導けるはずです。数学ではいつも結果ではなくプロセスを注視することが重要です。(^_-)-☆

例題4-9 第2項が6、第5項が48である等比数列 a_n の一般項を求め、a_n の初項から第10項までの和を求めなさい。

【解説】

数列 a_n は等比数列なので初項を a_1、公比を r とすれば、次のようになります。

$$a_2 = a_1 r = 6 \quad \cdots ①$$
$$a_5 = a_1 r^4 = 48 \quad \cdots ②$$

> 等比数列の一般項
> $$a_n = a_1 r^{n-1}$$

$\dfrac{②}{①}$ を作れば r が求められます。

$$\dfrac{②}{①} = \dfrac{a_5}{a_2} = \dfrac{a_1 r^4}{a_1 r} = \dfrac{48}{6}$$

$$\therefore \quad r^3 = 8$$

$$\Rightarrow \quad r = 2$$

①に代入して、

$$a_1 \times 2 = 6$$

$$\Rightarrow \quad a_1 = 3$$

以上より a_n の一般項は、

$$a_n = a_1 r^{n-1}$$
$$= 3 \cdot 2^{n-1}$$

となります。

次に「初項から第10項までの和」すなわち、

$$S_{10} = a_1 + a_2 + a_3 + \cdots + a_{10}$$

を求めます。今 r は1ではないので、

$$S_n = \dfrac{a_1(1 - r^n)}{1 - r}$$

を使いましょう。

$a_1 = 3$
$r = 2$

$$S_{10} = \dfrac{3 \times (1 - 2^{10})}{1 - 2}$$

$2^{10} = 1024$

$$= \dfrac{3 \times (1 - 1024)}{-1}$$

$$= 3 \times (1024 - 1)$$

$$= \mathbf{3069}$$

Σ記号の導入

さきほど数列$a_1 \sim a_5$の和S_5のことを、

$$S_5 = a_1 + a_2 + a_3 + a_4 + a_5$$

と書きました。同じように$a_1 \sim a_{10}$の和S_{10}を書いてみると、

$$S_{10} = a_1 + a_2 + a_3 + a_4 + a_5 + a_6 + a_7 + a_8 + a_9 + a_{10}$$

となってやや冗長です。それにS_{10}ならまだしも、S_{100}やS_{1000}などは長すぎてとても書いていられません。もちろん、

$$S_{100} = a_1 + a_2 + a_3 + \cdots + a_{100}$$

と途中を「…」で省略する手はありますがこれはこれでなんとも気持ちの悪い（？）曖昧さが残る表現です。そこでΣという記号を導入することにします。Σ（シグマ記号）を見ると読者の中には、

「うわっ、出た！(>_<)」

と学生時代の嫌〜な気分を思い出す人もいるかもしれませんが、Σは数列の和の表記を簡明にし、なおかつ計算を助けてくれる大変便利な記号です。苦手意識は脇に置いておいて、どうぞまっさらな気持ちでこの後を読んでみてください。m(_ _)m

Σ記号の意味

Σ記号の意味をつかむためにまずは具体例から入りましょう。例えば、

$$\sum_{k=1}^{3}(2k+1)$$

は「2k＋1のkに1から3までの数を順々に代入して足したもの」という意味になります。式で書けば、

$$\sum_{k=1}^{3}(2k+1) = (2\cdot 1+1)+(2\cdot 2+1)+(2\cdot 3+1) = 3+5+7 = 15$$

です。同様に考えれば、

$$\sum_{k=2}^{5} k^2$$

は「k^2のkに2から5までの数を順々に代入して足したもの」という意味で、

$$\sum_{k=2}^{5} k^2 = 2^2+3^2+4^2+5^2 = 4+9+16+25 = 54$$

と計算されます。では先ほどの数列$a_1 \sim a_5$の和S_5をシグマで表すとどうなるでしょうか？

$$\sum_{k=1}^{5} a_k = a_1+a_2+a_3+a_4+a_5$$

なので、

$$S_5 = \sum_{k=1}^{5} a_k$$

ですね！ Σを使えばS_{100}やS_{1000}なども「…」を使わずに簡単に、そして厳密に表すことができます。

$$S_{100} = a_1+a_2+a_3+\cdots+a_{100} = \sum_{k=1}^{100} a_k$$

$$S_{1000} = a_1+a_2+a_3+\cdots+a_{1000} = \sum_{k=1}^{1000} a_k$$

以上を一般化しておきましょう。

Σ 記号の定義

$$\sum_{k=1}^{n} a_k \quad \text{は} \quad a_1 + a_2 + a_3 + \cdots + a_n$$

を表す。すなわち、

$$\sum_{k=1}^{n} a_k = a_1 + a_2 + a_3 + \cdots + a_n$$

注）Σ は英語で和を表す "Sum" の頭文字 S に相当するギリシャ文字の大文字です。
また、「k」の代わりに別の文字を使ってもかまいません。
「$a_1 + a_2 + a_3 + \cdots + a_n$」を表すのに、

$$\sum_{i=1}^{n} a_i = a_1 + a_2 + a_3 + \cdots + a_n \quad \text{や} \quad \sum_{j=1}^{n} a_j = a_1 + a_2 + a_3 + \cdots + a_n$$

のように書くこともできます。
さらに初項「a_1」からの和でなくても、例えば $a_3 + a_4 + a_5 + \cdots + a_n$ のような数列の途中から始まる和も、

$$\sum_{k=3}^{n} a_k = a_3 + a_4 + a_5 + \cdots + a_n$$

と表すことができます。

例題4-10 次の値を求めなさい。

(1) $\displaystyle\sum_{k=1}^{4} (k^2 + k)$ (2) $\displaystyle\sum_{k=3}^{5} \frac{1}{2k}$

【解説】
(1) Σ 記号の意味を日本語で書けば「$k^2 + k$ の k に 1 から 4 までの数を順々に代入して足したもの」ということになります。

$$\sum_{k=1}^{4}(k^2+k) = (1^2+1)+(2^2+2)+(3^2+3)+(4^2+4)$$
$$= 2+6+12+20 = \boxed{40}$$

(2) 今度は「$\frac{1}{2k}$ の k に 3 から 5 までの数を順々に代入して足したもの」です。

$$\sum_{k=3}^{5}\frac{1}{2k} = \frac{1}{2\cdot3}+\frac{1}{2\cdot4}+\frac{1}{2\cdot5} = \frac{1}{6}+\frac{1}{8}+\frac{1}{10}$$
$$= \frac{20+15+12}{120} = \boxed{\frac{47}{120}}$$

Σの基本性質

例えば、

$$(5a_1 + 4b_1) + (5a_2 + 4b_2) + (5a_3 + 4b_3) = 5(a_1 + a_2 + a_3) + 4(b_1 + b_2 + b_3)$$

が成り立つことは明らかです。

上式を、Σを使って書けば、

$$\sum_{k=1}^{3}(5a_k + 4b_k) = 5\sum_{k=1}^{3}a_k + 4\sum_{k=1}^{3}b_k$$

となります。これはΣ記号に対して分配法則（71頁）が使えることを示しています。

これも一般化しておきましょう。(^_-)-☆

Σの分配法則

$$\sum_{k=1}^{n}(pa_k + qb_k) = p\sum_{k=1}^{n}a_k + q\sum_{k=1}^{n}b_k \quad (p, q は定数)$$

Σの分配法則は確率変数の平均（期待値）や分散などを計算する際に使いまくります。

またΣ記号の計算をする際は次の公式が頭に入っていると便利です。

第4章　バラバラのデータを分析するための数学

> **Σの計算公式**
> （ⅰ）
> $$\sum_{k=1}^{n} c = nc \quad [c は定数]$$
> （ⅱ）
> $$\sum_{k=1}^{n} k = \frac{n(n+1)}{2}$$
> （ⅲ）
> $$\sum_{k=1}^{n} k^2 = \frac{n(n+1)(2n+1)}{6}$$

【証明】

（ⅰ）c の後ろに 1^k が隠れていると考えてください。

$$\sum_{k=1}^{n} c = \sum_{k=1}^{n} c \cdot 1^k$$
$$= c \cdot 1^1 + c \cdot 1^2 + c \cdot 1^3 + \cdots + c \cdot 1^n$$
$$= \underbrace{c + c + c + \cdots + c}_{n 個} = nc$$

（ⅱ）

$$\sum_{k=1}^{n} k = 1 + 2 + 3 + \cdots + n$$

ですがこれは初項が1、公差が1、項数 n の等差数列の和です。

$$\sum_{k=1}^{n} k = 1 + 2 + 3 + \cdots + n = \frac{n(1+n)}{2}$$
$$= \frac{n(n+1)}{2}$$

> 等差数列の和
> $$S_n = \frac{n(a_1 + a_n)}{2}$$

241

(ⅲ) これはちょっとややこしいので、後ほど【練習 4-7】で証明します。

　第4章の数学の内容はこれでおしまいです。m(_ _)m
　一休みしたら、ここまでの内容が頭に入っていることを確認するためにもぜひ練習問題に取り組んでみてくださいね！(^_-)-☆

《練習問題》

> **練習 4-1** A, B, C, D, Eの5人が1列に並ぶとき、次の場合の数を求めなさい。
> (1) AとBが隣り合う並び方
> (2) AとBが隣り合わない並び方

【解答】
(1) 隣り合う2人を次のように1つにまとめます。

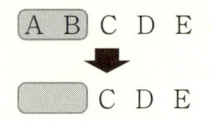

A B C D E
↓
　　C D E

ここで □ 、C、D、Eの4つを1列に並べる並べ方は、

$$\boxed{} = \boxed{} = 4 \times 3 \times 2 \times 1 = \boxed{} \text{［通り］}$$

さらに、□ の中のA, Bの並び方は、

$$\boxed{} = \boxed{} = 2 \times 1 = \boxed{} \text{［通り］}$$

よって、求める場合の数は、

$$\boxed{} \times \boxed{} = \boxed{} \text{［通り］}$$

第4章　バラバラのデータを分析するための数学

(2) A, B, C, D, E の並べ方は全部で、

$$\boxed{} = \boxed{} = 5 \times 4 \times 3 \times 2 \times 1 = \boxed{} \quad [通り]$$

求める場合の数はこのうちの (1) 以外ですから、

$$\boxed{} - \boxed{} = \boxed{} \quad [通り]$$

> **練習4-2** 1〜9の数字を1回ずつ使って3桁の整数を作ります。このとき、
>
> 　　　　百の位＞十の位＞一の位
>
> となる3桁の整数はいくつ作れるか求めなさい。

【解答】

　例えば、1〜9の9つの数字から (1, 7, 8) の3つの数字を選んだとすると、選んだ数字を大きい順に並べて「871」という数字を作れば、

$$百の位＞十の位＞一の位$$

となる整数ができ上がります。

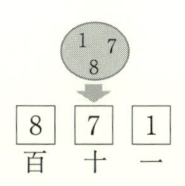

$$\boxed{8}\ \boxed{7}\ \boxed{1}$$
百　十　一

　このように9つの数字から3つの数字を選んで大きい順に並べれば題意を満たす整数が必ず1つ作れます。よって求める場合の数は、

$$\boxed{} \times 1 = \boxed{} \times 1 = \boxed{} \times 1 = \boxed{} \quad [通り]$$

練習 4-3 次の式の展開式における x^6 の係数を求めなさい。

$$(x^3 - 2)^5$$

【解答】

$$(x^3 - 2)^5 = \{x^3 + (-2)\}^5$$

と考えると、二項定理より一般項は、

$$_5C_k(x^3)^{\boxed{}}(-2)^{\boxed{}} = {_5C_k}(-2)^{\boxed{}}x^{\boxed{}}$$

x^6 の項は、

$$x^{\boxed{}} = x^6$$

$(a+b)^n$ の一般項
$_nC_k\, a^{n-k} b^k$

のとき、すなわち、

$$\boxed{} = 6 \Rightarrow k = \boxed{}$$

よって x^6 の係数は、

$$_5C_k(-2)^k = {_5C_{\boxed{}}}(-2)^{\boxed{}} = {_5C_{\boxed{}}} \cdot \boxed{} = \boxed{}$$

> **練習4-4** 「下図の道をSからGまで最短距離で進むときPを通る確率を求めなさい」という問題に対してAさんとBさんは別々の考えを持っていました。どちらが正しいか答えなさい。ただし各分岐点で道を選ぶ確率は同じとします。 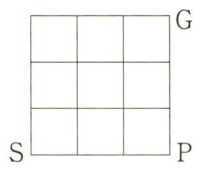
>
> 《Aさんの考え》最短経路は全部で
>
> $$_6C_3 = \frac{_6P_3}{3!} = \frac{6\times5\times4}{3\times2\times1} = 20 \quad [通り]$$
>
> このうちPを通る経路は1通りだから、求める確率は $\frac{1}{20}$
>
> 《Bさんの考え》最短経路なので各分岐点では $\frac{1}{2}$ の確率で道を選ぶ。SからPに着くまで分岐は3回あるから、
>
> $$\frac{1}{2} \times \frac{1}{2} \times \frac{1}{2} = \frac{1}{8}$$

【解答】

「最短経路」なので、SからGに進む場合に取れる経路は→か↑に限られます。

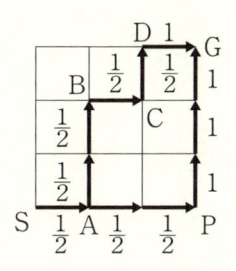

これを考慮すると、例えばS→A→B→C→D→Gと進む経路では道を選ぶ機会が5回あるので（Dでは選べない）この経路になる確率は、

$$\boxed{} = \boxed{}$$

一方、S→P→Gと進む経路では道を選ぶ機会が3回あるので（P以降は選べない）この経路を選ぶ確率は、

$$\boxed{} = \boxed{}$$

すなわち、S→A→B→C→D→Gと進む経路とS→P→Gと進む経路は同様に $\boxed{}$。

よって、正しいのは $\boxed{}$ です。

> 注）Aさんは（例題4-2のように）6個の□に3本の→と3本の↑を並べる場合の数を考えて「経路は $_6C_3 = 20$ 通り」としています。しかし経路の種類は20種類でも、それぞれの経路は同様に確からしくないので、20種類の経路を標本空間（207頁）にするのは誤りなのです。

練習4-5 AとBが3回戦まで勝負を行います。Aが1回の勝負に勝つ確率が $\frac{2}{3}$ のとき、Aが1回勝つ確率を求めなさい。ただし引き分けはないものとします。

【解答】
反復試行ですね。
Aが1回勝つ⇒Aが1勝2敗。

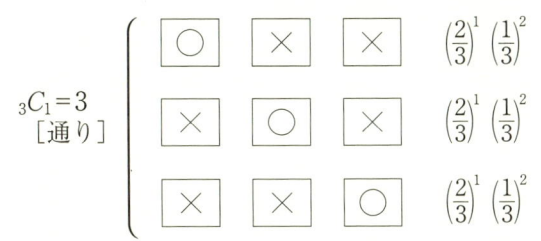

第4章　バラバラのデータを分析するための数学

	1回戦	2回戦	3回戦	確率

$_3C_1 = 3$
［通り］
$\begin{cases} ○ \quad × \quad × \quad \left(\dfrac{2}{3}\right)^1 \left(\dfrac{1}{3}\right)^2 \\ × \quad ○ \quad × \quad \left(\dfrac{2}{3}\right)^1 \left(\dfrac{1}{3}\right)^2 \\ × \quad × \quad ○ \quad \left(\dfrac{2}{3}\right)^1 \left(\dfrac{1}{3}\right)^2 \end{cases}$

> 反復試行　$_nC_k p^k (1-p)^{n-k}$

$_3C_\square \left(\dfrac{2}{3}\right)^\square \left(1-\dfrac{2}{3}\right)^\square = \square \times \square \times \square = \square$

練習4-6　次の値を求めなさい。

$$\sum_{k=1}^{n} (4 \cdot 3^{k-1} + 2k + 5)$$

【解答】

Σの分配法則を使うと、

$$\sum_{k=1}^{n} (4 \cdot 3^{k-1} + 2k + 5) = \boxed{}$$

ここで、

$$\sum_{k=1}^{n} 3^{k-1} = 3^0 + 3^1 + 3^2 + \cdots + 3^{n-1}$$

$$= \boxed{} = \dfrac{3^n - 1}{2}$$

> 等比数列の和
> $S_n = \dfrac{a_1(1-r^n)}{1-r}$

> $3^0 = 1$

$$\sum_{k=1}^{n} k = \boxed{}$$

$$\sum_{k=1}^{n} 5 = \boxed{} \qquad \left[\sum_{k=1}^{n} c = nc\right]$$

なので、それぞれを代入すると、

$$\sum_{k=1}^{n}(4 \cdot 3^{k-1} + 2k + 5) = 4\sum_{k=1}^{n} 3^{k-1} + 2\sum_{k=1}^{n} k + \sum_{k=1}^{n} 5$$

$$= 4 \cdot \boxed{} + 2 \cdot \boxed{} + \boxed{}$$

$$= 2 \cdot 3^n - 2 + \boxed{}$$

$$= \boxed{}$$

練習4-7

$$(l+1)^3 - l^3 = 3l^2 + 3l + 1$$

であることを用いて次の式を証明しなさい。

$$\sum_{k=1}^{n} k^2 = \frac{n(n+1)(2n+1)}{6}$$

【解答】

$$(l+1)^3 - l^3 = 3l^2 + 3l + 1$$

の l に $l = 1, 2, 3, \cdots, n$ を代入して足しあわせます。

第4章 バラバラのデータを分析するための数学

$$2^3 - 1^3 = 3 \cdot 1^2 + 3 \cdot 1 + 1 \quad (l = 1)$$
$$3^3 - 2^3 = 3 \cdot 2^2 + 3 \cdot 2 + 1 \quad (l = 2)$$
$$4^3 - 3^3 = 3 \cdot 3^2 + 3 \cdot 3 + 1 \quad (l = 3)$$
$$\vdots$$
$$+) \quad \underline{(n+1)^3 - n^3 = 3 \cdot n^2 + 3 \cdot n + 1 \quad (l = n)}$$
$$(n+1)^3 - 1^3 = 3 \cdot (1^2 + 2^2 + 3^2 + \cdots + n^2) + 3 \cdot (1 + 2 + 3 + \cdots n) + 1 \times n$$

$$(n+1)^3 - 1 = 3\sum_{k=1}^{n} k^2 + 3\boxed{} + n$$

$$n^3 + 3n^2 + 3n + 1 - 1 = 3\sum_{k=1}^{n} k^2 + 3 \cdot \boxed{} + n$$

$$\therefore \quad 3\sum_{k=1}^{n} k^2 = n^3 + 3n^2 + 3n - 3 \cdot \boxed{} - n$$

$$= \frac{2n^3 + 6n^2 + 6n - 3n^2 - 3n - 2n}{2}$$

$$= \frac{2n^3 + 3n^2 + n}{2}$$

$$= \frac{n(2n^2 + 3n + 1)}{2}$$

$$= \frac{n\{(2n^2 + 2n) + (n + 1)\}}{2}$$

$$= \frac{n\{(n+1) \cdot 2n + (n+1) \cdot 1\}}{2} = \boxed{}$$

両辺を3で割って、

$$\sum_{k=1}^{n} k^2 = \boxed{}$$

(終)

> 注)
> $(a+b)^3 = a^3 + 3a^2b + 3ab^2 + b^3$　（202頁）より
>
> $(n+1)^3 = n^3 + 3n^2 \cdot 1 + 3n \cdot 1^2 + 1^3 = n^3 + 3n^2 + 3n + 1$
>
> また、たすき掛けの因数分解ができる人は
>
> $$2n^2 + 3n + 1$$
>
> について
>
> $$\begin{array}{c} 1 \\ 2 \end{array} \times \begin{array}{c} 1 = 2 \\ 1 = \underline{1} \\ 3 \end{array}$$
>
> から
>
> $$2n^2 + 3n + 1 = (n+1)(2n+1)$$
>
> としてもかまいません。

本当に、お疲れ様でした！m(_ _)m

統計に応用！

永野「お待たせしました！」

岡田先生「盛りだくさんでしたねえ」

永野「この章は本書の山場だと思います。確率とΣが二本柱でしたが、確率の理解は統計の扉を開く鍵ですよね？」

岡田先生「はい」

永野「それと、Σがわからないばっかりに統計の本が読めないという人はとても多いのではないでしょうか？ 逆に言えば、Σがわかれば独学できる範囲はぐっと広がるはずです」

岡田先生「統計的にもこの後に登場する『確率変数』は、ヒストグラム、標準偏差、相関係数と理解を深めてきた人が、たいていつまずいたり勘違いしたりしてしまう難所です。前章で登場した相関係数は計算方法の丸暗記で乗り越えたとしても、確率変数についてはそういうわけにはいきません」

永野「そう言われると私も不安です……補足をよろしくお願いします」

「任せてください」

「ここでもフローチャートをおさらいしておきます」

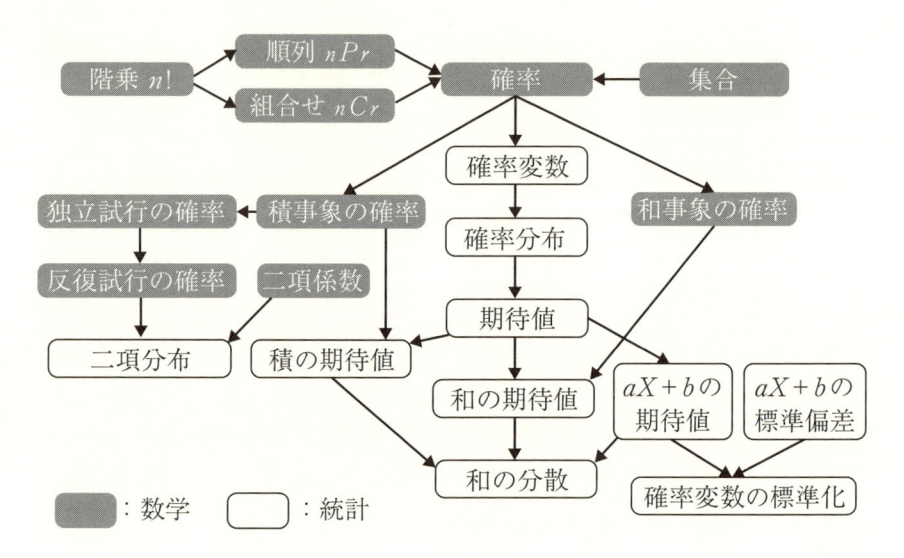

```
           ┌─ 順列 nPr ─┐
   階乗 n! ─┤            ├→ 確率 ← 集合
           └─ 組合せ nCr ┘   │
                            ├→ 確率変数
   独立試行の確率  積事象の確率  │            和事象の確率
        │           │       確率分布
   反復試行の確率  二項係数    │
        │           │       期待値
     二項分布     積の期待値   │
                            和の期待値   aX+bの    aX+bの
                                       期待値    標準偏差
                            和の分散
                                       確率変数の標準化
```

■：数学　□：統計

「現実に起きるいろいろな事柄を数学で扱えるようにするには、多様な姿を見せる事柄を数値化し、変数として扱う必要があります。この変数と確率の考え方を合わせたものが『確率変数』です」

確率変数と確率分布

サイコロを1回だけ振ることを考えます。**サイコロの出る目をXで表すことにすると**、$X=1$となる確率（1の目が出る確率）は当然「$\frac{1}{6}$」ですね。このことを数学では、

$$P(X=1) = \frac{1}{6} \quad [X(サイコロの出る目)が1になる確率は\frac{1}{6}]$$

と表します。2〜6の目が出る確率もすべて「$\frac{1}{6}$」なので、上の表し方を使えば、

$$P(X=2)=\frac{1}{6},\ P(X=3)=\frac{1}{6},\ P(X=4)=\frac{1}{6},\ P(X=5)=\frac{1}{6},\ P(X=6)=\frac{1}{6}$$

となります。でもこう列挙すると見づらいですね。表にしてみましょう。

X	1	2	3	4	5	6
P	$\frac{1}{6}$	$\frac{1}{6}$	$\frac{1}{6}$	$\frac{1}{6}$	$\frac{1}{6}$	$\frac{1}{6}$

ここでXは1〜6の整数値をとる「変数」ですが、Xがそれぞれの値をとる確率が定まっています。このように**変数Xが特定の値をとるときの確率が定まっている**とき、Xのことを**確率変数**（random variable）といいます。

> 岡田先生より
>
> 上のサイコロの例のように**とり得る値の全体が決まっている**、ということも確率変数の重要な性質です。確率変数は次のようにまとめることができます。

(1) X は変数である
(2) X はとり得る値の範囲が決まっている
(3) X が特定の値をとる確率が定まっている

⬇

X は確率変数

　例えば、「明日雨が降るかどうか」に関心があるとします。この「明日雨が降るかどうか」は、(1) いつも同じ値をとるわけではありませんから変数であり、(2)「雨が降る」「雨が降らない」というとり得る値2つが決まっており、(3)「雨が降る」確率を、これまでに蓄積したデータに基づいて求める（推定する）ことができます（これが天気予報で日々行われていることですね）。したがって、上の3つの性質を満たしていて、「明日雨が降るかどうか」は確率変数と考えることができます。

　実際、天気予報では現代的な統計学が駆使されています。統計は、関心のある現象を確率変数によって表現し、推定や予測を行う学問であるということができるでしょう。

　また確率変数 X の値と確率 P との対応関係を確率分布（probability distribution）といいます。確率分布は前頁の表のようにまとめることもできますし、以下のようにグラフに表すこともできます。

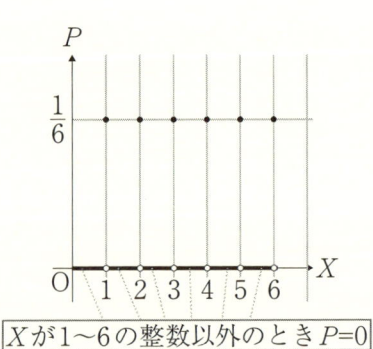

X が1〜6の整数以外のとき $P=0$

グラフにしてみると、Xが1～6の整数以外のときは$P=0$となることがわかりますね。サイコロの出る目をXとした場合、Xには1～6の整数値しかあり得ません。$X=1.5$とかいうことはないわけです。このように「とびとびの値」しかとらない確率変数のことを特に「離散型確率変数」といいます。

また（当然ですが）Xのとり得るすべての値についての確率を足すと「1」になることも注意しておきましょう。

$$\frac{1}{6}+\frac{1}{6}+\frac{1}{6}+\frac{1}{6}+\frac{1}{6}+\frac{1}{6}=1$$

以上、確率変数と確率分布についてまとめておきます。

確率変数と確率分布

次の表のXのようにそれぞれの値に対して確率が定まっている変数のことを**確率変数**という。

X	x_1	x_2	x_3	$\cdots$	x_n
確率	p_1	p_2	p_3	$\cdots$	p_n

このとき、

$$0 \leq p_1, p_2, p_3, \cdots, p_n \leq 1$$

かつ、

$$p_1+p_2+p_3+\cdots+p_n=1 \quad \cdots ①$$

である。

上の表のように確率変数がとり得る値とその確率の対応を表したものを**確率分布**という。確率分布はグラフで表すこともある。

試しにサイコロを2回投げた場合の**出る目の和をXとした**ときの**確率分布**を求めてみましょう。

目の出方は全部で、

$$6 \times 6 = 36 \quad [通り]$$

出る目の和は2〜12。それぞれの場合の数を数えていくと……、

(1, 1)	(1, 2)	(1, 3)	(1, 4)	(1, 5)	(1, 6)
(2, 1)	(2, 2)	(2, 3)	(2, 4)	(2, 5)	(2, 6)
(3, 1)	(3, 2)	(3, 3)	(3, 4)	(3, 5)	(3, 6)
(4, 1)	(4, 2)	(4, 3)	(4, 4)	(4, 5)	(4, 6)
(5, 1)	(5, 2)	(5, 3)	(5, 4)	(5, 5)	(5, 6)
(6, 1)	(6, 2)	(6, 3)	(6, 4)	(6, 5)	(6, 6)

・出る目の和が2の場合→ (1, 1) の1通り→確率 $\frac{1}{36}$
・出る目の和が3の場合→ (1, 2) と (2, 1) の2通り→確率 $\frac{2}{36}$
・出る目の和が4の場合→ (1, 3) と (2, 2) と (3, 1) の3通り→確率 $\frac{3}{36}$
　　　⋮
(以下略)

出る目の和をX、確率をPとして結果をまとめると次表の通り。

X	2	3	4	5	6	7	8	9	10	11	12
P	$\frac{1}{36}$	$\frac{2}{36}$	$\frac{3}{36}$	$\frac{4}{36}$	$\frac{5}{36}$	$\frac{6}{36}$	$\frac{5}{36}$	$\frac{4}{36}$	$\frac{3}{36}$	$\frac{2}{36}$	$\frac{1}{36}$

これが、求める確率分布です。

グラフで表すと、

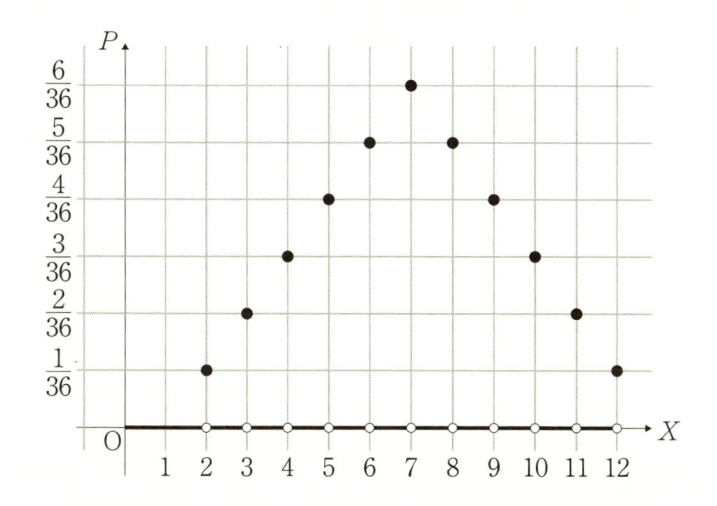

確率変数にも平均があるのですが、確率変数の平均は期待値と呼ばれます。

期待値

コインを入れてレバーを回すとカプセルに入った飴が出てくるいわゆる「ガチャガチャ」があるとしましょう。このガチャガチャは出てくるカプセルによって入っている飴の数が違います。A君は過去10回にわたって出てくる飴の数を記録しておきました。以下の表はそれをまとめたものです。

飴の数	1個	2個	3個	4個
回数	1回	3回	5回	1回

せっかくなので、1回あたりの平均（5頁）を求めてみましょう。

$$平均 = \frac{1\times1 + 2\times3 + 3\times5 + 4\times1}{10} = \frac{26}{10} = 2.6 \quad [個]$$

簡単です。(^_-)-☆

一般にデータ x が $x_1, x_2, x_3, \cdots, x_n$ のいずれかの値をとり、それぞれの回数が $f_1, f_2, f_3, \cdots, f_n$ だとすると、

x	x_1	x_2	x_3	$\cdots$	x_n
回数	f_1	f_2	f_3	$\cdots$	f_n

データ x の平均値は、

$$\bar{x} = \frac{x_1 f_1 + x_2 f_2 + x_3 f_3 + \cdots\cdots + x_n f_n}{N}$$

［ただし、N は $N = f_1 + f_2 + f_3 + \cdots\cdots + f_n$ で回数の合計を表す］

となります。

Σを使って表せば、

$$\bar{x} = \frac{1}{N} \sum_{k=1}^{n} x_k f_k$$

ですね。

ところで前頁のxと回数の表は確率分布の表と大変よく似ていますので、確率分布に対してもまったく同じことをやってみましょう。

今、確率変数Xの確率分布が次のようになっているとします。

X	x_1	x_2	x_3	…	x_n
確率	p_1	p_2	p_3	…	p_n

ここで確率変数Xに対して下の式で定まる$\bar{X}$を考えます。

$$\bar{X} = \frac{x_1 p_1 + x_2 p_2 + x_3 p_3 + \cdots\cdots + x_n p_n}{1}$$

[ただし、分母の1は$1 = p_1 + p_2 + p_3 + \cdots\cdots + p_n$で確率の合計を表す]

確率変数の場合、確率を全部足すと1になるので分母が1になる点が要注意です。

$\bar{X}$をΣを使って表せばこうです。

$$\bar{X} = \frac{1}{1} \sum_{k=1}^{n} x_k p_k = \sum_{k=1}^{n} x_k p_k$$

この$\bar{X}$はデータの平均とまったく同じようにして求められるので、==$\bar{X}$は確率変数の平均==であると考えられます。そして（ここが重要です！）、==確率変数の平均==は「**期待値**」とも呼ばれます。期待値は期待を表す「expectation」の頭文字を使って、$E(X)$と表されることが多いです。

まとめます。一般に確率変数Xの確率分布が次の表のように定まっているとき、

X	x_1	x_2	x_3	$\cdots$	x_n
確率	p_1	p_2	p_3	$\cdots$	p_n

確率変数Xの**期待値（または平均）**は次のように定義されます。

確率変数Xの期待値（または平均）
$$E(X) = \sum_{i=1}^{n} x_i p_i = x_1 p_1 + x_2 p_2 + x_3 p_3 + \cdots + x_n p_n \quad \cdots ②$$

注）Σ記号にkではなくiを使うのは確率・統計の慣習で他意はありません。

岡田先生より

第1章、第2章で、得られたデータを整理したり分析したりする手法として平均、分散、標準偏差の求め方を学びました。これらはすべて確率変数に対しても定義されるのです（分散、標準偏差については後述）が、**平均だけは「期待値」という別名をもっています。**

	データ	確率変数
平らに均らす	平均	平均＝期待値
散らばりを調べる	分散	分散
	標準偏差	標準偏差

このあたりの用語をしっかり整理しておかないとあとで混乱を招くことになるので要注意です。

データはすでに値が確定しています。一方、確率変数はある確率で起きる事象についての変数ですから、値が確定しているわけではありません。確率変数の平均のことを期待値というのは、確率変数の値を実際に観測してみるとき「平均的に期待される値」という意味だと思ってください。

具体的な例で期待値を求めてみましょう。

赤球が10個、青球が20個、黄球が30個入った福引があります。この福引では赤球が出れば600円、青球が出れば300円もらえますが、黄球が出ると何ももらえません。賞金として「平均的に期待される値」はいくらでしょうか？

この福引の賞金は、とり得る値が600円、300円、0円のいずれかに決まっていて、それぞれの確率も次のように定まりますから、確率変数です。

それぞれの球が出る確率は、

$$赤球が出る確率 = \frac{10}{60} = \frac{1}{6}$$

$$青球が出る確率 = \frac{20}{60} = \frac{2}{6}$$

$$黄球が出る確率 = \frac{30}{60} = \frac{3}{6}$$

ですね。

確率変数である賞金を X 円とすると、X は次のように分布します。

X	0	300	600
確率	$\frac{3}{6}$	$\frac{2}{6}$	$\frac{1}{6}$

定義に従って X の期待値を求めると、

$$E(X) = 0 \times \frac{3}{6} + 300 \times \frac{2}{6} + 600 \times \frac{1}{6} = \frac{1200}{6} = 200$$

です。

　これによりこの福引で期待される賞金は200［円］であることがわかります。

$aX+b$ の期待値

確率変数 X に対して、X を a 倍（定数倍）してさらに b（定数）を加えた新しい確率変数 Y を考えることにします。Y を式で表すとこうです。

$$Y = aX + b \quad [a, b \text{ は定数}]$$

なんか……見たことありますね。そうです！ **Y は X の1次関数**（109頁）になっています。このようなとき **Y の期待値（または平均値）** はどうなるでしょうか？

まずは X の確率分布を表す表を作ってみましょう。

X	x_1	x_2	x_3	$\cdots$	x_n
確率	p_1	p_2	p_3	$\cdots$	p_n

X が上の確率分布に従うとき、

$$y_i = ax_i + b \quad [i = 1, 2, 3, \cdots, n]$$

とすると、例えば Y が y_1 の値をとるのは X が x_1 の値をとるときであり、**X が x_1 の値をとる確率は p_1 なので、（当然）Y が y_1 の値をとる確率も p_1 です。**
すなわち、確率分布の表は、

X	x_1	x_2	x_3	$\cdots$	x_n
確率	p_1	p_2	p_3	$\cdots$	p_n

⬇

Y	y_1	y_2	y_3	$\cdots$	y_n
確率	p_1	p_2	p_3	$\cdots$	p_n

となります。(^_-)-☆

このように分布する確率変数 Y について $E(Y)$ を計算してみましょう。

$$E(Y) = \sum_{i=1}^{n} y_i p_i$$

$$= \sum_{i=1}^{n} (ax_i + b) p_i$$

$$= \sum_{i=1}^{n} (ax_i p_i + b p_i)$$

$$= a \sum_{i=1}^{n} x_i p_i + b \sum_{i=1}^{n} p_i$$

$$= aE(X) + b$$

Σ の分配法則
$$\sum_{i=1}^{n} (pa_i + qb_i) = p \sum_{i=1}^{n} a_i + q \sum_{i=1}^{n} b_i$$

②より $\sum_{i=1}^{n} x_i p_i = E(X)$

①より $\sum_{i=1}^{n} p_i = p_1 + p_2 + p_3 + \cdots + p_n = 1$

いやあ、こうして使ってみると Σ 記号（240頁）っていうのは便利ですね！(^_-)-☆ 結果をまとめておきましょう。

確率変数 X と Y の間に、
$$Y = aX + b \quad [a, b は定数]$$
の関係があるとき次の関係が成り立つ。
$$E(Y) = E(aX + b) = aE(X) + b \quad \cdots ③$$

確率変数の分散と標準偏差

第2章で平均値（期待値）を基準としたデータのばらつき具合を調べるための数値として分散とその正の平方根である標準偏差を学びました（92頁）。確率変数についても同様にこれらを定義することができます。

第4章　バラバラのデータを分析するための数学

先ほども使った福引の確率分布で確率変数 X の分散を求めてみましょう。

X	0	300	600
p	$\frac{3}{6}$	$\frac{2}{6}$	$\frac{1}{6}$

分散は「(値 − 平均値)^2 の平均」です（90頁）。そこで上の確率分布の表に「$X - \bar{X}$」と「$(X - \bar{X})^2$」の欄を加えてみましょう。ここで「$\bar{X}$」は X の平均値（期待値）を表します。

$$\bar{X} = E(X) = 200 \quad [円]$$

でしたね（262頁）。

X	0	300	600	$\bar{X} = 200$
$X - \bar{X}$	−200	100	400	
$(X - \bar{X})^2$	40000	10000	160000	
p	$\frac{3}{6}$	$\frac{2}{6}$	$\frac{1}{6}$	

X の分散を $V(X)$ で表すことにすると、$(X - \bar{X})^2$ の平均値はすなわち $(X - \bar{X})^2$ の期待値なので、「$V(X) = E((X - \bar{X})^2)$」と考えます。(^_-)-☆

$$V(X) = E((X - \bar{X})^2)$$
$$= 40000 \times \frac{3}{6} + 10000 \times \frac{2}{6} + 160000 \times \frac{1}{6}$$
$$= \frac{300000}{6}$$
$$= 50000 \quad [円^2]$$

$E(X)$
$= x_1 p_1 + x_2 p_2 + x_3 p_3 + \cdots + x_n p_n$

また標準偏差は分散の正の平方根ですから、X の標準偏差を $s(X)$ で表すことにすると、

$$s(X) = \sqrt{V(X)}$$
$$= \sqrt{50000} = 100\sqrt{5} = 223.606\cdots \quad [円]$$

$\sqrt{5} = 2.2360679\cdots$

となります。

確率変数の分散と標準偏差を一般化しておきましょう。

> 注) Vは分散を表す"variance"の、sは標準偏差を表す英語"standard deviation"の頭文字です。

確率変数の分散と標準偏差

X	x_1	x_2	x_3	$\cdots$	x_n
p	p_1	p_2	p_3	$\cdots$	p_n

上の表のように分布する確率変数Xに対してその分散$V(X)$と標準偏差$s(X)$を次のように定義する。

$$V(X) = E((X-\bar{X})^2) = \sum_{i=1}^{n}(x_i - \bar{X})^2 p_i \quad \cdots ④$$

$$s(X) = \sqrt{V(X)} \quad \cdots ⑤$$

> 注) $V(X)$の最右辺を念のため書き下ろしておきましょう。(^_-)-☆
>
> $$\sum_{i=1}^{n}(x_i - \bar{X})^2 p_i = (x_1 - \bar{X})^2 p_1 + (x_2 - \bar{X})^2 p_2 + (x_3 - \bar{X})^2 p_3 + \cdots + (x_n - \bar{X})^2 p_n$$
>
> Σを使うと（慣れないうちは）ものものしい感じにはなりますが、長ったらしい式を簡明に表せるという利点があります。

第4章　バラバラのデータを分析するための数学

岡田先生より

　確率変数の分散$V(X)$や標準偏差$s(X)$は、「確率変数がとる値のばらつき」を示すものですが、「確率変数がとる値のばらつき」とはいったい何を表すのでしょうか？　先ほども書きました通り、観測され値がわかっているデータと違って、確率変数というのは値が確定しているわけではありません。
　「値が確定していないのに『ばらつき』なんてあるの？」と思う人は少なくないでしょう。
　確率変数の標準偏差（やその2乗である分散）が大きいということは、「ばらつき」が大きいということですがこれは期待値（平均）から離れた値が出る可能性があることを示します。
　例えば、宝くじ。宝くじはそれぞれの当選金額とそれが出る確率が決まっていますから、宝くじの当選金額は典型的な確率変数です。サマージャンボや年末ジャンボのような大型の宝くじで、期待値や標準偏差を計算してみると、期待値は約130〜150円、標準偏差は約13万〜16万円になります（年によって違います）。期待値に対してかなり標準偏差が大きいですね。
　このように宝くじの期待値に比べて標準偏差が大きくなるのは、確率は小さいものの100万円、1000万円、場合によっては5億円といったような、期待値からとても離れた値が出る場合があり得るからです。
　また、確率変数のとりうる値が同じ場合でも、次頁のサイコロ1（普通のサイコロ）とサイコロ2（3や4が出やすく、1や6が出にくいおかしなサイコロ）を比べると、平均に近い値が出やすいサイコロ2のほうが、サイコロ1よりも標準偏差と分散がより小さくなります。

サイコロの目 X	1	2	3	4	5	6
サイコロ1の $P(X)$	$\frac{1}{6}$	$\frac{1}{6}$	$\frac{1}{6}$	$\frac{1}{6}$	$\frac{1}{6}$	$\frac{1}{6}$
サイコロ2の $P(X)$	$\frac{1}{24}$	$\frac{1}{8}$	$\frac{1}{3}$	$\frac{1}{3}$	$\frac{1}{8}$	$\frac{1}{24}$

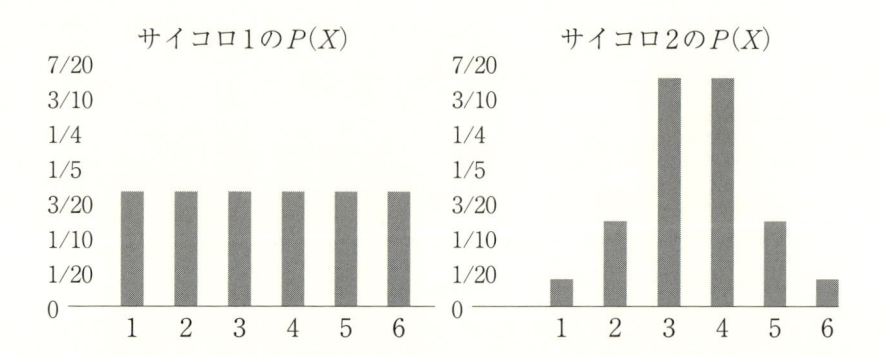

分散を求めるのは一般に面倒ですが、少しだけ計算を楽にする公式がありましたね（93頁）。同じものが確率変数に対しても使えます。

確率変数の分散計算公式
$$V(X) = E(X^2) - \{E(X)\}^2 \quad \cdots ⑥$$

$V = \overline{x^2} - \bar{x}^2$

Σ を使った証明を紹介しておきます。(^_-)-☆

$$V(X) = E((X - \bar{X})^2)$$
$$= \sum_{i=1}^{n}(x_i - \bar{X})^2 p_i$$
$$= \sum_{i=1}^{n}(x_i^2 - 2x_i\bar{X} + \bar{X}^2) p_i$$

第4章　バラバラのデータを分析するための数学

$$= \sum_{i=1}^{n}(x_i^2 p_i - 2\bar{X}x_i p_i + \bar{X}^2 p_i)$$

$$= \sum_{i=1}^{n} x_i^2 p_i - 2\bar{X}\sum_{i=1}^{n} x_i p_i + \bar{X}^2 \sum_{i=1}^{n} p_i$$

$$= \overline{X^2} - 2\bar{X}\cdot\bar{X} + \bar{X}^2 \cdot 1$$

$$= \overline{X^2} - 2\bar{X}^2 + \bar{X}^2$$

$$= \overline{X^2} - \bar{X}^2$$

$$= E(X^2) - \{E(X)\}^2$$

> **Σ の分配法則**
> $$\sum_{i=1}^{n}(pa_i+qb_i)=p\sum_{i=1}^{n}a_i+q\sum_{i=1}^{n}b_i$$
> $2\bar{X}$ や $\bar{X}^2$ は定数なので
> Σ の前に出せます。

> $$\sum_{i=1}^{n} x_i^2 p_i = \overline{X^2}$$
> $$\sum_{i=1}^{n} x_i p_i = \bar{X}$$
> $$\sum_{i=1}^{n} p_i = 1 \quad (①より)$$

注）$\overline{X^2}$ は「2乗の平均」
　　$\bar{X}^2 = (\bar{x})^2$ は「平均の2乗」です。

この証明ができるようになれば、Σ は免許皆伝です！
　Σ は慣れると本当に便利な道具なので、ぜひ毛嫌いしないで取り組んでみてください。

オツカレサマデシター

$aX+b$ の分散と標準偏差

ところで、先ほどと同じように新しい確率変数 Y が X の1次関数として「$Y=aX+b(a, b$ は定数$)$」と表されるとき、Y の分散や標準偏差はどのようになるでしょうか？ これも Σ を使いながら、計算してみましょう。Y の確率分布は次の通りです。

Y	y_1	y_2	y_3	$\cdots$	y_n
確率	p_1	p_2	p_3	$\cdots$	p_n

$$V(Y) = E((Y-\bar{Y})^2) = \sum_{i=1}^{n}(y_i - \bar{Y})^2 p_i \quad \cdots ⑦$$

ここで、

$$y_i = ax_i + b \quad [i=1, 2, 3, \cdots, n]$$

また③より、

$$\bar{Y} = E(Y) = aE(X) + b = a\bar{X} + b$$

これらを⑦に代入します。

$$\begin{aligned}
V(Y) = E((Y-\bar{Y})^2) &= \sum_{i=1}^{n}\{(ax_i+b)-(a\bar{X}+b)\}^2 p_i \\
&= \sum_{i=1}^{n}(ax_i+b-a\bar{X}-b)^2 p_i \\
&= \sum_{i=1}^{n}(ax_i-a\bar{X})^2 p_i \\
&= \sum_{i=1}^{n}\{a(x_i-\bar{X})\}^2 p_i
\end{aligned}$$

$$= \sum_{i=1}^{n} a^2(x_i - \bar{X})^2 p_i$$

$$= a^2 \sum_{i=1}^{n} (x_i - \bar{X})^2 p_i = a^2 V(X)$$

④より
$$\sum_{i=1}^{n}(x_i - \bar{X})^2 p_i = V(X)$$

⑤より、

$$s(Y) = \sqrt{V(Y)} = \sqrt{a^2 V(X)} = a\sqrt{V(X)} = as(X)$$

であることもわかります。まとめておきましょう。

確率変数XとYの間に、
$$Y = aX + b \quad [a, bは定数]$$
の関係があるとき、Yの分散$V(Y)$と標準偏差$s(Y)$は次の通り。
$$V(Y) = a^2 V(X) \quad \cdots ⑧$$
$$s(Y) = as(X) \quad \cdots ⑨$$

分散や標準偏差は平均値（期待値）を基準とした散らばり具合を表す値なので、**元の確率変数Xにb（定数）を足しても影響はありません。**
また元の確率変数をa倍（定数倍）すると、散らばり具合もa倍（分散はa^2倍）になります。その様子を確率分布のグラフを使って実感してもらいましょう。

サイコロを2回投げた場合の出る目の和をXとしたときの確率分布を使います。
このXに対して、

$$Y = 2X + 3$$

という新しい確率変数を作り、表とグラフにしてみます。

X	2	3	4	5	6	7	8	9	10	11	12
$Y = 2X + 3$	7	9	11	13	15	17	19	21	23	25	27
確率	$\frac{1}{36}$	$\frac{2}{36}$	$\frac{3}{36}$	$\frac{4}{36}$	$\frac{5}{36}$	$\frac{6}{36}$	$\frac{5}{36}$	$\frac{4}{36}$	$\frac{3}{36}$	$\frac{2}{36}$	$\frac{1}{36}$

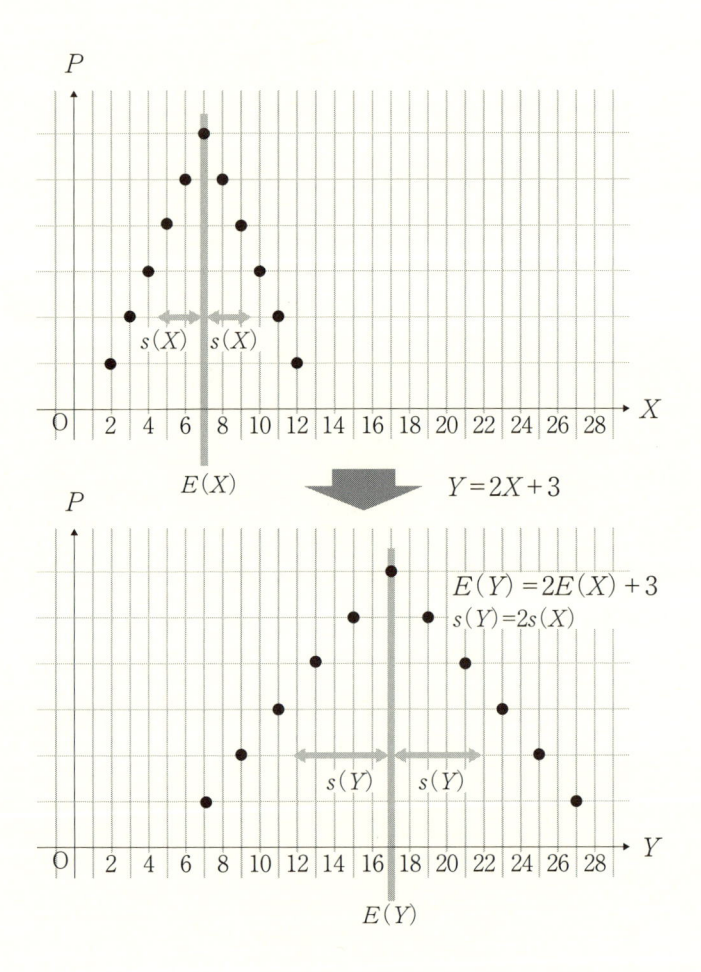

　ちなみに実際に計算してみるとXとYの期待値（平均）、分散および標準偏差は次のようになります（計算過程は省略しますが、ぜひ確かめてみてくださいね）。

$E(X) = 7$

$V(X) = \dfrac{210}{36} = 5.833\cdots$

$s(X) = 2.415\cdots$

$E(Y) = 17$ $\quad\boxed{Y = 2X + 3}$

$V(Y) = \dfrac{840}{36} = 23.333\cdots$

$s(Y) = 4.830\cdots$

確率変数の標準化

以上の性質を使って、確率変数Xから次のような新しい確率変数Zをつくり出すことを**確率変数の標準化**といいます。

確率変数の標準化
$$Z = \frac{X - E(X)}{s(X)} \quad \cdots ⑩$$

なぜこのようなZを作ることを「標準化」というのでしょうか？ それはZの期待値や標準偏差を計算してみればわかります。

$$Z = \frac{1}{s(X)}X - \frac{E(X)}{s(X)}$$

$Y = aX + b$のとき
$E(Y) = aE(X) + b$

なので③より、

$$E(Z) = \frac{1}{s(X)}E(X) - \frac{E(X)}{s(X)} = \frac{E(X) - E(X)}{s(X)} = 0$$

また⑨より、

$$s(Z) = \frac{1}{s(X)}s(X) = 1$$

$Y = aX + b$のとき
$s(Y) = as(X)$

そうなんです！ どんな確率変数Xに対しても、⑩式で定めるZを作れば**平均は必ず0に**、**標準偏差は必ず1になる**のです。これは平均が0で標準偏差が1である確率変数についてだけいろいろな性質を詳しく調べてお

けば、他のすべての確率変数にその結果を応用できることを意味します。

「確率変数の標準化」によって、私たちは先人の知恵や計算結果をありがたく利用できるのです！……と書いてもまだピンとこない人も多いでしょう。この「標準化」の恩恵を感じるのは、この本を卒業したあなたがいよいよ推測統計の世界に足を踏み入れるときです。そのときをどうぞお楽しみに！(^_-)-☆

和の期待値

今度は複数の確率変数があるとき、それらの**和の期待値（平均値）**がどのように計算されるかを見てみましょう。

ここにx_1, x_2, x_3のいずれかの値をとる確率変数Xとy_1, y_2のいずれかの値をとる確率変数Yがあるとします。さらに、このようなX、Yに対して、

$$Z = X + Y$$

で定義される新しい確率変数Zを考えることにします。

例えば「$X = x_1$　かつ　$Y = y_2$」となる確率をp_{12}と表すことにすると、X、Yの分布は次のようになります。

X\Y	x_1	x_2	x_3	計
y_1	p_{11}	p_{21}	p_{31}	v_1
y_2	p_{12}	p_{22}	p_{32}	v_2
計	u_1	u_2	u_3	1

$Z(=X+Y)$の値が「x_1+y_1」になる確率が「p_{11}」という意味

なお、このようにXとYの確率分布を1つの表にまとめたものを確率変数XとYの**同時分布**といいます。

例えば、「$X = x_1$」となるのは「$X=x_1$　かつ　$Y = y_1$」の場合と「$X = x_1$　かつ　$Y = y_2$」の場合があります。これら2つのケースは互いに排反である（＝同時には起こらない、215頁）と考えられるので、「$X = x_1$」と

なる確率を u_1 とすると、

$$u_1 = p_{11} + p_{12}$$

> 事象Aと事象Bが互いに排反なとき
> $P(A \cup B) = P(A) + P(B)$

です。

　同様に、「$Y = y_1$」となるのは「$X = x_1$　かつ　$Y = y_1$」、「$X = x_2$　かつ　$Y = y_1$」および「$X = x_3$　かつ　$Y = y_1$」の場合があります。これら3つのケースはやはり互いに排反であると考えられるので、「$Y = y_1$」となる場合の確率を v_1 とすると、

$$v_1 = p_{11} + p_{21} + p_{31}$$

です。
　以上を一般化すると、

$$u_k = p_{k1} + p_{k2} \quad (k = 1,2,3) \quad \cdots ⑪$$
$$v_l = p_{1l} + p_{2l} + p_{3l} \quad (l = 1,2) \quad \cdots ⑫$$

と書けます。(^_-)-☆

　X と Y の確率分布をそれぞれ別にまとめると次の通り。

X	x_1	x_2	x_3	計
確率	u_1	u_2	u_3	1

$$E(X) = x_1 u_1 + x_2 u_2 + x_3 u_3 \quad \cdots ⑬$$

Y	y_1	y_2	計
確率	v_1	v_2	1

$$E(Y) = y_1 v_1 + y_2 v_2 \quad \cdots ⑭$$

　さあ、ここまでを準備として、$E(Z) = E(X + Y)$ を計算してみましょう。

$$\begin{aligned}
E(Z) &= E(X+Y) \\
&= (x_1+y_1)p_{11} + (x_2+y_1)p_{21} + (x_3+y_1)p_{31} \\
&\quad + (x_1+y_2)p_{12} + (x_2+y_2)p_{22} + (x_3+y_2)p_{32} \\
&= x_1(p_{11}+p_{12}) + x_2(p_{21}+p_{22}) + x_3(p_{31}+p_{32}) \\
&\quad + y_1(p_{11}+p_{21}+p_{31}) + y_2(p_{12}+p_{22}+p_{32}) \\
&= x_1u_1 + x_2u_2 + x_3u_3 + y_1v_1 + y_2v_2 \\
&= E(X) + E(Y)
\end{aligned}$$

⑪、⑫より
⑬、⑭より

同様の計算を行えば、$x_1, x_2, x_3, \cdots, x_n$ のいずれかの値をとる確率変数 X と $y_1, y_2, y_3, \cdots, y_m$ のいずれかの値をとる確率変数 Y に対して、

$$E(X+Y) = E(X) + E(Y) \quad \cdots ⑮$$

が成り立つことが確かめられます。

ここまで文字式のオンパレードでごめんなさい。m(_ _)m
具体例を出しますね。
今、X と Y はそれぞれA君の数学と英語の点数だとして、次の分布に従うとします。

X	70	80	90	計
確率	$\frac{1}{4}$	$\frac{2}{4}$	$\frac{1}{4}$	1

Y	60	90	計
確率	$\frac{2}{3}$	$\frac{1}{3}$	1

注)現実的にはテストの得点が確率で表されるのは不自然ですね。m(_ _)m でも例えば数学（X）に関しては過去40回の実績において70点であったことが10回、80点であったことが20回、90点であったことが10回あったとすれば、次に受ける41回目のテストの得点について表のように考えるのはそうおかしくはないでしょう。(^_-)-☆

第4章　バラバラのデータを分析するための数学

XとYの期待値（平均値）をそれぞれ求めると、

$$E(X) = 70 \times \frac{1}{4} + 80 \times \frac{2}{4} + 90 \times \frac{1}{4} = \frac{70 + 160 + 90}{4} = \frac{320}{4} = 80 \quad [点] \quad \cdots ⑯$$

$$E(Y) = 60 \times \frac{2}{3} + 90 \times \frac{1}{3} = \frac{120 + 90}{3} = \frac{210}{3} = 70 \quad [点] \quad \cdots ⑰$$

ですね。

XとYの同時分布を求めると下のようになります。（　）内の数字は数学と英語の得点の合計（$X+Y$）です。

Y＼X	70	80	90	計
60	$\frac{2}{12}$(130)	$\frac{4}{12}$(140)	$\frac{2}{12}$(150)	$\frac{2}{3}$
90	$\frac{1}{12}$(160)	$\frac{2}{12}$(170)	$\frac{1}{12}$(180)	$\frac{1}{3}$
確率	$\frac{1}{4}$	$\frac{2}{4}$	$\frac{1}{4}$	1

> 注）一般に、事象Aと事象Bが互いに独立なとき（一方の結果が他方の結果に影響を与えないとき）、
>
> $$P(A \cap B) = P(A) \times P(B)$$
>
> が成立するのでしたね（220頁）。
> 数学の得点と英語の得点は互いに独立であると考えられるので、例えば数学が70点で英語が60点である確率は、
>
> $$\frac{1}{4} \times \frac{2}{3} = \frac{2}{12}$$
>
> と計算しています。

次に$X+Y$の期待値（平均値）を求めると、

$$E(X+Y) = 130 \times \frac{2}{12} + 140 \times \frac{4}{12} + 150 \times \frac{2}{12}$$
$$+ 160 \times \frac{1}{12} + 170 \times \frac{2}{12} + 180 \times \frac{1}{12}$$
$$= \frac{260 + 560 + 300 + 160 + 340 + 180}{12} = \frac{1800}{12} = 150 \quad [点]$$

となります。⑯、⑰より $E(X) = 80, E(Y) = 70$ なので、
$$E(X) + E(Y) = 80 + 70 = 150 \quad [点]$$

確かに⑮式、
$$E(X+Y) = E(X) + E(Y)$$

が成立します！(∩_∩)

でも実は、この式って結局は

　　数学と英語の合計点の期待値(平均点)
　　　　＝数学の期待値(平均点)＋英語の期待値(平均点)

といっているのに過ぎないので、当たり前といえば当たり前の結果なんです。(∩_∩;)

⑮式の性質を繰り返し用いることによって、和の期待値（平均値）について一般に次式が成立します。

確率変数 $X_1, X_2, X_3, \cdots, X_n$ に対して
$$E(X_1 + X_2 + X_3 + \cdots + X_n) = E(X_1) + E(X_2) + E(X_3) + \cdots + E(X_n) \quad \cdots ⑱$$

積の期待値

確率変数の和の期待値（平均値）についてはわかりました。それでは**積の期待値（平均値）**についてはどうなるでしょうか？

今度はx_1、x_2、x_3のいずれかの値をとる確率変数Xとy_1、y_2のいずれかの値をとる確率変数Yに対して、

$$Z = XY$$

で定義される新しい確率変数Zを考えることにします。

$Y \backslash X$	x_1	x_2	x_3	計
y_1	q_{11}	q_{21}	q_{31}	v_1
y_2	q_{12}	q_{22}	q_{32}	v_2
計	u_1	u_2	u_3	1

$Z(= X \times Y)$の値が「$x_1 \times y_1$」になる確率が「q_{11}」という意味

ここで、**もし確率変数のXとYが互いに独立であれば**（下記注参照）、「$X = x_1$　かつ　$Y = y_1$」になる確率q_{11}は、

$$q_{11} = u_1 v_1$$

と計算できます。

事象Aと事象Bが互いに独立なとき
$P(A \cap B) = P(A) \times P(B)$

注）確率変数のとりうるすべての組み合わせについて事象の独立が成り立つとき、「**確率変数が独立である**」といいます。

一般化すると、

$$q_{kl} = u_k v_l \quad [k = 1, 2, 3 \quad l = 1, 2] \quad \cdots ⑲$$

です。(^_-)-☆　また⑪、⑫式と同様にして次のようになります。

$$u_k = q_{k1} + q_{k2} \quad (k = 1, 2, 3)$$
$$v_l = q_{1l} + q_{2l} + q_{3l} \quad (l = 1, 2)$$

では、$E(Z) = E(XY)$ を計算します。

$$\begin{aligned}
E(Z) &= E(XY) \\
&= (x_1 y_1) q_{11} + (x_2 y_1) q_{21} + (x_3 y_1) q_{31} \\
&\quad + (x_1 y_2) q_{12} + (x_2 y_2) q_{22} + (x_3 y_2) q_{32} \\
&= x_1 y_1 u_1 v_1 + x_2 y_1 u_2 v_1 + x_3 y_1 u_3 v_1 \\
&\quad + x_1 y_2 u_1 v_2 + x_2 y_2 u_2 v_2 + x_3 y_2 u_3 v_2 \\
&= x_1 u_1 y_1 v_1 + x_2 u_2 y_1 v_1 + x_3 u_3 y_1 v_1 \\
&\quad + x_1 u_1 y_2 v_2 + x_2 u_2 y_2 v_2 + x_3 u_3 y_2 v_2 \\
&= (x_1 u_1 + x_2 u_2 + x_3 u_3) y_1 v_1 + (x_1 u_1 + x_2 u_2 + x_3 u_3) y_2 v_2 \\
&= (x_1 u_1 + x_2 u_2 + x_3 u_3)(y_1 v_1 + y_2 v_2) \\
&= E(X) E(Y)
\end{aligned}$$

⑲より

$abcd = acbd$

因数分解

以上の計算で重要なのは⑲式が成り立つこと、すなわち**XとYが互いに独立であること**です。X と Y が独立でない場合は⑲式が成り立たないので $E(XY) = E(X)E(Y)$ であるとはいえません。

　XとYが独立である場合には、$x_1, x_2, x_3, \cdots, x_n$ のいずれかの値をとる確率変数 X と $y_1, y_2, y_3, \cdots, y_m$ のいずれかの値をとる確率変数 Y に対して、上と同じように計算すれば、やはり $E(XY) = E(X)E(Y)$ であることが導かれます。

確率変数 X, Y が互いに独立であるとき
$$E(XY) = E(X)E(Y) \quad \cdots ⑳$$

和の分散

ここまでにわかった以下の4つの「公式」を使って、**確率変数X、Yが独立であるとき**の「$X+Y$」の分散$V(X+Y)$を求めてみたいと思います。

$$\begin{cases} E(aX+b) = aE(X)+b & \cdots ③ \\ V(X) = E(X^2) - \{E(X)\}^2 & \cdots ⑥ \\ E(X+Y) = E(X)+E(Y) & \cdots ⑮ \\ E(XY) = E(X)E(Y) & \cdots ⑳ \ [X と Y が独立のときのみ] \end{cases}$$

⑥式より$V(X+Y)$は、

$$V(X+Y) = E((X+Y)^2) - \{E(X+Y)\}^2 \quad \cdots ㉑$$

で求められます。

式変形がやや複雑なので第1項と第2項に分けて計算していきます。

《第1項》
$E((X+Y)^2)$
$= E(X^2 + 2XY + Y^2)$
$= E(X^2) + E(2XY) + E(Y^2)$
$= E(X^2) + 2E(XY) + E(Y^2)$
$= E(X^2) + 2E(X)E(Y) + E(Y^2) \quad \cdots ㉒$

$(a+b)^2 = a^2 + 2ab + b^2$
⑱より$E(A+B+C) = E(A)+E(B)+E(C)$
③より$E(aX) = aE(X)$
⑳より$E(XY) = E(X)E(Y)$

《第2項》
$\{E(X+Y)\}^2$
$= \{E(X)+E(Y)\}^2$
$= \{E(X)\}^2 + 2E(X)E(Y) + \{E(Y)\}^2 \quad \cdots ㉓$

⑮より$E(X+Y) = E(X)+E(Y)$
$(a+b)^2 = a^2 + 2ab + b^2$

㉒と㉓を㉑に代入すると…

$$\begin{aligned}
V(X+Y) &= E((X+Y)^2) - \{E(X+Y)\}^2 \\
&= E(X^2) + 2E(X)E(Y) + E(Y^2) - [\{E(X)\}^2 + 2E(X)E(Y) + \{E(Y)\}^2] \\
&= E(X^2) + 2E(X)E(Y) + E(Y^2) - \{E(X)\}^2 - 2E(X)E(Y) - \{E(Y)\}^2 \\
&= E(X^2) - \{E(X)\}^2 + E(Y^2) - \{E(Y)\}^2 \\
&= V(X) + V(Y)
\end{aligned}$$

⑥より $V(X) = E(X^2) - \{E(X)\}^2$

以上より確率変数 X, Y が互いに独立であるとき、

$$\boxed{V(X+Y) = V(X) + V(Y)} \quad \cdots ㉔$$

であることがわかります。

> 注）この公式の証明には㉓式を使っていますので、X と Y が独立なときにのみ成立する式であることに注意しましょう。

㉔式の性質を繰り返し用いることによって、和の分散について一般に次式が成立します。

$$\boxed{\begin{array}{l}\text{確率変数 } X_1, X_2, X_3, \cdots, X_n \text{ が互いに独立であるとき} \\ V(X_1 + X_2 + X_3 + \cdots + X_n) = V(X_1) + V(X_2) + V(X_3) + \cdots + V(X_n)\end{array}} \quad \cdots ㉕$$

㉔式は単純な式に見えるのに、これを証明するためにはたくさんの「準備」が必要でしたね！

ただ（余談ですが）私は、このように多くのプロセスを経て結論に達したときこそ、そしてその結論がシンプルであればあるほど、「数学やっててよかったなあ」と感動します。拙書『大人のための数学勉強法』でも繰り返し書いた通り、数学ができるようになるコツはただ1つ、丸暗記をやめて結果よりもプロセスを見る眼を育てることです。

第4章　バラバラのデータを分析するための数学

二項分布

　ここまでは確率分布についての基本的な性質を理解するために簡単な分布だけを扱ってきましたが、今度はバラバラのデータ（離散型データ）の確率分布として、非常に重要な**二項分布**について学びたいと思います。

　まずは具体例で考えてみましょう。
　【練習4-5】と同じ設定を使います。AとBが3回戦まで勝負を行い、Aが1回の勝負に勝つ確率は $\frac{2}{3}$ です（引き分けはありません）。このような場合Aが勝つ回数は確率変数になりますね。ではその分布はどうなるでしょうか？
　Aが勝つ回数をXとすると、Xは0, 1, 2, 3のいずれかです。それぞれの確率を反復試行の確率（223頁）を使って求めていきましょう。

（ⅰ）$X=0$のとき⇒Aが3連敗。

$$_3C_0\left(\frac{2}{3}\right)^0\left(1-\frac{2}{3}\right)^3 = 1 \times 1 \times \frac{1}{27} = \frac{1}{27}$$

> 反復試行　$_nC_k p^k(1-p)^{n-k}$
>
> $_nC_0 = 1,\ p^0 = 1$

（ⅱ）$X=1$のとき⇒Aが1勝2敗。

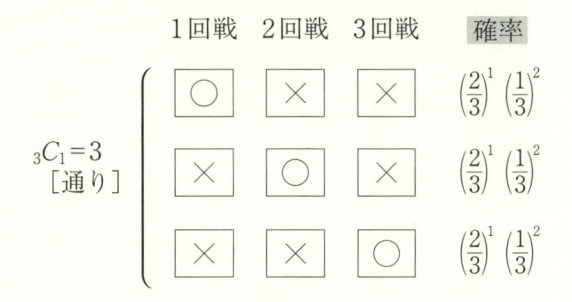

	1回戦	2回戦	3回戦	確率
$_3C_1=3$ [通り]	○	×	×	$\left(\frac{2}{3}\right)^1\left(\frac{1}{3}\right)^2$
	×	○	×	$\left(\frac{2}{3}\right)^1\left(\frac{1}{3}\right)^2$
	×	×	○	$\left(\frac{2}{3}\right)^1\left(\frac{1}{3}\right)^2$

285

$$ {}_3C_1\left(\frac{2}{3}\right)^1\left(1-\frac{2}{3}\right)^2 = 3 \times \frac{2}{3} \times \frac{1}{9} = \frac{6}{27} $$

(iii) $X = 2$ のとき ⇒ Aが2勝1敗。

$$ {}_3C_2\left(\frac{2}{3}\right)^2\left(1-\frac{2}{3}\right)^1 = 3 \times \frac{4}{9} \times \frac{1}{3} = \frac{12}{27} $$

(iv) $X = 3$ のとき ⇒ Aが3連勝。

$$ {}_3C_3\left(\frac{2}{3}\right)^3\left(1-\frac{2}{3}\right)^0 = 1 \times \frac{8}{27} \times 1 = \frac{8}{27} $$

Xの確率分布を表にまとめると以下の通り。

X	0	1	2	3
確率	$\frac{1}{27}$	$\frac{6}{27}$	$\frac{12}{27}$	$\frac{8}{27}$

これを二項係数（203頁）を使った計算式で書くと次のようになります。

X	0	1	2	3
確率	${}_3C_0\left(\frac{1}{3}\right)^3$	${}_3C_1\left(\frac{2}{3}\right)\left(\frac{1}{3}\right)^2$	${}_3C_2\left(\frac{2}{3}\right)^2\left(\frac{1}{3}\right)$	${}_3C_3\left(\frac{2}{3}\right)^3$

実はこれは**二項分布**の代表的な例です。
　一般に**成功確率がpの試行を独立にn回繰り返したときの成功回数Xの確率分布**を、**確率pに対する次数nの二項分布（Binomial Distribution）**といいます。
　このとき$X = k$ $(k = 0, 1, 2, \cdots n)$となる確率は、n回中k回は成功（確率p）し、$n-k$回は失敗（確率$1-p$）する反復試行の確率になりますから次の通り。

$$ {}_nC_k\, p^k(1-p)^{n-k} \quad (k = 0, 1, 2, \cdots\cdots, n) $$

> 注）先の例では引き分けは考えないので、結果は勝ちか負けしかありませんでした。一般に「成功か失敗」「勝ちか負け」「表か裏」のように結果が二者択一的になる試行のことを**ベルヌーイ試行（Bernoulli trial）**といいます。ベルヌーイ試行において一方の事象が起こる確率（成功確率ということが多いです）がわかっているとき、このベルヌーイ試行をn回繰り返したときにその事象が起こる回数（成功する回数）は二項分布に従います。

二項分布をまとめるとこうです。

二項分布

X	0	1	2	…	n
確率	$_nC_0(1-p)^n$	$_nC_1 p(1-p)^{n-1}$	$_nC_2 p^2(1-p)^{n-2}$	…	$_nC_n p^n$

[ただし、pは$0<p<1$を満たす定数]

この確率分布のことを確率pに対する次数nの二項分布といい、

$$B(n, p)$$

という記号で表す。

> 注）二項分布において$1-p=q$とすると$X=k$となる確率
>
> 「$_nC_k p^k(1-p)^{n-k}$」は、$(q+p)^n$の二項定理(204頁)
>
> $(q+p)^n = {_nC_0}q^n + {_nC_1}pq^{n-1} + {_nC_2}p^2q^{n-2} + \cdots\cdots + {_nC_k}p^k q^{n-k} + \cdots + {_nC_n}p^n$
>
> の一般項に一致します。これが「二項分布」という名前の由来です。$B(n, p)$のBは「二項」を表す英語 "Binomial" の頭文字です。

記号を使えば先ほどの二項分布

X	0	1	2	3
確率	$_3C_0\left(\dfrac{1}{3}\right)^3$	$_3C_1\left(\dfrac{2}{3}\right)\left(\dfrac{1}{3}\right)^2$	$_3C_2\left(\dfrac{2}{3}\right)^2\left(\dfrac{1}{3}\right)$	$_3C_3\left(\dfrac{2}{3}\right)^3$

は、$B\left(3, \dfrac{2}{3}\right)$と書けることになります。

二項分布に従う確率変数Xの期待値（平均）や分散や標準偏差は非常にシンプルで次のようになることがわかっています。

確率変数Xが二項分布$B(n, p)$に従うとき、Xの期待値（平均）と分散は次の通り。

期待値（平均） ： $E(X) = np$ …㉖

分散 ： $V(X) = np(1-p)$ …㉗

標準偏差 ： $s(X) = \sqrt{np(1-p)}$ …㉘

具体的な例で、これらが正しいことを確認しておきましょう。

$n=3$として、$B(3, p)$と表される次のような二項分布があるとします。

X	0	1	2	3
確率	${}_3C_0(1-p)^3$	${}_3C_1 p(1-p)^2$	${}_3C_2 p^2(1-p)$	${}_3C_3 p^3$

これは先の例（3回戦中Aが勝つ回数がX回）でAが勝つ確率をpとしたときの確率分布です。

ここでちょっと工夫をさせてください。Xとは別にAが1回戦、2回戦、3回戦のそれぞれに勝つ回数としてX_1、X_2、X_3という3つの新しい確率変数を用意します。1回の試合でAが勝つ回数は0回か1回なので（当たり前ですね）X_1、X_2、X_3のそれぞれがとり得る値は0か1しかありません。つまりX_i（$i = 1, 2, 3$）の確率分布はiによらず、

X_i	0	1
p	$1-p$	p

となります。

$X_i (i = 1, 2, 3)$の期待値（平均）と分散を求めておきます。

第4章　バラバラのデータを分析するための数学

$$E(X_i) = 0 \cdot (1-p) + 1 \cdot p = p$$
$$\begin{aligned}V(X_i) &= (0-p)^2 \cdot (1-p) + (1-p)^2 \cdot p \\ &= p^2(1-p) + (1-p)^2 p \\ &= p(1-p) \cdot p + p(1-p) \cdot (1-p) \\ &= p(1-p)\{p + (1-p)\} \\ &= p(1-p)\end{aligned}$$

$\boxed{V(X_i) = E((X_i - \bar{X})^2)}$

$\boxed{p + (1-p) = 1}$

以上より、

$$E(X_i) = p \quad (i=1,2,3) \quad \cdots ㉙$$
$$V(X_i) = p(1-p) \quad (i=1,2,3) \quad \cdots ㉚$$

であることがわかりました。ここで、

$$X = X_1 + X_2 + X_3$$

に注意するとXの期待値（平均）や分散の計算に⑱式と㉕式が使えます。

> 注）例えばAが第1試合と第3試合に勝って2勝する場合は、
>
> $X_1 = 1, X_2 = 0, X_3 = 1$
>
> の場合に相当し、次のようになります。
>
> $X = X_1 + X_2 + X_3 = 1 + 0 + 1 = 2$

⑱式より、

$$E(X_1 + X_2 + X_3 + \cdots + X_n) = E(X_1) + E(X_2) + E(X_3) + \cdots + E(X_n)$$

なので、

$$\begin{aligned}E(X) &= E(X_1 + X_2 + X_3) \\ &= E(X_1) + E(X_2) + E(X_3) \\ &= p + p + p \\ &= 3p\end{aligned}$$

$\boxed{㉙より}$

また各試行が互いに独立なのは二項分布の前提なので㉕式より、

$$V(X_1 + X_2 + X_3 + \cdots + X_n) = V(X_1) + V(X_2) + V(X_3) + \cdots + V(X_n)$$

> 注）例えば今の場合、Aが各試合に勝つかどうかは他の試合の影響を受けませんね。←1試合目に勝つと2試合目以降には余裕が生まれるだろう……という話は横に置いておいてください。(^_-)-☆

これを使って

$$\begin{aligned} V(X) &= V(X_1 + X_2 + X_3) \\ &= V(X_1) + V(X_2) + V(X_3) \\ &= p(1-p) + p(1-p) + p(1-p) \\ &= 3p(1-p) \end{aligned}$$

㉚より

もちろん標準偏差は、

$$s(X) = \sqrt{V(X)} = \sqrt{3p(1-p)}$$

となります。

以上は㉖～㉘式の $n = 3$ の場合になっていますね！
もちろん X_i の i に「$i = 1, 2, 3, \cdots n$」を考えれば、上とまったく同様にして㉖～㉘式を導くことができます。

お疲れ様でした!!
最後に学んだ二項分布の n を限りなく大きくしていくと、連続型データの分布としてもっとも重要な正規分布に繋がっていきます。次章ではこれをしっかり理解してもらうために、極限と微分積分について（概論ではありますが）お話ししたいと思います。
さあ、いよいよ本書の仕上げですよ！

第5章

連続するデータを分析するための数学

第5章のはじめに

前章の最後（287頁）に出てきた二項分布の$B\left(3, \dfrac{2}{3}\right)$を（Excelを使って）グラフに書いてみると次のようになります。

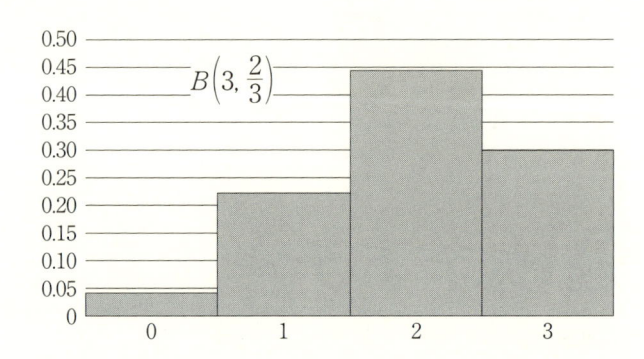

ここで試しに$B\left(n, \dfrac{2}{3}\right)$の$n$に30を代入したグラフも書いてみると……。

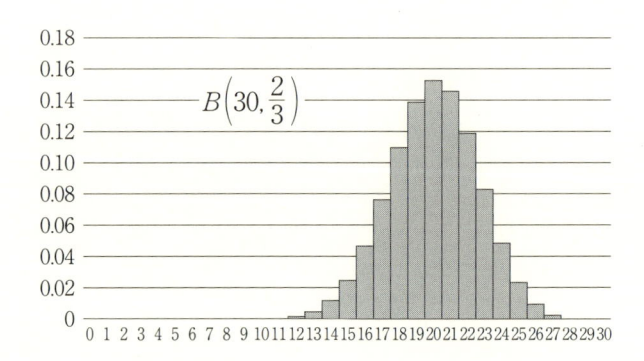

次は100を代入したグラフです。

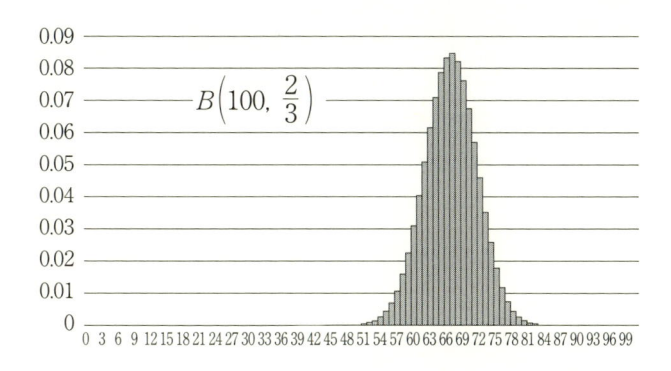

第 5 章　連続するデータを分析するための数学

二項分布のグラフは n を大きくするとだんだん下のグラフのような滑らかな曲線に近づいてくるのがわかると思います。

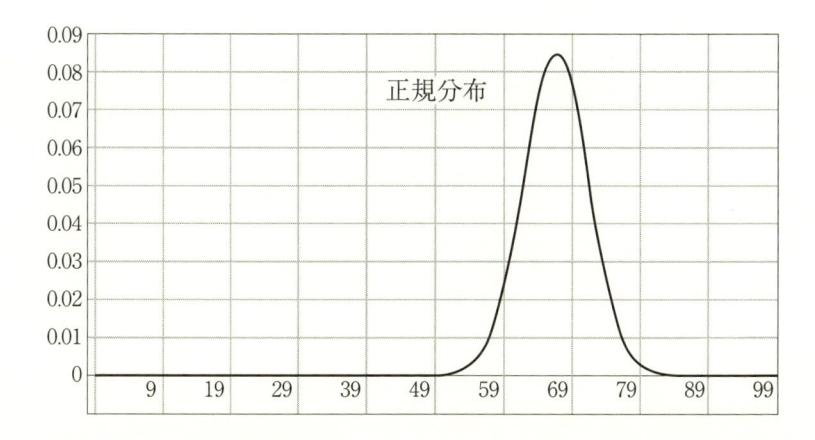

　実はこの曲線こそ、連続するデータの分布では最も重要な**正規分布**です。
　この章では生物の身長や時刻のような**連続型のデータ**を統計的に扱う手法を学ぶわけですが、それはまったく新しい手法というわけではありません。バラバラのデータ（離散型データ）の数が限りなく大きくなったときのいわゆる**極限**を考えることで前章で学んだことの多くを応用していきます。

また本章では微分にはほとんど触れずに**積分の概念だけを学びます**。実際に積分の計算ができるようになるためには微分を学ぶことが必要ですが、統計の場合重要な積分の計算は先人の手によって行われています。私たちはありがたくその結果を利用することにしましょう。

　本章でも、全体のフローチャートを示しておきます。

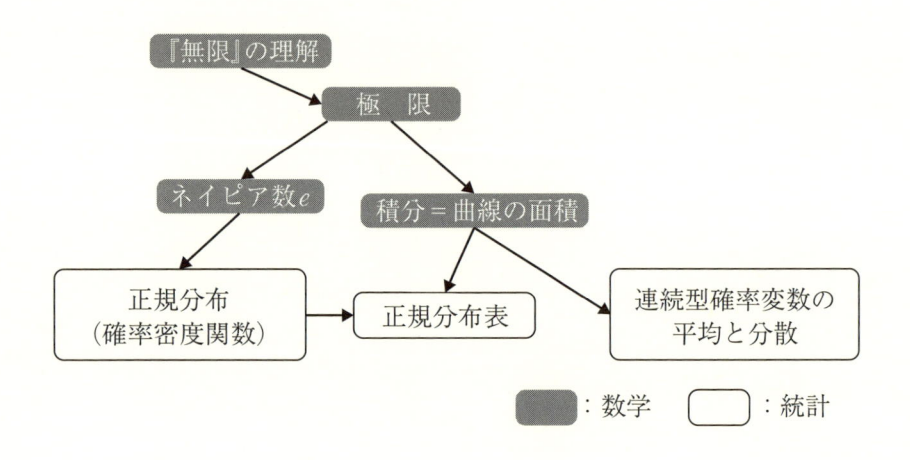

```
          『無限』の理解
                ↓
              極　限
              ↙   ↘
        ネイピア数 e   積分＝曲線の面積
            ↓        ↙        ↘
        正規分布  →  正規分布表   連続型確率変数の
       （確率密度関数）              平均と分散
```

■：数学　　□：統計

　第3章や第4章ほど混み入ってないのでご安心ください。(^_-)-☆
　この章では**正規分布**を表す確率密度関数に顔を出す「ネイピア数（自然対数の底）e」を理解すること、それに積分という計算手法によって曲線で囲まれた図形の面積が求められることを理解したうえで、第4章の離散型確率変数の極限から**連続型確率変数の平均と分散**を直感的に導くことが目標です。

「無限」の理解

先日、Twitterでフォロワーさんから「このクイズについて教えてください！」というメンションが飛んできました。フォロワーさんが疑問を持ったクイズは次のとおり。

クイズ）「2.999…」が表す職業はなんでしょうか？
　答え）保母さん
　理由）「2.999…」は「ほぼ3」だから。

これに対してフォロワーさんは以下のように考えたそうです。

$$x = 2.999\cdots$$

とする。これを10倍すると、

$$10x = 29.999\cdots$$

両方の差をとって、

$$\begin{array}{r} 10x = 29.999\cdots \\ -x = 2.999\cdots \\ \hline 9x = 27 \end{array}$$

$$\therefore \quad x = \frac{27}{9}$$
$$= 3$$

よって、

$$x = 2.999\cdots = 3$$

以上より「2.999…」は「ほぼ3」ではなく、「完璧に3」なのではないか？　というのがフォロワーさんの疑問です。

フォロワーさんは学生さん（学年は不詳）で学校の先生の話を元に自己流で考えた、ということでした。素晴らしいです。＼(^o^)／

数学というのは与えられた問題を与えられた解法に従って解くだけでは決してできるようになりません。このフォロワーさんのように自ら疑問を持ち、自分の手と頭を使って考えることで初めて「数学脳」が育ちます。しかも上の疑問は「極限」というものの本質に関する疑問でもありますから、とても意味のある良い質問です。

と……前置きはこれくらいにして、質問に答えていきますね。(^_-)-☆

0.999…＝1 or 0.999…≒1 ？

2.999…のように小数点以下に同じ数字が永遠に繰り返される数を循環小数といいます。循環小数は数Ⅰの「実数」という単元の中で学ぶ内容で、フォロワーさんの考え方は循環小数の値を求める典型的な解法です。

とはいえ、なんだか騙されたような気がしますよね。かくいう私も最初にこの解き方を習ったときはそうでした。でも決して騙しているわけではありません。正真正銘、2.9999…は「ほぼ3」ではなく「完璧に3」です。

もう少し詳しく説明します。(^_-)-☆

2.999…は、

$$2.999\cdots = 2 + 0.999\cdots$$

と分解できることから、「2.9999…は完璧に3である」と「0.9999…は完璧に1である」は同じ意味になります。

$$0.999\cdots = 1$$

です。ここで、

「いやあ、"厳密には" 0.9999…は1よりちょっと小さいでしょ？」
と思う気持ちはよ〜くわかります。実際に、

第 5 章　連続するデータを分析するための数学

$$0.9 < 1$$
$$0.99 < 1$$
$$0.999 < 1$$
$$0.99\cdots9 < 1$$

ですから。ところで今、「あれ？」と思った人は鋭いです。そうです。

$$0.99\cdots9 < 1$$

なのに、

$$0.999\cdots = 1$$

です。この2つはとても似ていますが実は「…」の意味が違います。
　「0.99…9」の「…」は「書ききれないほどのたくさんの9（でも書こうと思えば書ける）」という意味であるのに対し、「0.999…」の「…」は「限りなく9が続く（どんなに頑張っても書ききれない）」という意味です。
　別の言い方をすれば、
「0.99…9」の「…」は有限の9を
「0.999…」の「…」は無限の9を
表しているということになります。紛らわしいですね。同じ「…」を使っているのに意味が違うなんて！
　結局、0のあと小数点以下に9が有限個続く数は（たとえそれがどんなにたくさん並んでも）1より小さくなりますが、0のあと小数点以下に9が無限に続く数は1に等しくなるのです！
　……と言われて、
　「ああ、ナルホド！(o・。・o)」
と思えた人は「無限」を正しく理解しています。この後の数頁は読み飛ばしてもらってかまいません。一方、
　「え？　そうなの(・・???)」
と頭の中が「？」でいっぱいになっているあなた！　あなたは高校生のときの私と同じです。当時は私も無限を正しく理解していませんでした。

無限とは

そもそも「無限」とは何でしょう？ 多くの人が「限りが無いことでしょ」と直感的に「理解」しています。そして無限大（∞）といえばどんな数よりも大きい数（あるいはとっても大きな数）のことだと漠然と思っているでしょう。でもこういう印象だけでは「0.999…＝1」を理解することはできません。

実は無限を厳密に扱うことは非常に難しい問題を含んでいます。余談ですがかの大数学者ガウスは無限を厳密に定義することの困難にいち早く気付き、

「無限というものを何か完結したものとして扱うのは反対です。それは数学では決して許されません。あくまで『無限に大きくしていく』というプロセスとして使うのです」

と語ったそうです。

> 注）19世紀にカントールは無限そのものを捉えるために集合論を考えだし、ワイエルシュトラスは無限小や無限大という概念を出さずに収束や連続を議論できるようにいわゆる「ε-δ（イプシロン-デルタ）論法」を完成させました。

本音をいえば無限の話に下手に手を出すと、痛い目（？）にあいそうなのであまり触れたくないところなのですが(^_^;)、誤解を恐れずに書けば無限大というのは下の図のようなイメージです。

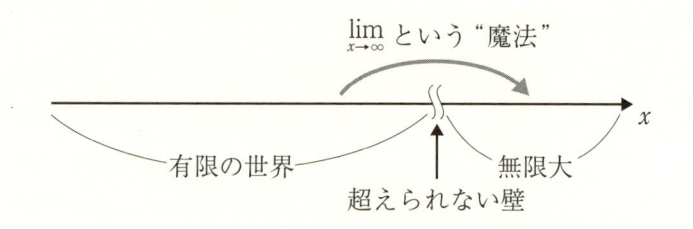

$\lim\limits_{x \to \infty}$ という"魔法"

有限の世界 ／ 超えられない壁 ／ 無限大 ／ x

有限の数をどんなに大きくしても無限大にはならないということに注意

してください。例えば1兆の1兆乗は名前もないような、とてつもなく大きな数になります。でもそれは無限大ではありません（宇宙の大きさだって無限大ではありません）。なぜなら有限の世界と無限大は繋がっていないからです。この2つの間には「超えられない壁」があります。

そして、この壁を超える魔法のような道具が「極限（limit）」です。「x を（有限の壁を超えて）限りなく大きくする」ことを、

$$\lim_{x \to \infty}$$

という記号を使って表します。

極限

突然ですが、ここで一般項が、

$$a_x = 1 - \frac{1}{x}$$

で表される数列を考えることにします。x に 2, 4, 8, 16 … と代入していくと、

$$x = 2 \quad : \quad a_2 = 1 - \frac{1}{2} = 1 - 0.5 = 0.5$$

$$x = 4 \quad : \quad a_4 = 1 - \frac{1}{4} = 1 - 0.25 = 0.75$$

$$x = 8 \quad : \quad a_8 = 1 - \frac{1}{8} = 1 - 0.125 = 0.875$$

$$x = 16 \quad : \quad a_{16} = 1 - \frac{1}{16} = 1 - 0.0625 = 0.9375$$

ですね。表にまとめます。

x	2	4	8	16	…
a_x	0.5	0.75	0.875	0.9375	…

これをグラフに書いてみましょう（視認性を考えて縦軸の目盛幅は拡大しています）。

一見してわかる通り、a_x は、

$$y = 1 - \frac{1}{x}$$

上にあって、x を大きくしていくと a_x（$=y$）は明らかに 1 に近づいていきます。

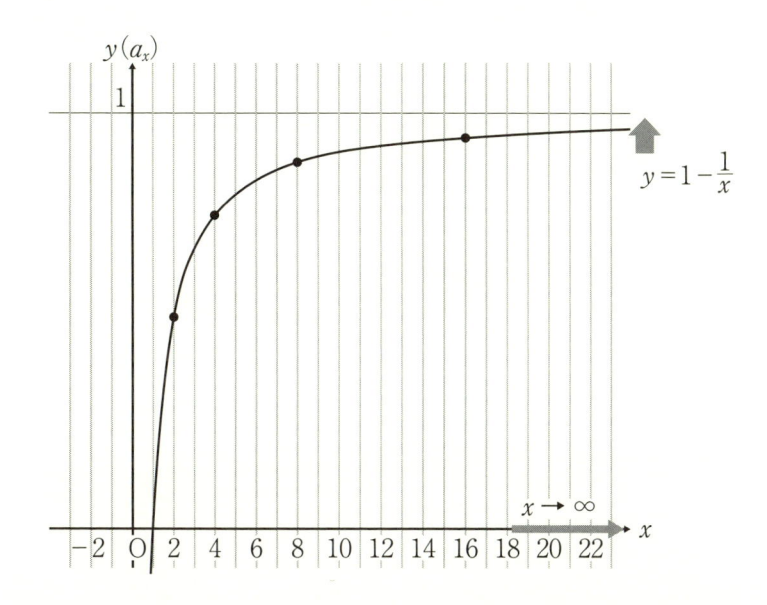

第5章　連続するデータを分析するための数学

非常に大きな数をxに代入すると$\frac{1}{x}$はほぼ0なので当たり前といえば当たり前です。(^_^;)

ただし、どんなにxを大きくしても$\frac{1}{x}$が完全に0になることはありません。つまり、十分大きなxに対して、

$$\frac{1}{x} \fallingdotseq 0$$

ではありますが、

$$\frac{1}{x} = 0$$

ではないのです。

xを限りなく大きくしていくと$\frac{1}{x}$が限りなく「0」に近づくことは明らかなのに、式の上では「だいたい0」としか表現できないのは何とも歯痒い話です。

そこで新しい表現方法を導入します。それが極限（limit）です！

> **極限**
> 「xを限りなく大きくすると、関数$f(x)$の値が定数pに限りなく近づく」ことを、
> $$\lim_{x \to \infty} f(x) = p$$
> と表現する。
> またこのときのpを$f(x)$の極限値という。

この表現を使えば、

$$f(x) = 1 - \frac{1}{x}$$

のときに次のようになります。

$$\lim_{x \to \infty} f(x) = \lim_{x \to \infty} \left(1 - \frac{1}{x}\right) = 1$$

くどいようですが、上記の$f(x)$が1になることは絶対にありません。「$\lim_{x \to \infty} f(x) = 1$」という表現は全体で「$x$を限りなく大きくしていくと$f(x)$は限りなく1に近づく」という意味の数式表現であって、断じて「xを大きくしていくと$f(x)$はいつか1になる」という意味ではありません。

例えば1kgのケーキをx人で分けることを考えてみましょう。xが大きくなれば（分ける人数が増えれば）、1人あたりのケーキの量は当然少なくなります。どんなに人数が増えても1人あたりのケーキの量が0gになることはありませんが、xを限りなく大きくすると、1人あたりのケーキの量が（0.1gでも−1gでもなく）0gに限りなく近づいていくことは明白です。これを、極限を使って表せば、

$$\lim_{x \to \infty} (x人で分けた1人あたりのケーキの量) = 0 \quad [\text{g}]$$

となります。

極限が使えるのは「$x \to \infty$」のときだけではありません。

一般に「x を限りなく定数 a に近づけると関数 $f(x)$ の値が定数 p に限りなく近づく」ことは、

$$\lim_{x \to a} f(x) = p$$

と表します。

これをあてはめて、1kgのケーキを x 人で分けるとき、x が「5→6→7→8→9…」と「10」に近づく場合のことを考えてみましょう。1人あたりのケーキの量は「200g→約167g→約143g→125g→約111g…」と「100g」に近づきますね（当たり前です）。このようなときにも極限は使えて、

$$\lim_{x \to 10} (x 人で分けた1人あたりのケーキの量) = 100 \quad [g]$$

のように書くことができます。

数学的には、

$$\lim_{x \to \infty}\left(1 - \frac{1}{x}\right) = 1$$

も、

$$\lim_{x \to 1}\left(1 - \frac{1}{x}\right) = 0$$

も正しい表現です。

　極限の解釈における混乱は、「$\lim_{x \to a} f(x) = p$」の「＝」を小学校以来使っている「$2 + 3 = 5$」の「＝」と同じように見てしまうことにあります。

　繰り返しますが、「$\lim_{x \to a} f(x) = p$」は全体で「xを限りなくaに近づけると、$f(x)$は限りなくpに近づく」という事実を表す表現です。その表現の一部にたまたま「$2 + 3 = 5$」の「＝」と同じ記号が使われているに過ぎないと考えましょう。

　「$\lim_{x \to a} f(x) = p$」とは「$x \to a$ のとき、$f(x) \to p$」を意味するのであって、「$x = a$のとき、$f(x) = p$」を意味するわけではありません。

ではここで謎かけを1つ。
「極限とかけて受験勉強における合格と解く。その心は？」
「近づくことは明らかであるが、到達できるかどうかはわからない」
(^_-)-☆

<mark>極限というのは、実際にその値になることがあるかどうかにかかわらず、限りなく近づく値がはっきりしていることを表すための表現である</mark>ことを心に留めておいてください。

例題5-1

循環小数0.999…について、
$$0.999\cdots = 1$$
となることを、極限を用いて説明しなさい。

【解説】

$$0.999\cdots = 0.9 + 0.09 + 0.009 + \cdots$$

と考えると、右辺は初項が0.9、公比が0.1で、項数は∞（小数点以下が永遠に続く）の等比数列の和になっています。等比数列の和の公式（234頁）より、

$$0.999\cdots = \frac{0.9(1-0.1^\infty)}{1-0.1}$$
$$= \frac{0.9(1-0.1^\infty)}{0.9}$$
$$= 1 - 0.1^\infty$$

等比数列の和の公式
$$S_n = \frac{a_1(1-r^n)}{1-r}$$

ですね。ただし「0.1^∞」という書き方は数学では許されていません。こう書くと「∞」が数のように見えてしまうからです。ガウスも言っているよ

うに∞を「完結したもの」=「定まった数」のように考えるのはやめましょう。あくまで∞は「x→∞」のように「超えられない壁」を超えて限りなく大きくするという動的なイメージの中で扱うべきものだからです。すなわち「0.1^∞」は、

$$\lim_{n\to\infty} 0.1^n$$

と書くべきです。

　結局 0.999… は次のように書くことができます。

$$0.999\cdots = 1 - \lim_{n\to\infty} 0.1^n$$

0.1を何回も掛け合わせるとどんどん小さくなります。すなわち「nを限りなく大きくすると0.1^nが限りなく0に近づく」ことは明らかです。これを数式で表すと次の通り。

$$\lim_{n\to\infty} 0.1^n = 0$$

以上より、

$$0.999\cdots = 1 - \lim_{n\to\infty} 0.1^n = 1 - 0 = 1$$

というわけです。

　おわかりいただけたでしょうか？
　結局のところ「0.999…=1」は「0の後小数点以下に9を限りなく続けていくと1に限りなく近づく」ということを表している極限の（稚拙な）表現なのです。ただ先ほども書きました通り「…」が「たくさんの（しかし有限個の）9が続く」ことを表す場合もあるので、大いに紛らわしく、しばしば誤解を生んでしまいます。

　さて、この先はいよいよ「ネイピア数（自然対数の底）e」の説明に入ります。これまで統計の本を読んで、標準正規分布を表す

$$f(x) = \frac{1}{\sqrt{2\pi}} e^{-\frac{x^2}{2}}$$

という数式に出会い、

「だいたいこのeって何よ？」

と思ったことはありませんか？　実はこのeは、統計はもちろん、数学全体いや科学全体においても非常に重要な定数です。そしてその定義には極限が登場します。

ネイピア数 e

ネイピア数 e の定義に入る前に、一般項が次式で表される数列を考えてみましょう。

$$b_n = \left(1 + \frac{1}{n}\right)^n$$

「$1 + \frac{1}{n}$」の部分は n が大きくなればなるほど「1」に近づきますが、b_n はその数を n 乗した数です。つまり n を限りなく大きくすると、b_n は「限りなく 1 に近い数を限りなく何回も掛け合わせた数」になります。すると、b_n はやがて何かの値に近づきそうだということが、直感できるでしょうか？ (^_^;)

もちろん「そんな風には思えない」という意見があるのももっともです。実際にやってみましょう。下の表は n に 10, 100, 1000, 10000, … と代入して（電卓で）値を計算した結果です。

n	10	100	1000	10000	100000	…
b_n	2.59374…	2.70481…	2.71692…	2.71814…	2.71826…	…

どうやら $n \to \infty$ のとき b_n はある一定の値（2.718…）に近づくようですね。実は n を限りなく大きくすると上式の b_n はある定数に限りなく近づくことがわかっています（先人が調べてくれました）。この定数を e で表すことにすると、

$$\lim_{n \to \infty} b_n = \lim_{n \to \infty} \left(1 + \frac{1}{n}\right)^n = e$$

です。

e を **ネイピア数**（Napier's constant）あるいは **自然対数の底** といいます。

e は円周率 π や $\sqrt{5}$ などと同じく分数で表すことができない数（無理数）で、その値は、

$$2.71828182845904523536\cdots$$

であることが知られています。

> **ネイピア数（自然対数の底）e**
> 次の極限で定義される定数 e をネイピア数あるいは自然対数の底という。
> $$\lim_{n \to \infty} \left(1 + \frac{1}{n}\right)^n = e$$

　この先は余談です（気楽に読み飛ばしてください）。e は後ほど出てくる正規分布だけでなく、自然科学のありとあらゆる場面に顔を出します。なぜでしょうか？

　実は、驚くべきことにこの e を底とする指数関数「e^x」は微分をしても形が変わりません。つまり「e^x」を微分して得られる関数（導関数）は同じく「e^x」ですし、積分は微分の逆演算なので「e^x」を積分して得られる関数（原始関数）もやはり「e^x」です。

　一方、世の中の多くの現象は微分方程式で表されます。平たくいえば（平たくしすぎですが）、自然界の現象を解明しようとするとき、我々はたいていいろいろな関数を微分したり積分したりして微分方程式を立て、それを積分して「解」を求めます。その計算の途中、他の関数は微分したり積分したりする毎に形を変えるのに、「e^x」だけは何度微分しても、何度積分しても同じ形のまま残り続けます。

　これが自然界の現象を解き明かした「解」やその方程式の多くに「e」が含まれる理由です。

　他にも「$y = e^x$」で表される指数関数の $x = 0$ における接線の傾きは「1」になったり（325頁【練習5-2】）、x が0に近いときは「e^x」は「$1 + x$」という非常にシンプルな1次関数で近似できたり、階乗を使って

$$e = \sum_{n=0}^{\infty} \frac{1}{n!} = 1 + \frac{1}{1!} + \frac{1}{2!} + \frac{1}{3!} + \cdots\cdots + \frac{1}{n!} + \cdots\cdots$$

という美しい式で定義ができたり……、とにかくeは不思議で特別な数なのです。そういう意味では**ネイピア数eは円周率πと双璧をなす大変重要な数学定数**であり、神が与えたもうた数であるといっても過言ではありません。(^_-)-☆

ネイピア数の記号eはその本質を初めて明らかにした、かの有名なレオンハルト・オイラー（Leonhard Euler：1707〜1783）の頭文字に由来しています。

注）オイラーの公式（眺めるだけで十分です(^_-)-☆）

$$e^{i\theta} = \cos\theta + i\sin\theta$$

は「人類史上最も美しい数式」といわれていて、かの物理学者ファインマンは「我々の至宝」と呼びました。
オイラーの公式のθに円周率πを代入すると、

$$e^{i\pi} + 1 = 0$$

と変形することができるのですが、これはe（ネイピア数）とi（虚数単位）とπ（円周率）と1（乗法の単位元）と0（加法の単位元）という数学の根幹を成す非常に重要な数どうしの関係を表しています。

例題5-2 次の極限をネイピア数eを用いて表しなさい。

$$\lim_{h \to 0}(1+2h)^{\frac{1}{h}}$$

【解説】

eの定義式は、

$$\lim_{n \to \infty}\left(1 + \frac{1}{n}\right)^n = e$$

でしたね。ポイントは「$n \to \infty$」であることと、3箇所のグレー部分が同

じ「n」であることです。与えられた式をこれに近づけていきます。

まず、

$$h = \frac{1}{n}$$

としましょう。こうすれば「$n \to \infty$」のとき「$h \to 0$」であることは明らかなので、「$n \to \infty$」と「$h \to 0$」は同じこと（同値）です。3箇所のグレー部分を同じ「$\frac{n}{2}$」にするために次のように変形していきます。「$n \to \infty$」のとき「$\frac{n}{2} \to \infty$」であることに注意すると、

$$\lim_{h \to 0}(1+2h)^{\frac{1}{h}} = \lim_{n \to \infty}\left(1+\frac{2}{n}\right)^n$$

$$= \lim_{\frac{n}{2} \to \infty}\left\{1+\frac{1}{\left(\frac{n}{2}\right)}\right\}^{\frac{n}{2} \cdot 2}$$

$$= e^2$$

$$2h = 2 \cdot \frac{1}{n} = \frac{2}{n}$$

$n \to \infty$ ならば $\frac{n}{2} \to \infty$

$$\frac{2}{n} = 1 \times \frac{2}{n} = 1 \div \frac{n}{2} = \frac{1}{\left(\frac{n}{2}\right)}$$

$$n = \frac{n}{2} \cdot 2$$

と求められます。＼(^o^)／

　正規分布の確率密度関数に顔を出すネイピア数 e についての理解が進んだところで、いよいよ連続型確率変数の平均と分散を理解するために、積分の話に移ります。

　このあとが本章のメインディッシュです。(^_-)-☆

積分

　「積分」は英語では"integration"といいます。"integrate"が「統合する」とか「まとめる」などの意味を持つことからもわかるように、積分の本質は細かく分けたものをまとめて積み上げる（足し合わせる）ことにあります。

　そもそも積分の歴史はいつから始まったかをご存知ですか？　微分と積分をまとめていうときにはふつう「微分積分」や「微積」といいますね。それに高校でも「微分→積分」の順に習いますから、漠然と微分が先に発明されて、その後積分が考えだされたと思っている人が多いのではないでしょうか？

　しかし実際は積分のほうがうんと長い歴史を持っています。微分がその産声を上げたのは12世紀ですが、積分はなんと紀元前1800年頃にその端緒を見ることができます。積分がなぜこんなにも早く生まれたかといいますと、それはずばり面積を求めることが生活に必要だったからです。

　面積を求めることが生きていくうえで切実な問題になるのはやはり土地に関することだったのだろうと思います。面積を知りたい土地の形が三角形や四角形や五角形などのいわゆる多角形であれば、内部をいくつかの三角形に分けることで面積を求められます。でも中には下の図のような曲線で囲まれた土地の面積を求めなければならないケースもあったはずです。こんなとき人々はどのように考えたのでしょうか？

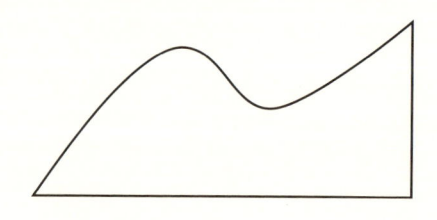

第 5 章　連続するデータを分析するための数学

　結論からいうと、**積分というのは、下の図のように図形の面積を小さな長方形（や三角形）の面積の和として計算する技法**です。

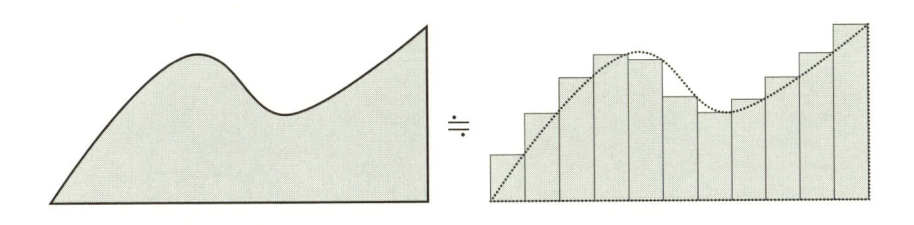

　ちなみに最初に今日の積分に繋がる求積法（面積を求める方法）を考えたのはあの**アルキメデス（BC287〜BC212）**です。

アルキメデスの求積法

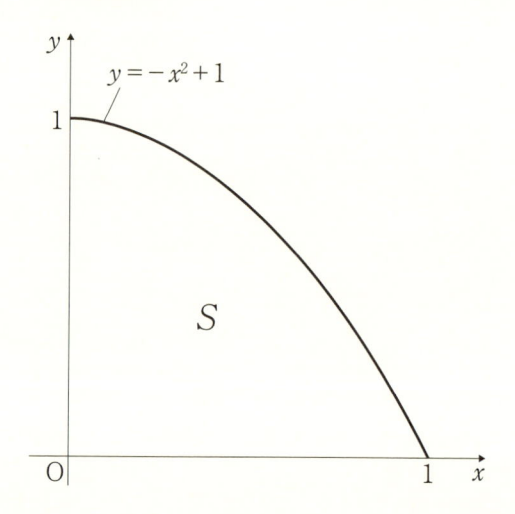

アルキメデスは上図のような放物線（$y = -x^2 + 1$）と直線で囲まれた図形の面積（Sとします）を求めるために、放物線の内部をどんどん三角形で埋め尽くすことを考えました（このような考え方を「取り尽くし法」といいます）。

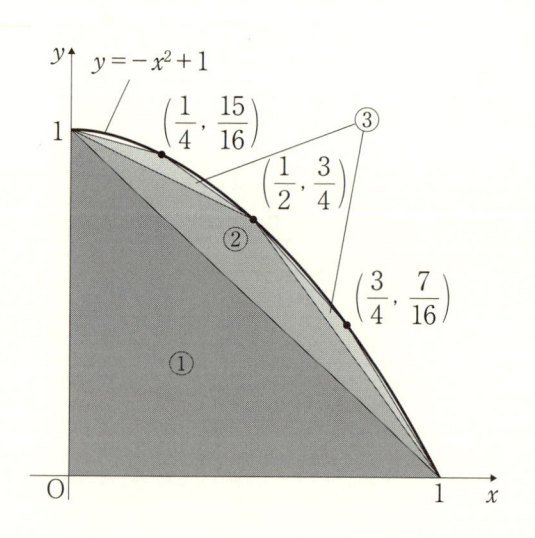

計算過程は省略しますが（余力のある方はぜひチャレンジしてください！）、①〜③の三角形の面積は以下のようになります。

$$① = \frac{1}{2} 、 ② = \frac{1}{8} 、 ③(2つ分) = \frac{1}{32}$$

以上より、

$$S = ① + ② + ③ + \cdots$$
$$= \frac{1}{2} + \frac{1}{8} + \frac{1}{32} + \cdots$$

アルキメデスはこれが初項「$\frac{1}{2}$」、公比「$\frac{1}{4}$」の等比数列が無限に続く「等比数列の和」になっていることに気づきました。前述の極限の表現を使えばこうです。

$$S = \frac{1}{2} + \frac{1}{8} + \frac{1}{32} + \cdots$$
$$= \lim_{n \to \infty} \frac{\frac{1}{2}\left\{1 - \left(\frac{1}{4}\right)^n\right\}}{1 - \frac{1}{4}}$$

等比数列の和の公式
$$S_n = \frac{a_1(1 - r^n)}{1 - r}$$

ここで$\left(\frac{1}{4}\right)$を限りなく掛け合わせると0に限りなく近づくことは明らかなので、

$$\lim_{n \to \infty} \left(\frac{1}{4}\right)^n = 0$$

よって、

$$S = \lim_{n \to \infty} \frac{\frac{1}{2}\left\{1 - \left(\frac{1}{4}\right)^n\right\}}{1 - \frac{1}{4}} = \frac{\frac{1}{2}(1 - 0)}{\frac{3}{4}} = \frac{2}{3}$$

こうしてアルキメデスは放物線と直線で囲まれた面積を「$\frac{2}{3}$」と結論づけました。驚くべきはアルキメデスがこれを計算した当時は「極限」とい

う概念が生まれるずーっと前だったということです。人類の誇る大天才はやはり伊達じゃありません！＼(◎o◎)／

いずれにしても、アルキメデスは放物線という曲線で囲まれた図形の面積を小さな三角形の面積を無限に足し合わせることで求めることに成功しています。これは立派な積分です。

積分の記号と意味

積分とは求めたい図形の面積を小さな面積の和として求める技法であることをわかってもらったところで、積分記号とその意味をご紹介したいと思います。

先ほどの曲線で囲まれた土地に戻りましょう。土地を座標軸に乗せます。土地の曲線を表すグラフの式は $y=f(x)\,[a\leqq x\leqq b]$ だとします。

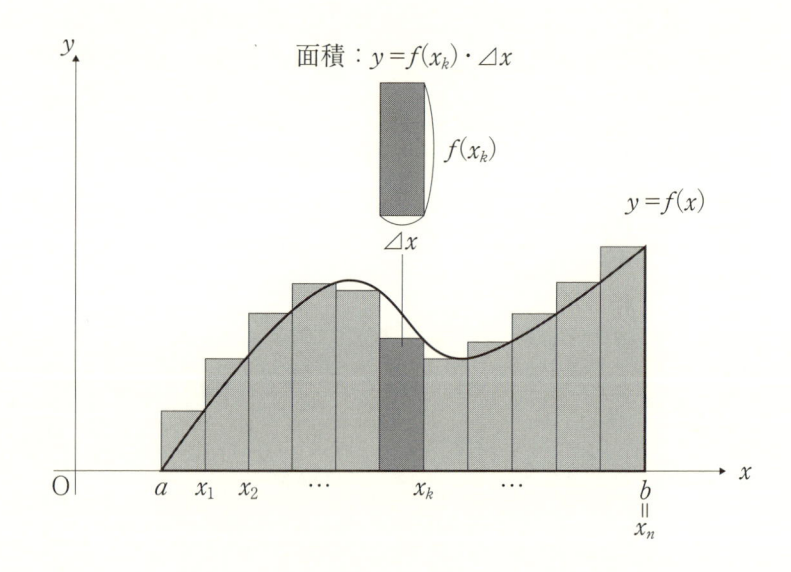

面積：$y=f(x_k)\cdot \varDelta x$

$x=a$ から $x=b$ までを n 個の長方形で埋め尽くします。長方形の横幅はどれも $\varDelta x$ (デルタ) であると思ってください。

> 注)「⊿（デルタ）」は「差」を表す"difference"の頭文字dに相当するギリシャ文字です。数学や物理では有限の差を表す際によく用いられます。

まずは左からk番目の長方形（色の濃い長方形）の面積を求めましょう。この長方形の右下はx_kで曲線は$y = f(x)$なので長方形の縦の長さは$f(x_k)$になりますね。よってk番目の長方形の面積は、

$$f(x_k) \cdot \Delta x$$

です。求めたい土地の面積は、n個の長方形の面積の和にほぼ等しいはずなので次のように書くことができます。

$$面積 ≒ f(x_1)\Delta x + f(x_2)\Delta x + \cdots + f(x_k)\Delta x + \cdots + f(x_n)\Delta x$$

なんだか長ったらしい式ですが、前章で学んだ**Σ記号（238頁）を使えば右辺をスッキリと書くことができます。**(^_-)-☆

$$面積 ≒ \sum_{k=1}^{n} f(x_k)\Delta x$$

ただ、これではまだ誤差があります。誤差をできるだけ小さくするためにはどうしたらよいでしょうか？　そうですね。nを大きくすれば誤差は小さくなるはずです。

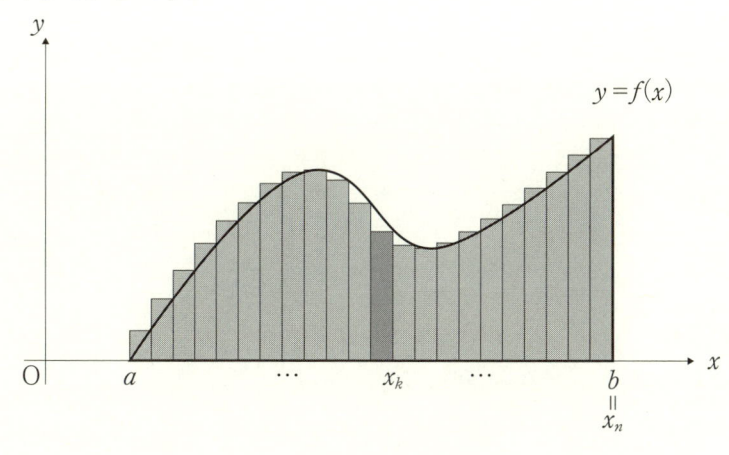

例えば317頁の下の図のように細い長方形で埋め尽くせば（nを大きくすれば）、さっきよりは誤差が小さくなることは間違いありません。ということは……はい！
（勘の良い方はお気づきだと思いますが）<u>nを限りなく大きくすれば長方形の面積の和は正しい土地の面積に限りなく近づきます！</u>　さあ、極限の出番ですよ!!

$$面積 = \lim_{n \to \infty} \sum_{k=1}^{n} f(x_k) \varDelta x \quad \cdots ☆$$

というわけなんですっ!!!
あーなんだか書きながら自分で興奮してしまいました（汗）。ちょっと落ち着きましょう……ヾ(￣∇￣*)

求積法としての積分の本質は☆式にすべて含まれています。ただ面積を表す際に毎度「lim」と「Σ」を使うのは少々面倒です。そこで便利な記号が発明されました。有名な（?）「∫（インテグラル）」です。

∫を使うと☆式は次のように表されます。

$$面積 = \lim_{n \to \infty} \sum_{k=1}^{n} f(x_k) \varDelta x = \int_{a}^{b} f(x)\,dx$$

（b ← 右端の値、a ← 左端の値）

「∫」はΣを上下に引き伸ばした記号だと思ってください。また「dx」はnを限りなく大きくしたとき「$\varDelta x$」が限りなく近づく値（$\varDelta x$の極限値）を表します。

> 永野より
> 極限を介したΣと∫の関係、$\varDelta x$とdxの関係が、あとで連続型確率変数の直感的な理解に役立ちます。

$$\sum \;\updownarrow\; \rightarrow \int \;,\; \lim_{n\to\infty} \triangle x = dx$$

$\int$ の下に書く「a」は（図形をn個の長方形に分けたときの）1番めの長方形の左下の値すなわち面積を求めたい図形の左端の値を表し、$\int$ の上に書く「b」はn番目の長方形の右下の値すなわち面積を求めたい図形の右端の値を表しています。

以下は（また）余談です。m(_ _)m

$\int$ やdxの記号を考えたのはニュートンと並んで微積分の父と呼ばれるゴットフリート・ヴィルヘルム・ライプニッツ（1646～1716）です。
　ライプニッツは非常に多才な人で、数学のみならず法律学、歴史学、文学、哲学等の各分野で歴史に名を残すほどの目覚ましい業績をあげていますが、彼の最も偉大な業績はさまざまな「記号」を発明したことにあります。
　ライプニッツは今でいう記号論理学（symbolic logic）の始祖であるといわれ、記号を使うことによって高度な考察が一種の計算として処理できるようになる方法を模索していました。

　実際、私たちは、$\int$ やdxの記号を使うことによって本来は難しい考察を必要とする微積分の計算を直感的に行うことができます（その恩恵は微積分の勉強を続けると誰もが感じるはずです）。たかが記号、と侮ることはできません。(^_-)-☆

ここまでの積分の知識をまとめ、例題にトライしてみましょう。

積分と面積

$y = f(x)$ と $x = a$、$x = b (a < b)$ および x 軸で囲まれる図形の面積 S は $\int$ と dx を用いて以下のように表される。

$$S = \int_a^b f(x)\,dx$$

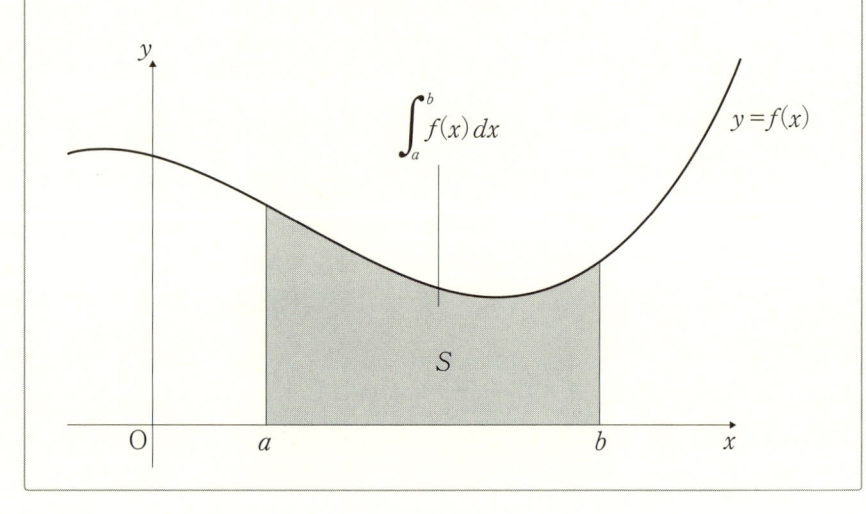

例題5-3 $\int$ を用いて表される以下の値を求めなさい。

$$\int_1^4 (x + 1)\,dx$$

【解説】

$$f(x) = x + 1$$

で表される1次関数は傾きが1、y切片が1の直線を表すのでしたね（112頁）。よって、

第 5 章 連続するデータを分析するための数学

$$\int_{1}^{4}(x+1)dx$$

は次の図のグレー部分の面積を表していることになります。

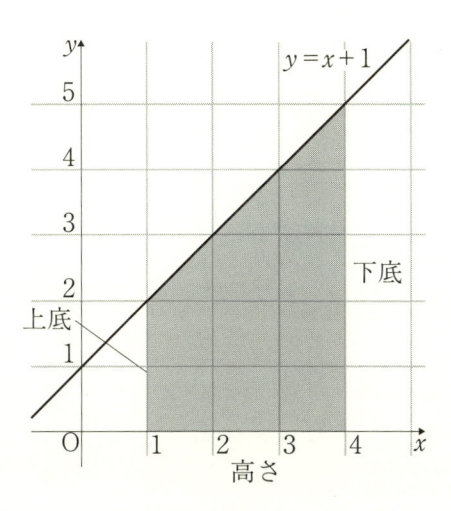

これは台形なので、懐かしい(上底＋下底)×高さ÷2で面積を求めます。

$$\int_{1}^{4}(x+1)dx = (2+5) \times 3 \div 2 = \frac{21}{2}$$

> 注）実際には、この計算（定積分）は次のように行います。
>
> $$\int_{1}^{4}(x+1)dx = \left[\frac{1}{2}x^2 + x\right]_{1}^{4} = \frac{1}{2}(4^2 - 1^2) + (4-1) = \frac{15}{2} + 3 = \frac{21}{2}$$
>
> もちろん、積分の意味から考えた上の計算結果と一致します。

次は練習問題です。

《練習問題》

練習5-1

下の図のように $y=f(x)$ の $A(a, f(a))$ における接線が $y=x-1$ であることがわかっているとき、次の極限を求めなさい。

$$\lim_{b \to a} \frac{f(b)-f(a)}{b-a}$$

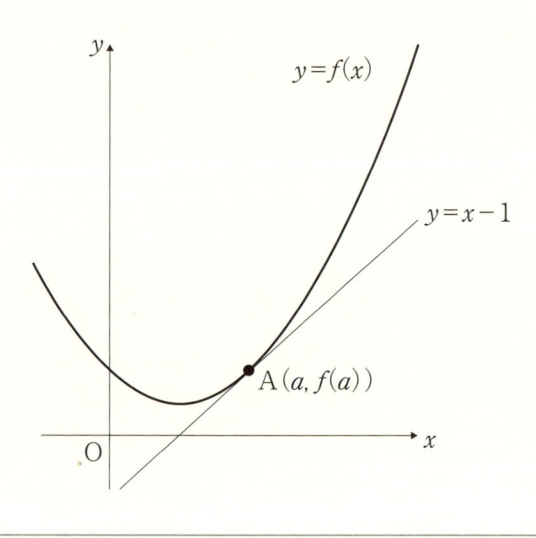

【解答】

$y=f(x)$ 上に A とは違う $B(b, f(b))$ をとると、

$$\frac{f(b)-f(a)}{b-a}$$

は、次の図中に示される点線 AB の ☐ を表しています。

ここで b を限りなく a に近づけると（点 B も限りなく点 A に近づくことになるので）、点線 AB が ☐ に限りなく近づくことは明らかです。

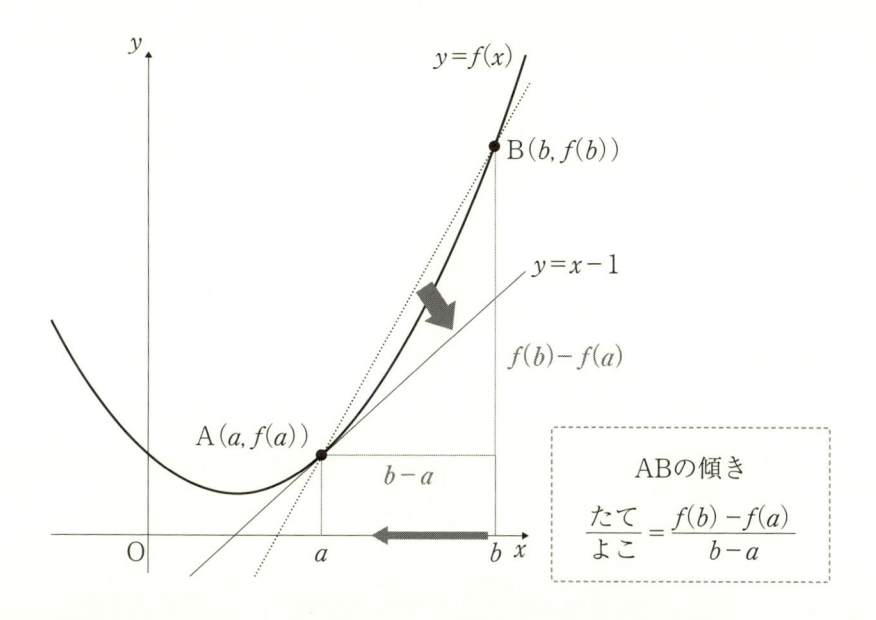

第 5 章　連続するデータを分析するための数学

```
           y
           |              y=f(x)
           |                B(b, f(b))
           |                
           |              y=x-1
           |              f(b)-f(a)
           |    A(a,f(a))
           |         b-a
           O    a       b   x
```

ABの傾き
$$\frac{たて}{よこ} = \frac{f(b)-f(a)}{b-a}$$

よって、

$$\lim_{b \to a} \frac{f(b)-f(a)}{b-a}$$

は [　　　　　　] の [　] を表しています。以上より

$$\lim_{b \to a} \frac{f(b)-f(a)}{b-a} = \Box$$

$y=x-1$ の傾きは 1

注）一般に、
$$f'(a) = \lim_{b \to a} \frac{f(b)-f(a)}{b-a}$$
で定義される $f'(a)$ は $y=f(x)$ の $A(a, f(a))$ における接線の傾きを表し、これを $x=a$ における $f(x)$ の微分係数といいます。

練習 5-2

十分小さい h に対して、
$$\frac{e^h - 1}{h} \fallingdotseq 1$$
となることを示しなさい。ただし e はネイピア数とします。

【解説】

ネイピア数 e の定義より、

$$\lim_{n \to \infty} \left(1 + \frac{1}{n}\right)^n = e$$

ここで、

$$h = \frac{1}{n}$$

とすると、

$$n \to \infty \Leftrightarrow h \to \boxed{}$$

なので、

$$\lim \boxed{} = e$$

となります。よって十分小さい h に対しては、

$$\boxed{} \fallingdotseq e$$

これを代入すると、

$$(a^{\frac{1}{h}})^h = a^{\frac{1}{h} \times h} = a^1 = a$$

$$\frac{e^h - 1}{h} \fallingdotseq \frac{\left\{\boxed{}\right\}^h - 1}{h} = \frac{\boxed{} - 1}{h} = 1$$

（終）

注）実際、極限を用いると、
$$\lim_{h \to 0} \frac{e^h - 1}{h} = 1$$
であることが知られています。
上式の左辺は $f(x) = e^x$ としたときの $x = 0$ における微分係数 $f'(0)$ であり、これは $y = e^x$ の $(0, 1)$ における接線の傾きが1であることを示しています。（指数関数と微分がわかる人は、ぜひ確認してみてください！）

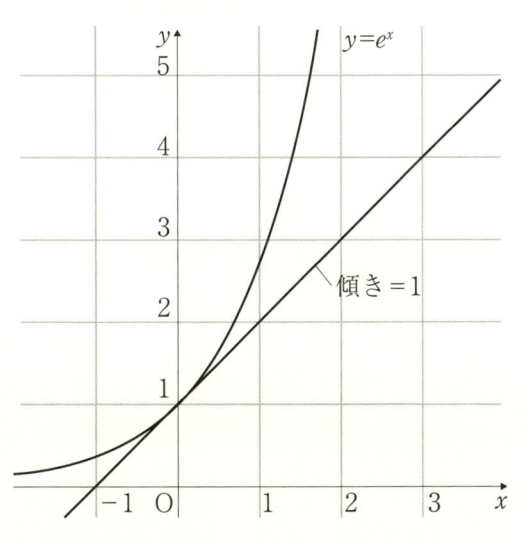

練習5-3

∫を用いて表される以下の値を求めなさい。

$$\int_0^1 \sqrt{1 - x^2} \, dx$$

ただし、原点を中心とする半径が1の円の上側を表すグラフの式が、

$$f(x) = \sqrt{1 - x^2}$$

であることは用いてよい。

【解説】

$$\int_0^1 \sqrt{1-x^2}\, dx$$

は下図のグレーの部分の面積を表します。

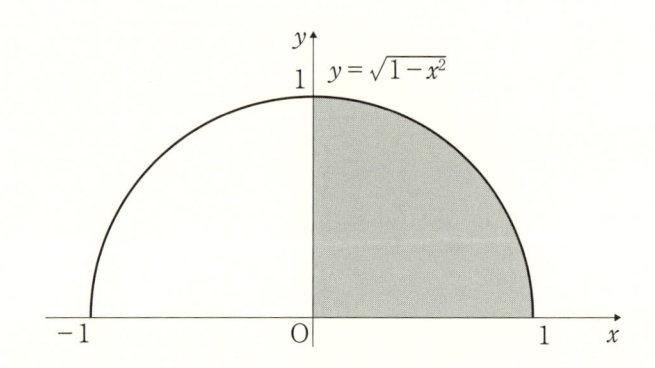

これは半径が1の円の面積の □ ですね。

> 半径 r の円の面積
> $r^2\pi$

よって、

$$\int_0^1 \sqrt{1-x^2}\, dx = \boxed{} \times \boxed{} = \boxed{}$$

注）円の方程式の知識がある人へ

　原点を中心とする半径が1の円の方程式は、
$$x^2 + y^2 = 1$$
　これを y について解けば、
$$y = \pm\sqrt{1-x^2}$$
　$y=\sqrt{1-x^2}$ は円の上半分の曲線を表し、$y=-\sqrt{1-x^2}$ は円の下半分の曲線を表します。

統計に応用！

永野
「いよいよ、『連続するデータ』の統計です」

岡田先生
「そうですね。この章では連続型確率分布に対しての平均や分散・標準偏差、それに統計において最も重要な分布である『正規分布』が出てきますね」

永野
「連続的な場合と離散的な場合で一番違う点は何ですか？」

岡田先生
「離散型の確率分布では確率変数がある特定の値をとる確率を考えますが、連続型の確率分布では変数が『○○以上△△以下』になる確率を考える点だと思います」

永野
「難しいですか…？」

岡田先生
「いいえ。連続型の確率分布であっても、前章で学んだ**離散型の確率分布と考え方はほとんど同じです**。ただし、積分記号やネイピア数 e なんかが登場します。統計では積分の計算が実際にできる必要は必ずしもありませんが、これらについて**イメージを持っていることは大切**です」

永野
そのために前半の数学の説明はイメージを伝えることに注力しました。この章のフローチャートをおさらいしておきます。

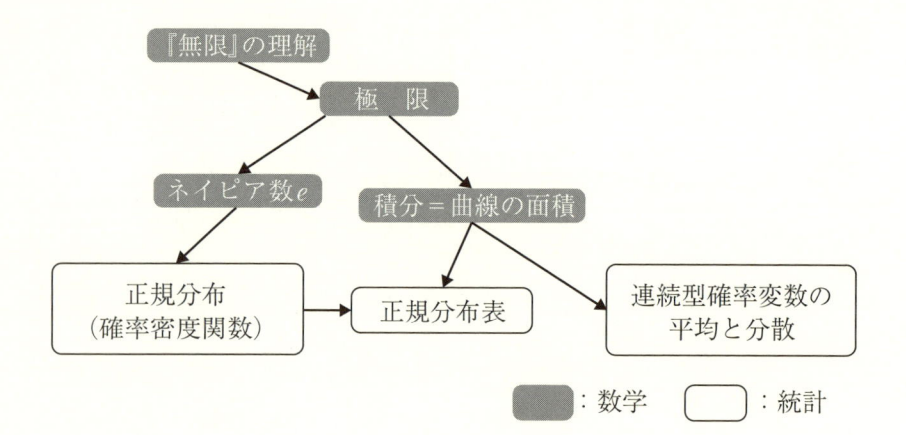

```
                『無限』の理解
                        ↓
                      極　限
                    ↙       ↘
            ネイピア数 e    積分＝曲線の面積
              ↓          ↓        ↘
        ┌─────────┐  ┌─────────┐  ┌─────────┐
        │ 正規分布  │→│ 正規分布表│  │連続型確率変数の│
        │(確率密度関数)│  └─────────┘  │ 平均と分散  │
        └─────────┘              └─────────┘
```

■：数学　　□：統計

連続型確率変数と確率密度関数

最近の宅配業者さんは本当に優秀で、天災かよほどの繁忙期でない限り希望配達時間帯を指定するときっちりと時間内に届けてくれます。つまり天災がなく繁忙期でない日であれば、荷物が希望配達時間帯に届く確率は100％です（ここではそういうことにさせてください）。そこで例えば12時〜14時の時間帯を希望した荷物が **12：30〜13：00の30分の間に届く確率** を考えてみたいと思います。

今、「12：00よりX分後に荷物が届く」とするとXの変域は、

$$0 \leq X \leq 120$$

ですね。ただ荷物が到着するのは12：00より10分後かもしれませんし、60.5分後かもしれません。Xは **連続的に変化** するので（これまでのように）、標本空間としてXのとり得る値が何通りあるかを考えようとしても無理があります。

でも、「Xが0〜120の間を連続的に変化する」→「Xは0以上120以下のいかなる値もとり得る」→「0以上120以下の範囲で、Xのとる値についての確率的メカニズムを考えることができる」と言い換えれば、Xは連続的に変化はするものの、ある確率分布に従う「確率変数」だということはできそうです。

このXのように連続型の値をとり得る確率変数のことを **連続型確率変数** といいます（これに対して前章で考えていた確率変数は **離散型確率変数** といいます）。

簡単に考えるために荷物の届く可能性は、2時間のうちのいつでも一定であるとしましょう。そうするとXの確率分布は次のグラフのようになります。

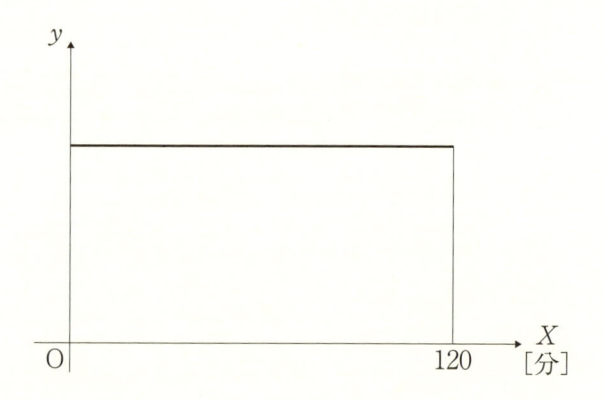

荷物が12：30〜13：00の30分の間に届く確率は、120分のうちの30分間に届く確率ですから、

$$\frac{30}{120} = \frac{1}{4}$$

と考えるのは不自然ではないと思います。このことは、上の確率分布のグラフにおける長方形の面積を1にしておけば、より直感的にわかるのではないでしょうか？(^_-)-☆

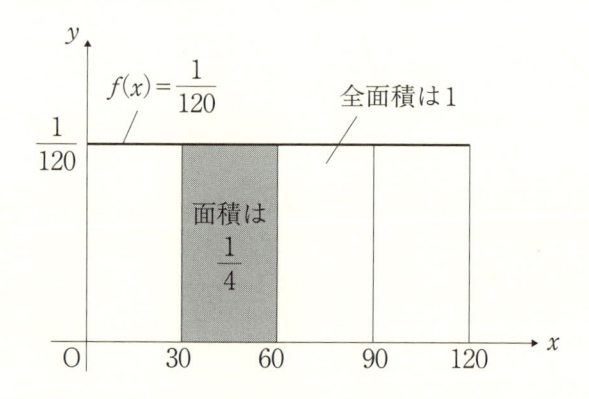

長方形の全面積を1にするのなら、長方形の横の長さは120なので高さは$\frac{1}{120}$だということになります。ここでXの確率分布を表すグラフの式を

$y = f(x)$ とすると、

$$f(x) = \begin{cases} \dfrac{1}{120} & [0 \leq x \leq 120] \\ 0 & [x<0,\ 120<x] \end{cases}$$

ですね。

連続型確率変数 X が a 以上 b 以下の値をとる確率を、

$$P(a \leq X \leq b)$$

と書くことにすると、荷物が12：30～13：00の30分の間に届く確率は $P(30 \leq X \leq 60)$ と表され、先ほど計算した通り、

$$P(30 \leq X \leq 60) = \frac{1}{4}$$

です。$P(30 \leq X \leq 60)$ は $y = f(x)$ と $x = 30$、$x = 60$、および x 軸で囲まれた面積になっているわけですが、このような $f(x)$ を **X の確率密度関数**といいます。

上の例では $y = f(x)$ が x 軸に平行な直線になる定数関数なので、面積を求めることが簡単にできましたが、一般に $y = f(x)$ が曲線になるときは面積を求めるのは容易ではありません。でも私たちには面積を求める強力な武器がありましたね。そうです！ 積分（320頁）です！

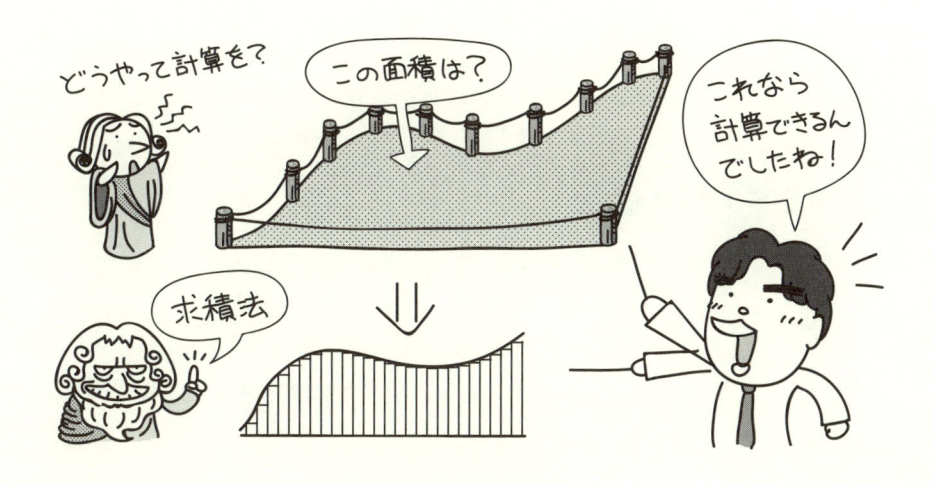

確率密度関数は積分を使って次のように一般化されます。

> **確率密度関数**
>
> 連続型確率変数 X が $a \leq X \leq b$ の値をとる確率 $P(a \leq X \leq b)$ が下図の面積で表されるとき、すなわち、
>
> $$P(a \leq X \leq b) = \int_a^b f(x)\,dx \quad \cdots ①$$
>
> であるとき、$f(x)$ を X の確率密度関数という。
>
> 面積 $\int_a^b f(x)\,dx$ が $P(a \leq X \leq b)$
>
> $y = f(x)$
>
> 全面積は1

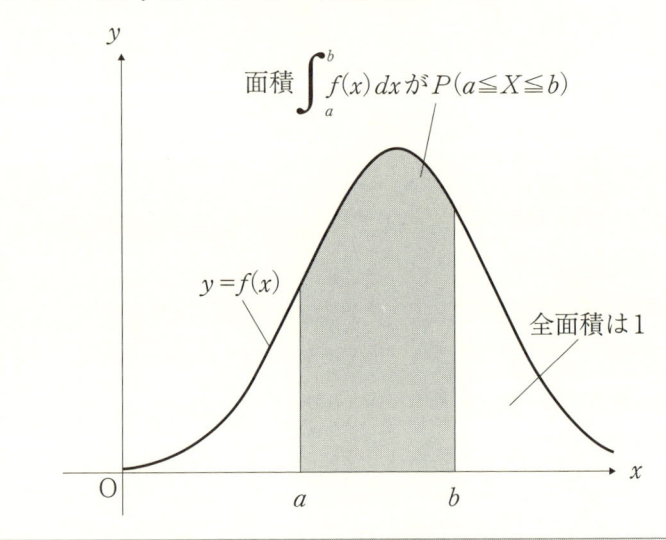

確率密度関数の性質

前章で学んだように確率 P はいかなる場合も、

$$0 \leq P \leq 1$$

を満たす必要があります（209頁）ので、上記で定義される確率密度関数 $f(x)$ は次の2つの性質を持ちます。

第5章 連続するデータを分析するための数学

> 確率密度関数の性質
>
> （ⅰ）　常に　$f(x) \geqq 0$　…②
>
> （ⅱ）　$\displaystyle\int_{-\infty}^{\infty} f(x)\,dx = 1$　…③

$$\left[\begin{array}{l}\text{注）確率変数}X\text{のとり得る値が } \alpha \leqq X \leqq \beta \text{ に限られるときは、}\\[2mm] \displaystyle\int_{\alpha}^{\beta} f(x)\,dx = 1\end{array}\right]$$

例を出しますね。
確率変数Xのとり得る値の範囲が$0 \leqq X \leqq 2$で、確率密度関数が、

$$f(x) = \begin{cases} 0 & [x < 0] \\ x & [0 \leqq x \leqq 1] \\ -x + 2 & [1 < x \leqq 2] \\ 0 & [x > 2] \end{cases}$$

と、下の図のようになっているとき、$P(0.5 \leqq X \leqq 1.5)$を求めてみましょう。

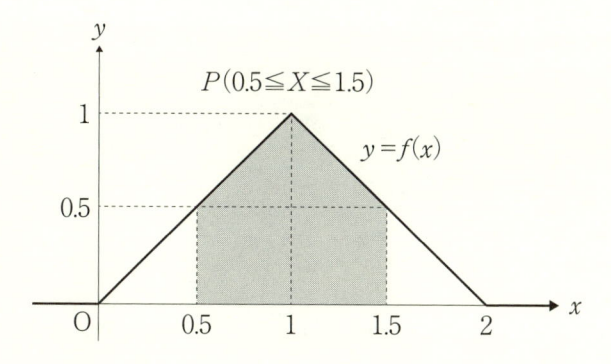

333

①の通りに書くと、

$$P(0.5 \leqq X \leqq 1.5) = \int_{0.5}^{1.5} f(x)\,dx$$

ですね。なんだかものものしいですが、何のことはありません。右辺の積分は図のグレーの部分の面積を表しています。この部分の面積は底辺の長さが2、高さが1の三角形から底辺の長さが0.5、高さが0.5の三角形2つ分の面積を引けば求まります。

すなわち、

$$\begin{aligned} P(0.5 \leqq X \leqq 1.5) &= \int_{0.5}^{1.5} f(x)\,dx \\ &= 2 \times 1 \div 2 - (0.5 \times 0.5 \div 2) \times 2 \\ &= 1 - 0.25 \\ &= 0.75 \end{aligned}$$

というわけです(^_-)-☆

連続型確率変数の平均と分散

連続型確率変数についても**期待値（あるいは平均）$E(X)$と分散$V(X)$**が次のように定義されています。

> **連続型確率変数の期待値（あるいは平均）と分散**
> 連続型確率変数Xのとり得る値の範囲が$\alpha \leqq X \leqq \beta$でその確率密度関数が$f(x)$のとき、
>
> $$\text{期待値（あるいは平均）：} E(X) = \int_{\alpha}^{\beta} x f(x) dx \quad \cdots ④$$
>
> $$\text{分散：} V(X) = \int_{\alpha}^{\beta} (x - \mu)^2 f(x) dx \quad \cdots ⑤$$
>
> $$[\text{ただし、} \mu = E(X)]$$

[注）μは平均を表す"mean"の頭文字mに相当するギリシャ文字です。]

④や⑤式は連続型確率変数についての新たな定義ですが、これらは前章で学んだ**離散型確率変数の期待値や分散の極限**を考えると、納得のいくものになっています。そのことを一緒に確認していきましょう。

以下の説明は（数学的な厳密さはとりあえず横に置いておいて）、**直感的な理解を目指した**ものなのでどうぞ気軽に読んでくださいね。(^_-)-☆

今、とり得る値の範囲が$\alpha \leqq X \leqq \beta$の確率変数$X$の確率密度関数$f(x)$のグラフが次の図のようになっているとします。

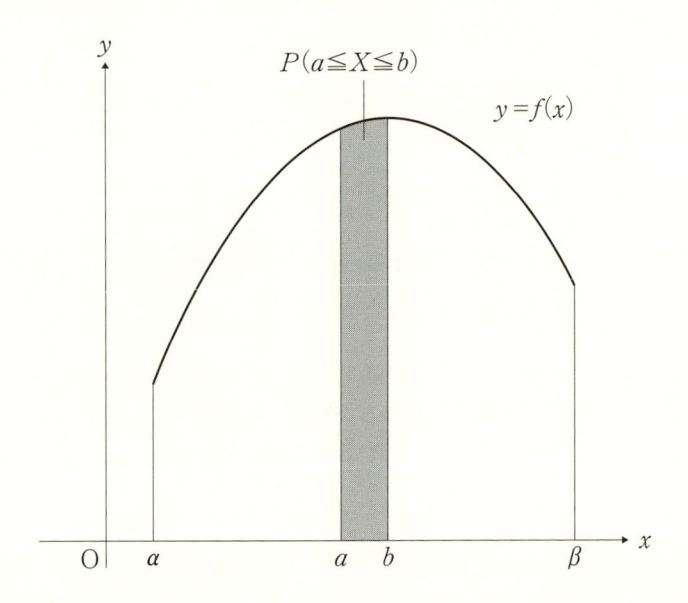

$y = f(x)$ と $x = \alpha$、$x = \beta$ および x 軸で囲まれた面積を次のように n 個の長方形で区切ることを考えます。

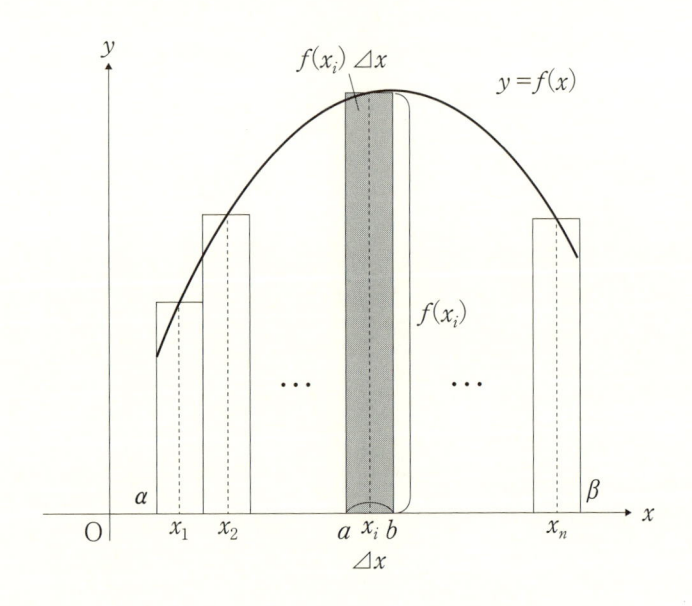

長方形の上辺の中点が$y=f(x)$上にあるようにしてください。そして左から数えてi番目の長方形の左下がaに、右下がbに一致したとしましょう。(^_-)-☆

ここで、

$$b - a = \varDelta x$$

とし、$\varDelta x$は十分小さい（aとbは十分近い）とします。

このようにすると、

$$\int_a^b f(x)\,dx = P(a \leq X \leq b) \fallingdotseq f(x_i)\,\varDelta x \quad \cdots ⑥$$

ですね。すなわち$f(x_i)\,\varDelta x$は確率$P(a \leq X \leq b)$の近似値を表していると考えられます。その近似値をp_iと書くことにすれば、

$$f(x_i)\,\varDelta x = p_i \quad (i = 1, 2, 3, \cdots\cdots n) \quad \cdots ⑦$$

⑥と⑦より、

$$P(a \leq X \leq b) \fallingdotseq p_i$$

言い換えればp_iは$y=f(x)$のグラフを階段状のグラフで近似した場合の、Xがa以上かつb以下の値をとる確率です。

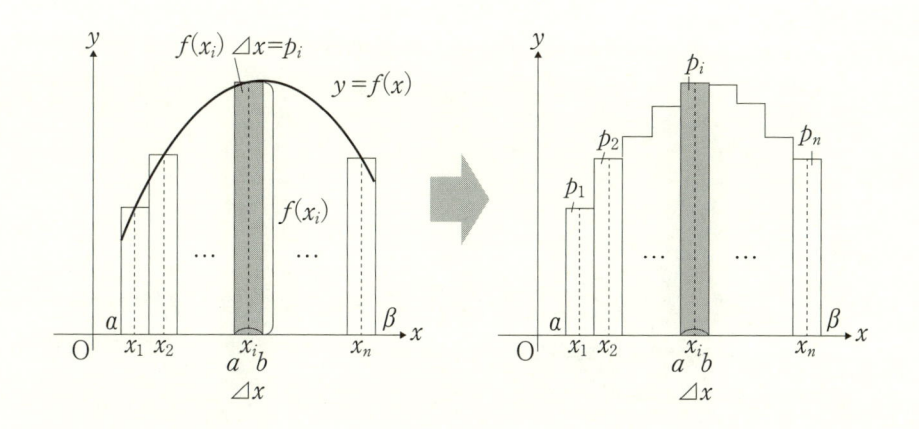

次に、Δxは十分小さいので$a \leq X \leq b$を満たすXの値をx_iで代表させることにして（←この辺はだいぶ大胆な展開です）、新たに次の表のように分布する離散型の確率変数X'を作ることにします。

X'	x_1	x_2	x_3	$\cdots$	x_n
確率	p_1	p_2	p_3	$\cdots$	p_n

X'は離散型の確率変数なので期待値（平均）は、

$$E(X') = \sum_{k=0}^{n} x_i p_x \quad \cdots ⑧$$

でしたね（260頁）。

さて、こうして求めた$E(X')$は、もともとの連続型確率変数の期待値$E(X)$とどのような関係になっているのでしょうか？

そもそもX'はXの確率密度関数のグラフを階段状のグラフで近似し、さらにある（せまい）範囲にあるXをその中央の値で代表させて作った確率変数です。このようにして連続型確率変数Xから離散型確率変数のX'を作るのは、「明日の気温が19.9℃以上20.1℃以下になる確率は30％」を「明日の気温が20℃になる確率は30％」と近似するようなものです。

19.9℃以上20.1℃以下を20℃で近似してしまうわけですから大胆な話ではありますが、X'は連続型確率変数Xを離散型で近似したものと解釈することを許せば、$E(X')$を連続型確率変数Xの期待値$E(X)$の近似値であると考えることができます。

> 岡田先生より
> 連続型確率変数の期待値（平均）を離散型の定義と結びつけるために、苦心していますね。
> 本来、連続型の確率変数では、

> Xがある範囲の値をとる確率 = そのXの範囲における、「確率密度関数」の曲線と「$y=0$」の直線との間の面積
>
> と考えるので、前頁の例で「明日の気温がちょうど20℃になる確率」はゼロになります。なぜならXがちょうど20［℃］のとき、Xの範囲（幅）がゼロになって面積もゼロになるからです。

Δxが小さくなればなるほど337頁の階段状のグラフは$y = f(x)$のグラフに近づくので$E(X')$と$E(X)$の誤差は小さくなります。つまり、Δxが限りなく0に近づくとき、$E(X')$は連続型確率変数Xの期待値$E(X)$に限りなく近づくはずです。

すなわち、Δxを限りなく小さくすると、

$$E(X') \rightarrow E(X)$$

またΔxを限りなく小さくすると、

$$\sum \rightarrow \int , \quad \Delta x \rightarrow dx$$

になることを思い出してもらえば（319頁）、⑦と⑧から

$$E(X') = \sum_{i=1}^{n} x_i p_i = \sum_{i=1}^{n} x_i f(x_i) \Delta x \rightarrow E(X) = \int_{\alpha}^{\beta} x f(x)\, dx$$

ようやく離散型の確率変数における期待値の定義と連続型確率変数の期待値の定義式④を結びつけることができました。(^^)v

同様に考えて、

$$V(X') = \sum_{i=1}^{n} (x_i - \bar{X})^2 p_i \rightarrow V(X) = \int_{\alpha}^{\beta} (x - \mu)^2 f(x)\, dx$$

も（大胆ではありますが）腑に落ちる定義になっています。(^_-)-☆

正規分布

　確率密度関数の中で最もよく登場しかつ重要なのが正規分布（normal distribution）の確率密度関数です。自然現象や社会現象の中には、データの分布が正規分布に近いものが少なくありません。例えば降ってくる雨粒の大きさや生物の身長や体重、それにセンター試験などの大人数が受験するテストの結果や工場で不良品が出る頻度等のデータは正規分布に近い分布をすることがわかっています。大雑把には「誤差を伴う現象に関するデータは正規分布でよく表現できることが多い」といえるでしょう。

　そんなに重要な正規分布の確率密度関数を表す数式はいったいどんな数式で表されるのでしょうか？

　実は正規分布を表す確率密度関数は自然対数の底 e（309頁）を使って、

$$f(x) = \frac{1}{\sqrt{2\pi\sigma^2}} e^{-\frac{(x-\mu)^2}{2\sigma^2}} \quad \cdots ⑨$$

というとんでもなく複雑な式で表されます(>_<)

　ぎゃっ、と叫んで逃げ出したくなるような式ですが安心してください！この式は眺めるだけで大丈夫です。覚える必要もありません。(^_-)-☆

　本来、⑨式が確率密度関数になり得るかどうかを確認するには、確率密度関数の性質②と③を満たしていることを確かめる必要があります。このうち性質②、すなわちいかなる x に対しても、

$$\frac{1}{\sqrt{2\pi\sigma^2}} e^{-\frac{(x-\mu)^2}{2\sigma^2}} \geqq 0$$

が成立することについては指数関数の知識があれば比較的容易に確認することができます。しかし③の性質、

$$\int_{-\infty}^{\infty} \frac{1}{\sqrt{2\pi\sigma^2}} e^{-\frac{(x-\mu)^2}{2\sigma^2}} dx = 1$$

については、(計算方法はいくつかあるもののそのどれもが) 大変難しく本書のレベルを大きく超えてしまいます。

そこで残念ではありますが、ここは先人の功績に感謝しつつ⑨式で表される$f(x)$は確率密度関数の性質②と③を満たすことを事実として受け入れてください。m(_ _)m

一般に確率変数Xが⑨式で表される$f(x)$を確率密度関数にもつとき、言い換えれば (①より)、

$$P(a \leqq X \leqq b) = \int_a^b \frac{1}{\sqrt{2\pi\sigma^2}} e^{-\frac{(x-\mu)^2}{2\sigma^2}} dx \qquad \cdots ⑩$$

であるとき、Xの平均は μ、分散は σ^2 になることがわかっています。

> 注) このことは、⑨式を④式や⑤式に代入すれば得られるのですが、これらの計算も複雑なのでここでは省略させていただきます。m(_ _)m
> またσ (シグマ) は標準偏差のことで、標準偏差を表す英語 "standard deviation" の頭文字sに相当するギリシャ文字の小文字です (Σは大文字)。分散＝標準偏差^{2}なので、分散をσ^2と表しています。

そこで⑩式が成立するとき (確率変数Xが⑨式で表される$f(x)$を確率密度関数にもつとき) Xは平均μ、分散σ^2の正規分布に従うといいます。平均μ、分散σ^2の正規分布を$N(\mu, \sigma^2)$と表します。

$$標準偏差 = \sqrt{分散}$$

なので、正規分布の期待値 (あるいは平均) と標準偏差については次のようにまとめられます。

> 正規分布の期待値（あるいは平均）と分散
>
> X が正規分布 $N(\mu, \sigma^2)$ に従う確率変数であるとき、
>
> 期待値（あるいは平均）：$E(X) = \mu$
>
> 標準偏差：$s(X) = \sigma$

標準正規分布

前章で離散型確率変数 X から次の1次式、

$$Z = \frac{X - E(X)}{s(X)}$$

で表される確率変数 Z を作り出すと平均は必ず0に、標準偏差は必ず1になることを学びました（274頁）。同様のことが正規分布についても成立します。平均が0、標準偏差が1の正規分布 $N(0, 1)$ のことを特に**標準正規分布**といいます。

> 標準正規分布
>
> 確率変数 X が正規分布に従うとき、
>
> $$Z = \frac{X - \mu}{\sigma} \quad \cdots ⑪$$
>
> とおくと、確率変数 Z は標準正規分布 $N(0, 1)$ に従う。

標準正規分布 $N(0, 1)$ の確率密度関数は、⑨式に $\mu = 0$, $\sigma = 1$ を代入して、

$$f(x) = \frac{1}{\sqrt{2\pi}} e^{-\frac{x^2}{2}} \quad \cdots ⑫$$

となります。⑨式より少しはマシですね……。(^_^;)

⑫式のグラフをグラフ描画ソフトに描かせてみると、次のような大変美しい釣鐘型になります。

〈標準正規分布の確率密度関数〉

$$y = \frac{1}{\sqrt{2\pi}} e^{-\frac{x^2}{2}}$$

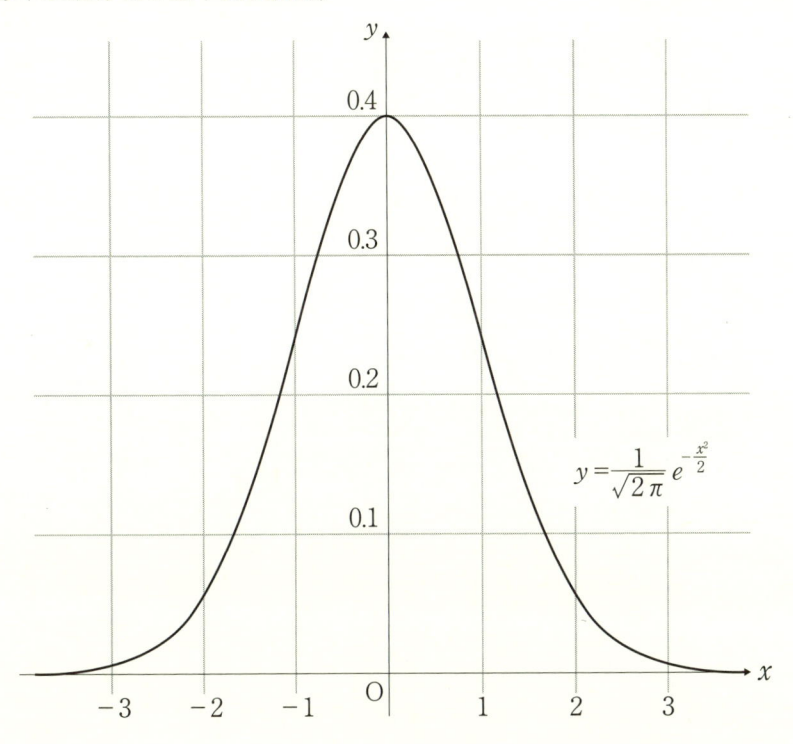

　余談ですが、ドイツの旧10マルク紙幣には、正規分布を発見した数学者ガウス（1777～1855）の肖像と共に正規分布のグラフが描かれていました。

正規分布表

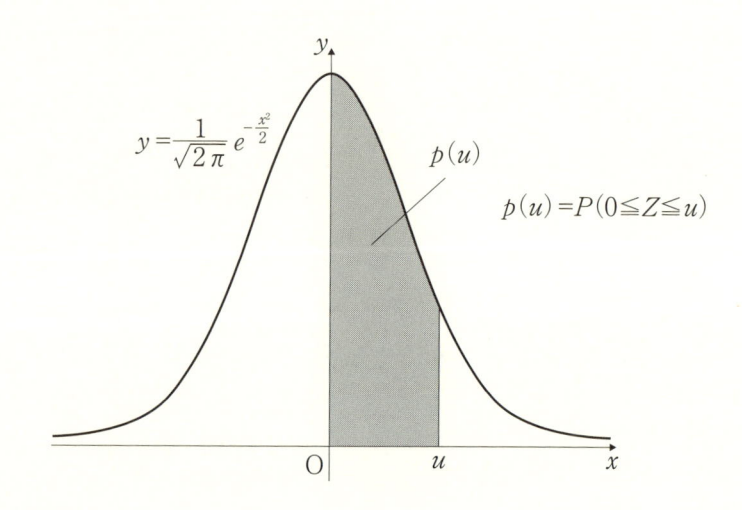

標準正規分布において、上のグレーの部分の面積を$p(u)$とすると、$p(u)$を求めるためには、

$$p(u) = \int_0^u \frac{1}{\sqrt{2\pi}} e^{-\frac{x^2}{2}} dx \quad \cdots ⑬$$

という面倒な積分の計算を行う必要がありますが、ありがたいこと先人たちの手によってさまざまなuについて⑬式の定積分の結果はすでに計算されています。それをまとめたものが次頁の正規分布表です。

第5章 連続するデータを分析するための数学

正規分布表

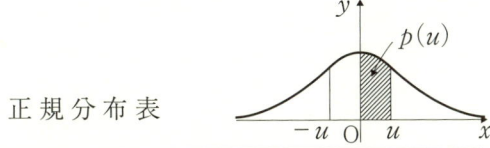

u	.00	.01	.02	.03	.04	.05	.06	.07	.08	.09
0.0	0.0000	0.0040	0.0080	0.0120	0.0160	0.0199	0.0239	0.0279	0.0319	0.0359
0.1	0.0398	0.0438	0.0478	0.0517	0.0557	0.0596	0.0636	0.0675	0.0714	0.0753
0.2	0.0793	0.0832	0.0871	0.0910	0.0948	0.0987	0.1026	0.1064	0.1103	0.1141
0.3	0.1179	0.1217	0.1255	0.1293	0.1331	0.1368	0.1406	0.1443	0.1480	0.1517
0.4	0.1554	0.1591	0.1628	0.1664	0.1700	0.1736	0.1772	0.1808	0.1844	0.1879
0.5	0.1915	0.1950	0.1985	0.2019	0.2054	0.2088	0.2123	0.2157	0.2190	0.2224
0.6	0.2257	0.2291	0.2324	0.2357	0.2389	0.2422	0.2454	0.2486	0.2517	0.2549
0.7	0.2580	0.2611	0.2642	0.2673	0.2704	0.2734	0.2764	0.2794	0.2823	0.2852
0.8	0.2881	0.2910	0.2939	0.2967	0.2995	0.3023	0.3051	0.3078	0.3106	0.3133
0.9	0.3159	0.3186	0.3212	0.3238	0.3264	0.3289	0.3315	0.3340	0.3365	0.3389
1.0	0.3413	0.3438	0.3461	0.3485	0.3508	0.3531	0.3554	0.3577	0.3599	0.3621
1.1	0.3643	0.3665	0.3686	0.3708	0.3729	0.3749	0.3770	0.3790	0.3810	0.3830
1.2	0.3849	0.3869	0.3888	0.3907	0.3925	0.3944	0.3962	0.3980	0.3997	0.4015
1.3	0.4032	0.4049	0.4066	0.4082	0.4099	0.4115	0.4131	0.4147	0.4162	0.4177
1.4	0.4192	0.4207	0.4222	0.4236	0.4251	0.4265	0.4279	0.4292	0.4306	0.4319
1.5	0.4332	0.4345	0.4357	0.4370	0.4382	0.4394	0.4406	0.4418	0.4429	0.4441
1.6	0.4452	0.4463	0.4474	0.4484	0.4495	0.4505	0.4515	0.4525	0.4535	0.4545
1.7	0.4554	0.4564	0.4573	0.4582	0.4591	0.4599	0.4608	0.4616	0.4625	0.4633
1.8	0.4641	0.4649	0.4656	0.4664	0.4671	0.4678	0.4686	0.4693	0.4699	0.4706
1.9	0.4713	0.4719	0.4726	0.4732	0.4738	0.4744	0.4750	0.4756	0.4761	0.4767
2.0	0.4772	0.4778	0.4783	0.4788	0.4793	0.4798	0.4803	0.4808	0.4812	0.4817
2.1	0.4821	0.4826	0.4830	0.4834	0.4838	0.4842	0.4846	0.4850	0.4854	0.4857
2.2	0.4861	0.4864	0.4868	0.4871	0.4875	0.4878	0.4881	0.4884	0.4887	0.4890
2.3	0.4893	0.4896	0.4898	0.4901	0.4904	0.4906	0.4909	0.4911	0.4913	0.4916
2.4	0.4918	0.4920	0.4922	0.4925	0.4927	0.4929	0.4931	0.4932	0.4934	0.4936
2.5	0.4938	0.4940	0.4941	0.4943	0.4945	0.4946	0.4948	0.4949	0.4951	0.4952
2.6	0.49534	0.49547	0.49560	0.49573	0.49585	0.49598	0.49609	0.49621	0.49632	0.49643
2.7	0.49653	0.49664	0.49674	0.49683	0.49693	0.49702	0.49711	0.49720	0.49728	0.49736
2.8	0.49744	0.49752	0.49760	0.49767	0.49774	0.49781	0.49788	0.49795	0.49801	0.49807
2.9	0.49813	0.49819	0.49825	0.49831	0.49836	0.49841	0.49846	0.49851	0.49856	0.49861
3.0	0.49865	0.49869	0.49874	0.49878	0.49882	0.49886	0.49889	0.49893	0.49897	0.49900

[出典:emath Wiki]

正規分布表から得られる結果の中で特に重要なのは、**標準正規分布がy軸に対称である**ことを利用して得られる、

$$P(-1.96 \leq Z \leq 1.96) = p(1.96) \times 2 = 0.4750 \times 2 = 0.950 \quad \cdots ⑭$$

という結果です。

⑭から確率変数Zが標準正規分布に従うとき、**Zが-1.96以上1.96以下の値をとる確率は95%**であることがわかります。これは次のように言い換えることもできます。

標準正規分布の重要な性質

確率変数Zが標準正規分布$N(0, 1)$に従うとき、
$-1.96 \leq Z \leq 1.96$に全体の面積のうち95%が含まれる

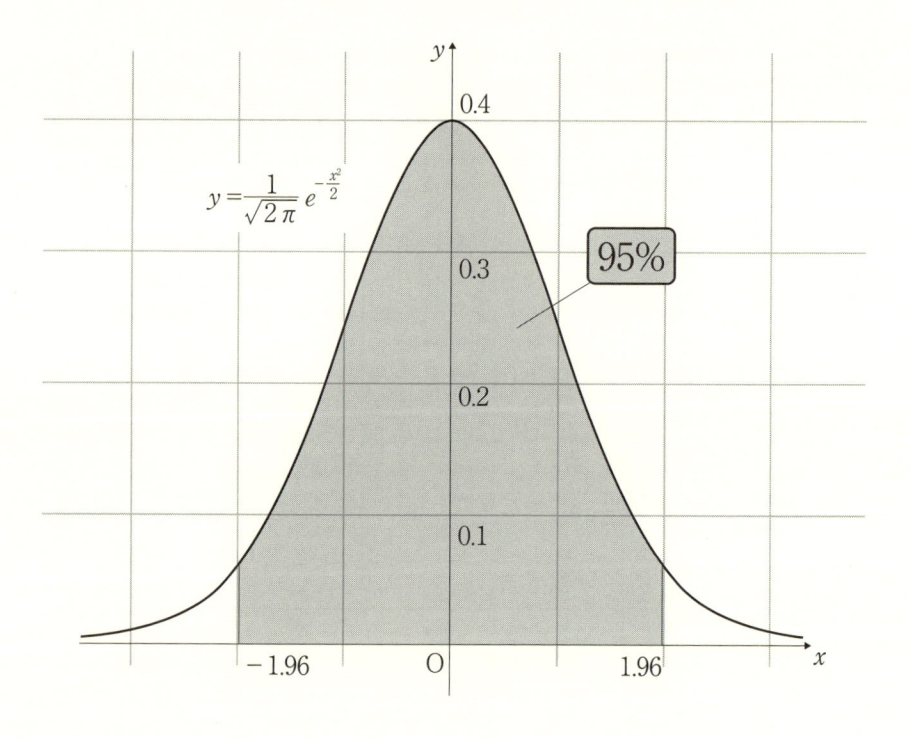

正規分布に従う確率変数の式は⑪式を使っていつでも標準正規分布の式に変換することができるので、標準正規分布のこの性質は広く応用することができます。

「はじめに」にも書きました通り、本書の目的は度数分布表やヒストグラムといった統計の初歩の初歩からスタートして、推測統計の入口までご案内することでした。

そこで以上の標準正規分布の性質を使ってできる最も基本的な推測統計の初歩を最後にご紹介したいと思います。(^_-)-☆

推測統計とは

　推測統計は標本を調べて母集団の特性を確率論的に予想する「推定」と、得られたデータの差が誤差なのかあるいは何らかの意味のある違いなのかを検証する「検定」とを2本の柱にしています。
　例えば、選挙のときにマスコミが報道する当確予想は選挙権を持つすべての国民について調査をした結果ではありません。一部の有権者に対して行ったアンケート結果等をもとにしています。この場合、すべての有権者は「母集団」、アンケートを行った有権者は「標本」です。他にもいわゆる視聴率や世論調査などにも「推定」が使われています。
　一方、「丁（偶数）か半（奇数）かのサイコロ賭博で20回中15回も丁になるのはイカサマだ」とか、「コーヒーを飲むと長生きできる」などの仮説の信憑性を判断するのが「検定」です。
　まずは簡単な推定の例からご紹介しましょう。

標準正規分布の性質を使ってできる「推定」

　先ほども書いた通り正規分布を発見したのはかのガウスでしたが、彼がこの分布を発見したのは、天文観測における観測誤差を調べているときでした。
　理科の実験等で使われる測定機器には測定誤差がつきものです。もちろんその誤差の範囲は精度のよい測定機器では狭くなりますが誤差が0であることはまずあり得ません。そこでふつう測定機器には測定精度を表す意味で平均値（真の値）のまわりに測定値がどれほど散らばるかを表す標準偏差が記されています。

　例えば「標準偏差＝100g」と記された体重計にあなたが乗ってみたと

ころ72.0kgだったとします。しかし、測定誤差があるのでこの値はあなたの本当の体重からいくらか離れている可能性があります。そこであなたの「本当の体重」を**95％信頼できる精度（信頼水準95％）**で推定してみましょう。

　もしあなたが何度も体重計に乗って、サンプル（標本）を集めるとすると、そのサンプルデータは、「本当の体重」のまわりにほぼ正規分布をすることがわかっています。つまり、**「本当の体重」は何度も観測を行うと得られる正規分布の平均にだいたい一致する**というわけです。
　当然、「本当の体重≒何度も観測を繰り返した際の平均値」は1つでそれは定数ですから、今はこれを μ とします。
　「$X = 72.0\mathrm{kg}$」という観測値が μ からどれくらい離れているか、逆にいえば、**X からどれくらい離れたところに μ があるのかを推定するのが目標です**。
　まず、データを標準正規分布するデータに変形しましょう。
　「標準偏差＝100g＝0.1kg」なので、⑪式より、

$$Z = \frac{X-\mu}{\sigma} = \frac{72.0-\mu}{0.1} \quad \cdots ⑮$$

ですね。一般に標準正規分布に従う Z は95％の確率で -1.96 から 1.96 の間の値をとることを使います。

$$-1.96 \leq Z \leq 1.96$$

　⑮式を代入して、

$$\Leftrightarrow \quad -1.96 \leq \frac{72.0-\mu}{0.1} \leq 1.96$$

$$\Leftrightarrow \quad -0.196 \leq 72.0-\mu \leq 0.196$$

$$\Leftrightarrow \quad -0.196-72.0 \leq -\mu \leq 0.196-72.0$$

$$\Leftrightarrow \quad -72.196 \leq -\mu \leq -71.804$$

$$\Leftrightarrow \quad 71.804 \leq \mu \leq -72.196$$

$$\boxed{\begin{array}{l} a \leq x \leq b \\ \Leftrightarrow -b \leq -x \leq -a \end{array}}$$

つまり、標準偏差が100gの体重計で「72.0kg」と表示された場合、あなたの**本当の体重（真の値）**は**信頼水準95％**で「**71.804kg以上72.196kg以下の範囲のいずれかの値である**」というわけです。

もしあなたがダイエット中ならこの精度の体重計で100g程度の増減に一喜一憂するのはナンセンス、ということになります。(^_-)-☆

> 岡田先生より
>
> 上で求めた「71.804kg以上72.196kg以下の範囲」のことを統計では **95％信頼区間（confidence interval）** といいます。
>
> 「μの95％信頼区間は$a \leqq \mu \leqq b$」
>
> というのは、
>
> 「母集団から今回と同じ数のデータをランダムに観測し、同じ方式で信頼区間を作ることを繰り返したとすると、100回中95回程度は、a以上かつb以下の範囲にμが入ると考えられる」
>
> という意味です。
>
> 信頼区間の概念は誤解のされやすいものであり、意味を正しく理解するには、ある程度の統計の訓練が必要かもしれません。また、ベイズ統計学ではより直感的に理解ができる「信用区間」を代わりに考えます。

標準正規分布の性質を使ってできる「検定」

日々の生活をしていると、感覚的に「異常なことが起きた！」と思うことは少なくないと思います。毎年買っている宝くじで1万円が当たったり、電化製品を買ったら不良品をつかまされたり……。

統計における検定とは、得られたデータが異常であるかどうかを合理的に判断するための手段です。

ここでは簡単な例として次のようなケースを考えてみましょう。

あなたの部下のAさんは毎日車を使って通勤をしていて、過去のデータから通常の通勤時間は平均30分、標準偏差は5分であることがわかっています。ある朝Aさんは通勤に39分を要してしまいました。果たしてこれは「異常」なことでしょうか？

「$\mu = 30$」という仮説の「検定」をしてみましょう。

まずはデータを標準化します。通勤時間をXとすると$\mu = 30$、$\sigma = 5$なので、⑪式（342頁）より、

$$Z = \frac{X - \mu}{\sigma} = \frac{X - 30}{5} \quad \cdots ⑯$$

ですね。

先ほどと同様に標準正規分布の性質からZは95％の確率で-1.96から1.96の間の値をとります。

$$-1.96 \leq Z \leq 1.96$$

⑯式を代入して、

$$\Leftrightarrow \quad -1.96 \leq \frac{X - 30}{5} \leq 1.96$$
$$\Leftrightarrow \quad -9.8 \leq X - 30 \leq 9.8$$
$$\Leftrightarrow \quad 30 - 9.8 \leq X \leq 30 + 9.8$$
$$\Leftrightarrow \quad 20.2 \leq X \leq 39.8$$

以上より「$\mu = 30$」という仮説が正しいならば、通勤時間（X）は95％の確率で20.2分〜39.8分の間におさまることがわかります。

統計の応用場面では（普通）95％の確率で起こりうる範囲にある事柄は「十分起こりうること」、それ以外のことは「異常なこと」とみなすことが多いです。

39分の通勤時間はこの範囲に入っていますので、異常なことではありません。すなわち、「$X = 39$」というデータは、「$\mu = 30$」という仮説と整合的な範囲のデータであるということになります。

もしもAさんが、

「今日は特別道が混んでいて遅刻してしまいました……」
と言い訳をしてきたなら、
「最大39.8分くらいはかかるものだと思って家を出なさい」
と叱ってやるのは合理的かもしれません。(^_-)-☆

ここまで来ればt検定も簡単!

　最後に、この先の勉強の予告編として、専門用語を少し紹介します。
　まず95％の確率で起こりうる範囲にある事柄を「十分起こりうること」
として判断する検定のことは「有意水準5％の検定」といいます。
　母集団が標準偏差σの正規分布をしていることがわかっているとき、母
集団について「真の平均はμである」という仮説を立て、「有意水準5％の
検定」を行うとすると、観測されたデータXに対して、

$$-1.96 \leq \frac{X-\mu}{\sigma} \leq 1.96$$

の不等式が成立するなら、「仮説は棄却されない」といい、逆にこの不等
式が成立しないときは「仮説は棄却される」といいます。

　ちなみに、有名なt検定というのは、正規分布に従う母集団から抽出し
た標本のデータから計算される統計量が標準正規分布とよく似たt分布と
呼ばれる分布に従う（データの数が数百～数千以上であればt分布は標準
正規分布にほぼ一致します）ことを利用した検定のことをいいます。
　t分布についても必要な積分計算はすでに先人たちの手によって終わっ
ていますので、本書のここまでを飲みこめた人にとっては、t検定を行い、
その本質を理解することは簡単なはずです。(^_-)-☆
　推定も検定もこの先には大変刺激的で、豊かな世界が広がっています。
本書はここで終わりますが、ぜひ統計の勉強は続けてくださいね♪
　本当に、お疲れ様でした!!　m(_ _)m

練習問題の解答

《第1章》

【練習1-1】

$$5人の身長の平均 = \boxed{\frac{162+160+172+167+174}{5}} = \frac{835}{5} = \boxed{167}[cm]$$

(別解)

$$160cmとの差の平均 = \boxed{\frac{2+0+12+7+14}{5}} = \frac{35}{5} = \boxed{7}[cm]$$

よって求める平均の身長は、

$$5人の身長の平均 = 160 + \boxed{7} = \boxed{167}[cm]$$

【練習1-2】

(1)

$$Aさんの昼食代の合計 = 昼食代の平均 \times 個数(日数)$$
$$= \boxed{500} \times 5 = \boxed{2500}[円]$$

(2)

$$日数 = \frac{合計}{平均} = \frac{\boxed{250}}{\boxed{10}} = \boxed{25}[日]$$

【練習1-3】

$$\text{平均} = \frac{\boxed{11} + \boxed{35}}{\boxed{2}} = \frac{46}{2} = \boxed{23}[\text{本}]$$

Bさんは最初35本持っているので、

$$35 - \boxed{23} = \boxed{12}[\text{本}]$$

より、BさんはAさんに$\boxed{12}$本あげればよい。

【練習1-4】

(1)

時速とは $\boxed{1\text{時間あたりに進む距離}}$

「距離÷時間＝速さ」は $\boxed{\text{等分除}}$

(2)

「距離÷速さ＝時間」は $\boxed{\text{包含除}}$

【練習1-5】

(1)

$$\text{売値} = \text{定価} \times \text{割合} = 5000 \times \frac{\boxed{70}}{100} = \boxed{3500}[\text{円}]$$

(2)

$$\text{定価} = \frac{\text{売値}}{\text{割合}} = \frac{5600}{\frac{\boxed{80}}{100}} = 5600 \div \frac{\boxed{80}}{100}$$

$$= 5600 \times \frac{\boxed{100}}{\boxed{80}} = \boxed{7000}[\text{円}]$$

【練習1-6】
(1) 円周率は直径を $\boxed{基準とする量}$、円周を $\boxed{比べる量}$ とした割合
　　円周率は $\boxed{円周}$ の $\boxed{直径}$ に対する割合

(2) 　　　　　　　　　正6角形の周の長さ ＝ $\boxed{6}$
　　　　　　　　　　正方形の周の長さ ＝ $\boxed{8}$

なので①より、

$$\boxed{6} < 円周 < \boxed{8}$$

両辺を直径で割ると

$$\frac{\boxed{6}}{直径} < \frac{円周}{直径} < \frac{\boxed{8}}{直径}$$

直径＝2なので、

$$\frac{\boxed{6}}{2} < 円周率 < \frac{\boxed{8}}{2}$$

よって、

$$3 < 円周率 < 4$$

【練習1-7】
(1) $\boxed{C}$　　(2) $\boxed{D}$　　(3) $\boxed{A}$　　(4) $\boxed{B}$

《第2章》

【練習2-1】

(1) $\sqrt{10000} = \sqrt{\boxed{100}^2} = \boxed{100}$

(2) $\sqrt{441} = \sqrt{9 \times 49} = \sqrt{\boxed{3}^2 \times \boxed{7}^2} = \boxed{21}$

(3) $\sqrt{\dfrac{81}{196}} = \sqrt{\dfrac{\boxed{9}^2}{\boxed{14}^2}} = \dfrac{9}{14}$

(4) $\sqrt{4.84} = \sqrt{\dfrac{484}{100}} = \sqrt{\dfrac{4 \times \boxed{121}}{\boxed{10}^2}} = \sqrt{\dfrac{\boxed{2}^2 \times \boxed{11}^2}{\boxed{10}^2}} = \dfrac{\boxed{22}}{\boxed{10}} = \boxed{2.2}$

【練習2-2】

$\sqrt{\boxed{4}} < \sqrt{5} < \sqrt{\boxed{9}} \Rightarrow \boxed{2} < \sqrt{5} < \boxed{3}$

$\sqrt{\boxed{4}} < \sqrt{6} < \sqrt{\boxed{9}} \Rightarrow \boxed{2} < \sqrt{6} < \boxed{3}$

$\boxed{C} \cdots \sqrt{5}$

$\boxed{D} \cdots \sqrt{6}$

$\sqrt{\boxed{9}} < \sqrt{10} < \sqrt{\boxed{16}} \Rightarrow \boxed{3} < \sqrt{10} < \boxed{4} \Rightarrow \dfrac{\boxed{3}}{2} < \dfrac{\sqrt{10}}{2} < \dfrac{\boxed{4}}{2} \Rightarrow \boxed{1.5} < \dfrac{\sqrt{10}}{2} < \boxed{2}$

$\boxed{B} \cdots \dfrac{\sqrt{10}}{2}$

$\dfrac{\sqrt{20}}{4} = \dfrac{\sqrt{4 \times \boxed{5}}}{4} = \dfrac{\sqrt{\boxed{2}^2 \times \boxed{5}}}{4} = \dfrac{\boxed{2\sqrt{5}}}{4} = \dfrac{\sqrt{5}}{2}$

$\boxed{2} < \sqrt{5} < \boxed{3} \Rightarrow \dfrac{\boxed{2}}{2} < \dfrac{\sqrt{5}}{2} < \dfrac{\boxed{3}}{2} \Rightarrow \boxed{1} < \dfrac{\sqrt{5}}{2} < \boxed{1.5} \Rightarrow \boxed{1} < \dfrac{\sqrt{20}}{4} < \boxed{1.5}$

$\boxed{A} \cdots \dfrac{\sqrt{20}}{4}$

【練習2-3】

$$x^2 = \boxed{288}$$

$$x = \sqrt{288} = \sqrt{\boxed{144} \times 2} = \sqrt{\boxed{12}^2 \times 2} = \boxed{12}\sqrt{2} = \boxed{12} \times 1.41 = 16.92$$

$$x \fallingdotseq \boxed{16.9} \quad [\text{m}]$$

【練習2-4】

(1) $\dfrac{1}{5} \times \left(\dfrac{3}{7} - 3\right) + \dfrac{3}{5} = \dfrac{1}{5} \times \boxed{\dfrac{3}{7}} - \dfrac{1}{5} \times \boxed{3} + \dfrac{3}{5} = \dfrac{3}{35} - \dfrac{3}{5} + \dfrac{3}{5} = \boxed{\dfrac{3}{35}}$

(2) $(-4) \times 73 + (-4) \times 27 = (-4) \times (\boxed{73} + \boxed{27}) = (-4) \times \boxed{100} = \boxed{-400}$

(3) $555 \times (-33) - 41 \times (-33) - 14 \times (-33) = (\boxed{555} - \boxed{41} - \boxed{14}) \times (-33)$
$= \boxed{500} \times (-33) = \boxed{-16500}$

(4) $(-36) \times \left(\dfrac{7}{12} - \dfrac{5}{18}\right) = \boxed{(-36)} \times \dfrac{7}{12} - \boxed{(-36)} \times \dfrac{5}{18}$

$= \boxed{(-21)} - \boxed{(-10)} = \boxed{-11}$

【練習2-5】

$$S = 5 \times 5 \times 3.14 \times \dfrac{120}{360} - 4 \times 4 \times 3.14 \times \dfrac{120}{360}$$

$$= 5^2 \times 3.14 \times \dfrac{1}{3} - 4^2 \times 3.14 \times \dfrac{1}{3}$$

$$= (\boxed{5^2} - \boxed{4^2}) \times 3.14 \times \dfrac{1}{3}$$

$$= \boxed{9} \times 3.14 \times \dfrac{1}{3}$$

$= \boxed{3} \times 3.14$

$= \boxed{9.42 \, [\text{cm}^2]}$

【練習2-6】

(1) $2x(3a^2 - 2ax + x^2) = 2x \cdot \boxed{3a^2} - 2x \cdot \boxed{2ax} + 2x \cdot \boxed{x^2}$
$= \boxed{2}x^3 - \boxed{4a}x^2 + \boxed{6a^2}x$

(2) $(x+1)^2(x-2a) = (\boxed{x^2 + 2x + 1})(x - 2a)$
$= \boxed{x^2} \cdot (x-2a) + \boxed{2x} \cdot (x-2a) + \boxed{1} \cdot (x-2a)$
$= \boxed{x^2} \cdot x - \boxed{x^2} \cdot 2a + \boxed{2x} \cdot x - \boxed{2x} \cdot 2a + \boxed{1} \cdot x - \boxed{1} \cdot 2a$
$= x^3 - 2\boxed{(a-1)}x^2 - \boxed{(4a-1)}x - \boxed{2a}$

(3) $(x-a-1)(x+a+1) = \{x - \boxed{(a+1)}\}\{x + \boxed{(a+1)}\}$
$= (x - A)(x + A)$
$= x^2 - A^2$
$= x^2 - \boxed{(a+1)}^2$
$= x^2 - (\boxed{a^2 + 2a + 1})$
$= \boxed{x^2 - a^2 - 2a - 1}$

(4) $(x-1)(x-3)(x+1)(x+3) = (x-1)(\boxed{x+1})(x-3)(\boxed{x+3})$
$= (x^2 - \boxed{1}^2)(x^2 - \boxed{3}^2)$
$= (x^2 - \boxed{1})(x^2 - \boxed{9})$
$= (X - \boxed{1})(X - \boxed{9})$
$= X^2 + \{\boxed{(-1) + (-9)}\}X + \boxed{(-1) \cdot (-9)}$
$= X^2 - \boxed{10}X + \boxed{9}$
$= \boxed{x^4 - 10x^2 + 9}$

《第3章》

【練習3-1】

(1) y は x の関数ではない

(2) y は x の関数である

(3) y は x の関数ではない

(4) y は x の関数である

【練習3-2】

傾き $= \boxed{\dfrac{2}{3}}$

$y = \boxed{\dfrac{2}{3}}(x - \boxed{1}) + \boxed{1} = \boxed{\dfrac{2}{3}x + \dfrac{1}{3}}$

【練習3-3】

　x の値が一番大きいとき y の値は一番 小さく 、x の値が一番小さいとき y の値は一番 大きく なるはずです。

$$\begin{cases} \boxed{6} = a \times \boxed{(-2)} + 4 \\ \boxed{b} = a \times \boxed{4} + 4 \end{cases}$$

$a = \boxed{-1}$

$b = \boxed{0}$

【練習3-4】

$$y = -x^2 + 4x + 1$$
$$= -(x^2 - 4x) + 1$$
$$= -\{(x - \boxed{2})^2 - \boxed{4}\} + 1$$
$$= \boxed{-(x-2)^2 + 5}$$

頂点は $\boxed{(2, 5)}$。また y 切片は $\boxed{1}$。グラフは $\boxed{上向き}$ 凸。

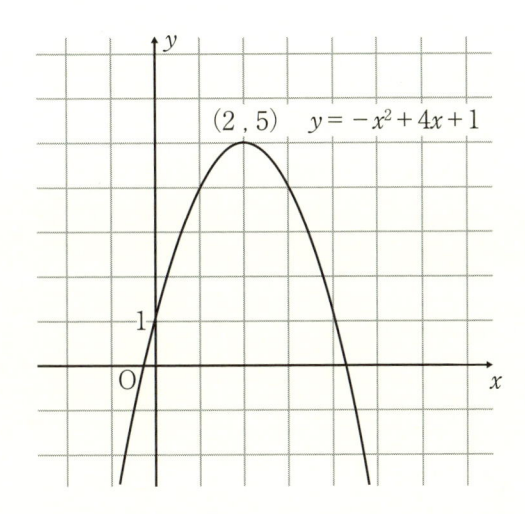

【練習3-5】

x と y それぞれについて $\boxed{平方完成}$ します。

$$z = x^2 - 2x + y^2 + 6y + 10$$
$$= \{(x - \boxed{1})^2 - \boxed{1}\} + \{(y + \boxed{3})^2 - \boxed{9}\} + 10$$
$$= \boxed{(x-1)}^2 + \boxed{(y+3)}^2$$

ここで、

$$z_1 = \boxed{(x-1)}^2$$

$$z_2 = \boxed{(y+3)}^2$$

（中略）

$x = \boxed{1}$ のとき z_1 の最小値 $= \boxed{0}$ $\Rightarrow$ $z_1 \geqq 0$

$y = \boxed{-3}$ のとき z_2 の最小値 $= \boxed{0}$ $\Rightarrow$ $z_2 \geqq 0$

よって、

$$z = z_1 + z_2 \geqq 0$$

等号が成立するのは、

$$x = \boxed{1},\ y = \boxed{-3}$$

のとき。

【練習3-6】

$$x^2 + (2k-1)x - 2k = 0$$

$\Rightarrow$ $(x + \boxed{2k})(x - \boxed{1}) = 0$

$\Rightarrow$ $x = \boxed{-2k}$ または $x = \boxed{1}$

$k > 0$ より、

$$-2k \boxed{<} 1$$

よって、

$$\boxed{1} - \boxed{(-2k)} = 3$$

$\Rightarrow$ $k = \boxed{1}$

【練習3-7】

(1)

$x^2 - 10x + 25 = 0$

$\Rightarrow \boxed{(x-5)}^2 = 0$

$\Rightarrow x = \boxed{5}$

グラフより

$\boxed{x = 5 \text{以外のすべての実数}}$

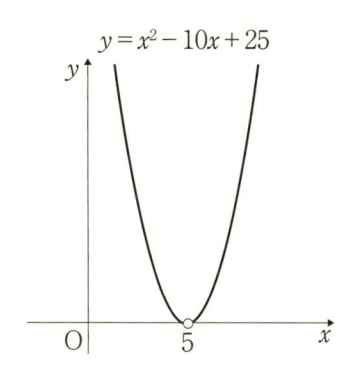

(2)

$x^2 = 3$

$\Rightarrow x^2 - 3 = 0$

$\Rightarrow (x + \boxed{\sqrt{3}})(x - \boxed{\sqrt{3}}) = 0$

$\Rightarrow x = \boxed{-\sqrt{3}}$ または $x = \boxed{\sqrt{3}}$

グラフより

$\boxed{-\sqrt{3} \leqq x \leqq \sqrt{3}}$

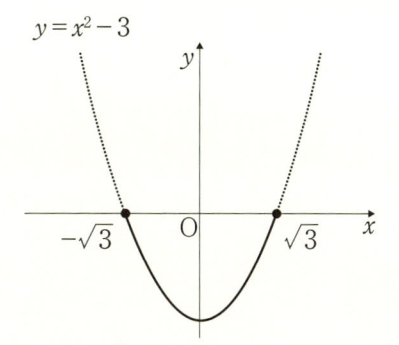

(3)

$-2x^2 - 3x + 1 \geqq 0 \Rightarrow 2x^2 + 3x - 1 \boxed{\leqq} 0$

$\Rightarrow x = \boxed{\dfrac{-3 \pm \sqrt{17}}{4}}$

グラフより

$\boxed{\dfrac{-3 - \sqrt{17}}{4} \leqq x \leqq \dfrac{-3 + \sqrt{17}}{4}}$

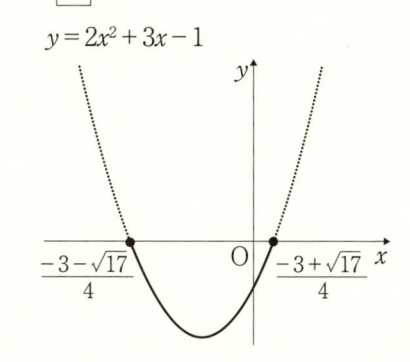

【練習3-8】

x^2 の係数は正なのでグラフは 下向き 凸の放物線。
判別式が 負 であればよい。

$D = \boxed{(m+1)^2 - 4(m+1)} = m^2 - 2m - 3 \boxed{<} 0$

$m^2 - 2m - 3 = 0$

$\Rightarrow \ (m + \boxed{1})(m - \boxed{3}) = 0$

$\Rightarrow \ m = \boxed{-1} \ \ \text{または} \ \ m = \boxed{3}$

グラフより求める m の範囲は、
$\boxed{-1 < m < 3}$

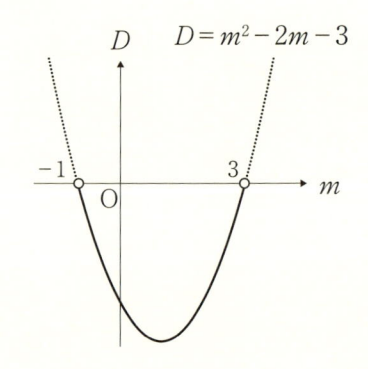

《第4章》

【練習4-1】
(1) 隣り合う2人を次のように1つにまとめます。

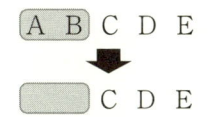

$\boxed{AB}$ C D E
↓
$\boxed{}$ C D E

ここで $\boxed{}$、C、D、Eの4つを1列に並べる並べ方は、

$$_4P_4 = \boxed{4!} = 4 \times 3 \times 2 \times 1 = \boxed{24} \quad [通り]$$

さらに、$\boxed{}$ の中のA, Bの並び方は、

$$_2P_2 = \boxed{2!} = 2 \times 1 = \boxed{2} \quad [通り]$$

よって、求める場合の数は、

$$\boxed{24} \times \boxed{2} = \boxed{48} \quad [通り]$$

(2) A, B, C, D, Eの並べ方は全部で、

$$_5P_5 = \boxed{5!} = 5 \times 4 \times 3 \times 2 \times 1 = \boxed{120} \quad [通り]$$

求める場合の数はこのうちの(1)以外ですから、

$$\boxed{120} - \boxed{48} = \boxed{72} \quad [通り]$$

【練習4-2】

例えば、1〜9の9つの数字から (1, 7, 8) の3つの数字を選んだとすると、選んだ数字を大きい順に並べて「871」という数字を作れば、

$$百の位 > 十の位 > 一の位$$

となる整数ができ上がります。

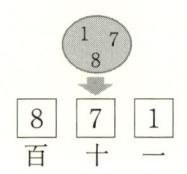

このように9つの数字から3つの数字を選んで大きい順に並べれば題意を満たす整数が必ず1つ作れます。よって求める場合の数は、

$$_9C_3 \times 1 = \frac{_9P_3}{3!} \times 1 = \frac{9 \times 8 \times 7}{3 \times 2 \times 1} \times 1 = 84 \quad [通り]$$

【練習4-3】

$$(x^3 - 2)^5 = \{x^3 + (-2)\}^5$$

と考えると、二項定理より一般項は、

$$_5C_k(x^3)^{5-k}(-2)^k = {_5C_k}(-2)^k x^{15-3k}$$

x^6 の項は、

$$x^{15-3k} = x^6$$

のとき、すなわち、

$$15 - 3k = 6 \quad \Rightarrow \quad k = 3$$

よって x^6 の係数は、

$$_5C_k(-2)^k = {_5C_3}(-2)^3 = {_5C_2} \cdot (-8) = -80$$

【練習4-4】

「最短経路」なので、SからGに進む場合に取れる経路は→か↑に限られます。

```
         D  1   G
      B ─1/2─→ ┐
      │   1/2  │
     1/2      │1
      │   C   │
      ├──────→┤
     1/2     │1
      │      │
      ├──────→┤
     1/2     │1
      │      │
      S ─1/2→ A ─1/2→ P
```

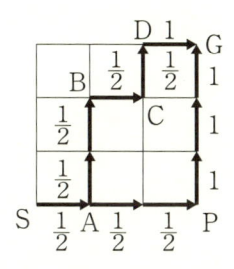

これを考慮すると例えばS→A→B→C→D→Gと進む経路では道を選ぶ機会が5回あるので（Dでは選べない）この経路になる確率は、

$$\frac{1}{2} \times \frac{1}{2} \times \frac{1}{2} \times \frac{1}{2} \times \frac{1}{2} \times 1 = \frac{1}{32}$$

一方、S→P→Gと進む経路では道を選ぶ機会が3回あるので（P以降は選べない）、この経路を選ぶ確率は、

$$\frac{1}{2} \times \frac{1}{2} \times \frac{1}{2} \times 1 \times 1 \times 1 = \frac{1}{8}$$

すなわち、S→A→B→C→D→Gと進む経路とS→P→Gと進む経路は同様に　確からしくありません　。

よって、正しいのは　Bさん　です。

【練習 4-5】

反復試行ですね。

Aが1回勝つ ⇒ Aが1勝2敗。

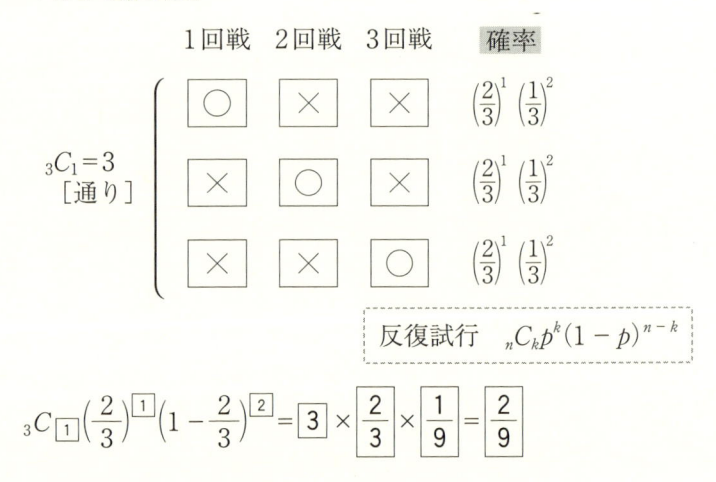

	1回戦	2回戦	3回戦	確率
$_3C_1 = 3$ [通り]	○	×	×	$\left(\dfrac{2}{3}\right)^1 \left(\dfrac{1}{3}\right)^2$
	×	○	×	$\left(\dfrac{2}{3}\right)^1 \left(\dfrac{1}{3}\right)^2$
	×	×	○	$\left(\dfrac{2}{3}\right)^1 \left(\dfrac{1}{3}\right)^2$

> 反復試行　$_nC_k p^k (1-p)^{n-k}$

$$_3C_{\boxed{1}}\left(\frac{2}{3}\right)^{\boxed{1}}\left(1-\frac{2}{3}\right)^{\boxed{2}} = \boxed{3} \times \boxed{\frac{2}{3}} \times \boxed{\frac{1}{9}} = \boxed{\frac{2}{9}}$$

【練習 4-6】

Σ の分配法則を使うと、

$$\sum_{k=1}^{n}(4 \cdot 3^{k-1} + 2k + 5) = \boxed{4\sum_{k=1}^{n} 3^{k-1} + 2\sum_{k=1}^{n} k + \sum_{k=1}^{n} 5}$$

ここで、

$$\sum_{k=1}^{n} 3^{k-1} = 3^0 + 3^1 + 3^2 + \cdots + 3^{n-1}$$

$$= \boxed{\frac{3^0(1-3^n)}{1-3}} = \frac{3^n - 1}{2}$$

> 等比数列の和
> $S_n = \dfrac{a_1(1-r^n)}{1-r}$

> $3^0 = 1$

$$\sum_{k=1}^{n} k = \boxed{\frac{n(n+1)}{2}}$$

$$\sum_{k=1}^{n} 5 = \boxed{5n} \qquad \left[\; \sum_{k=1}^{n} c = nc \;\right]$$

なので、それぞれを代入すると、

$$\sum_{k=1}^{n}(4 \cdot 3^{k-1} + 2k + 5) = 4\sum_{k=1}^{n} 3^{k-1} + 2\sum_{k=1}^{n} k + \sum_{k=1}^{n} 5$$

$$= 4 \cdot \boxed{\frac{3^n - 1}{2}} + 2 \cdot \boxed{\frac{n(n+1)}{2}} + \boxed{5n}$$

$$= 2 \cdot 3^n - 2 + \boxed{n^2 + n + 5n}$$

$$= \boxed{2 \cdot 3^n + n^2 + 6n - 2}$$

【練習4-7】

$$(l+1)^3 - l^3 = 3l^2 + 3l + 1$$

の l に $l = 1, 2, 3, \cdots, n$ を代入して足しあわせます。

$$\begin{aligned}
\cancel{2^3} - \boxed{\cancel{1^3}} &= 3 \cdot 1^2 + 3 \cdot 1 + 1 & (l = 1) \\
\cancel{3^3} - \cancel{2^3} &= 3 \cdot 2^2 + 3 \cdot 2 + 1 & (l = 2) \\
\cancel{4^3} - \cancel{3^3} &= 3 \cdot 3^2 + 3 \cdot 3 + 1 & (l = 3) \\
&\;\;\vdots & \\
+)\quad (n+1)^3 - \cancel{n^3} &= 3 \cdot n^2 + 3 \cdot n + 1 & (l = n) \\
\hline
(n+1)^3 - 1^3 &= 3 \cdot (1^2 + 2^2 + 3^2 + \cdots + n^2) + 3 \cdot (1 + 2 + 3 + \cdots n) + 1 \times n
\end{aligned}$$

$$(n+1)^3 - 1 = 3\sum_{k=1}^{n} k^2 + 3\boxed{\sum_{k=1}^{n} k} + n$$

$$n^3 + 3n^2 + 3n + 1 - 1 = 3\sum_{k=1}^{n} k^2 + 3 \cdot \boxed{\frac{n(n+1)}{2}} + n$$

$$\therefore \ 3\sum_{k=1}^{n} k^2 = n^3 + 3n^2 + 3n - 3 \cdot \boxed{\frac{n(n+1)}{2}} - n$$

$$= \frac{2n^3 + 6n^2 + 6n - 3n^2 - 3n - 2n}{2}$$

$$= \frac{2n^3 + 3n^2 + n}{2}$$

$$= \frac{n(2n^2 + 3n + 1)}{2}$$

$$= \frac{n\{(2n^2 + 2n) + (n+1)\}}{2}$$

$$= \frac{n\{(n+1) \cdot 2n + (n+1) \cdot 1\}}{2} = \boxed{\frac{n(n+1)(2n+1)}{2}}$$

両辺を3で割って、

$$\sum_{k=1}^{n} k^2 = \boxed{\frac{n(n+1)(2n+1)}{6}}$$

(終)

《第5章》

【練習5-1】

$y=f(x)$ 上にAとは違う$B(b, f(b))$をとると、

$$\frac{f(b)-f(a)}{b-a}$$

は、次の図中に示される点線ABの 傾き を表しています。ここでbを限りなくaに近づけると（点Bも限りなく点Aに近づくことになるので）、点線ABが 点Aにおける接線 に限りなく近づくことは明らかです。

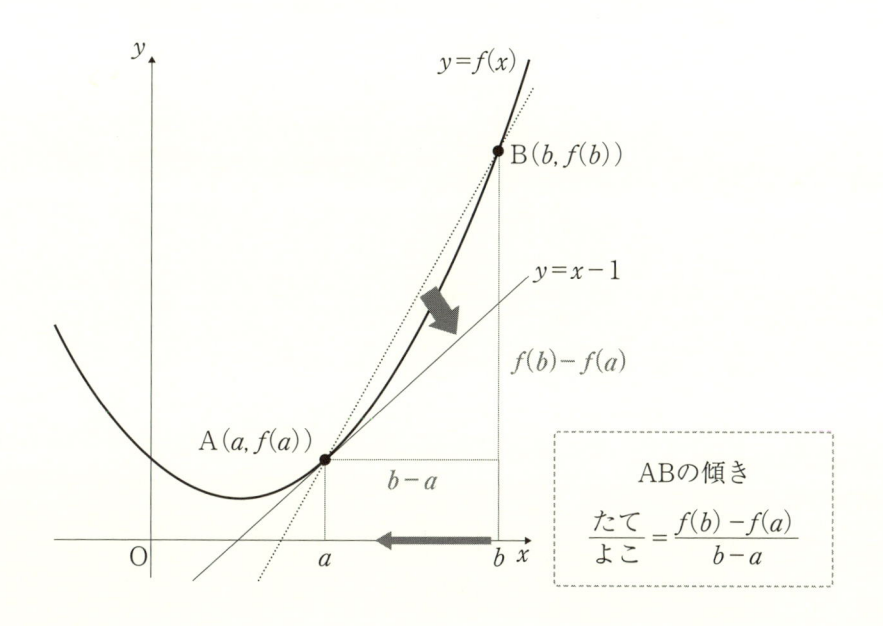

よって、

$$\lim_{b \to a} \frac{f(b)-f(a)}{b-a}$$

は 点Aにおける接線 の 傾き を表しています。以上より、

$$\lim_{b \to a} \frac{f(b) - f(a)}{b - a} = 1$$

> $y = x - 1$ の傾きは1

【練習 5-2】

ネイピア数 e の定義より、

$$\lim_{n \to \infty} \left(1 + \frac{1}{n}\right)^n = e$$

ここで、

$$h = \frac{1}{n}$$

とすると、

$$n \to \infty \Leftrightarrow h \to \boxed{0}$$

なので、

$$\lim_{h \to 0} \boxed{(1+h)^{\frac{1}{h}}} = e$$

となります。よって十分小さい h に対しては、

$$\boxed{(1+h)^{\frac{1}{h}}} \fallingdotseq e$$

これを代入すると

> $(a^{\frac{1}{h}})^h = a^{\frac{1}{h} \times h} = a^1 = a$

$$\frac{e^h - 1}{h} \fallingdotseq \frac{\left\{\boxed{(1+h)^{\frac{1}{h}}}\right\}^h - 1}{h} = \frac{\boxed{1+h} - 1}{h} = 1$$

（終）

【練習5-3】

$$\int_0^1 \sqrt{1-x^2}\,dx$$

は下図のグレーの部分の面積を表します。

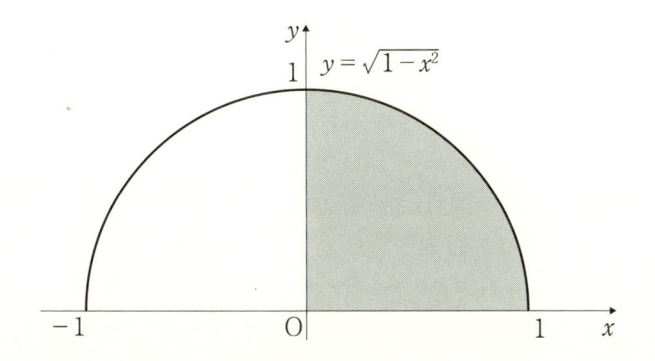

これは半径が1の円の面積の $\boxed{\dfrac{1}{4}}$ ですね。
よって、

$$\int_0^1 \sqrt{1-x^2}\,dx = \boxed{1^2 \cdot \pi} \times \boxed{\dfrac{1}{4}} = \boxed{\dfrac{\pi}{4}}$$

半径rの円の面積
$r^2\pi$

おわりに

　まずは、これだけの分量の本書を見事に読了されたことに、敬意と感謝を表したいと思います。

　さて、今はどのようなお気持ちですか？　本書を通して中学〜高校時代には苦手だった数学、あるいはすっかり忘れてしまっていた数学の内容が、あなたの眼前に（あるいは頭の中に）以前よりもずっと鮮やかな姿で蘇ってくれていることを筆者としては心から願っています。

　「はじめに」にも書きました通り、この本は統計を自学自習できるようになるための本です。この本で紹介してきた数学が手に入った読者ならば、この先の推測統計の勉強を続けるのはそう難しいことではないでしょう。昨今は良い本もたくさん出ています。ぜひ勇気をもってチャレンジしてみてください!!
　……と放り出すのは少々不親切な気もするので、私のお薦めの参考書籍を最後にまとめておきます。ちなみに私も本書の執筆にあたってはこれらの本を大いに参考にさせていただきました。

　『大人のための数学勉強法』、『大人のための中学数学勉強法』でご一緒したダイヤモンド社の横田大樹さんから、
　「統計に使う数学を解説する本を書いてもらえませんか？」
とご依頼をいただいたとき、そういう本があれば多くの社会人が独学で統計を学ぶことができるようになるだろうと確信しました。世のためになると思える本が書けることは著者にとって最大の喜びです。改めて感謝申し上げます。
　ただ、私自身も統計は独学なので、統計の本を世に出すには専門家の監修が必要でした。実際、専修大学の岡田謙介先生には非常に有益なアドバイスを数々いただき、目から鱗を落としまくりました。厚く御礼申し上げます。

おわりに

　また、きたみりゅうじさんのイラストは、この大書を前に心折れそうになる（？）読者を時に優しく、時に力強く励ましてくれたことでしょう。そして何より数学と統計のわかりづらいところを随分とやさしくしてもらうことができました。きたみさんの絵なくして本書はあり得ません。ありがとうございました。

　そして何より、私がこうして本を書く機会を頂戴できるのは、読んでくださる読者の皆さまのおかげです。いつも本当にありがとうございます。

　またどこかでお会いしましょう。

　2015年初夏

永野裕之

参考（推薦）書籍

初級編：本書が難しかった方向け
中級編：本書がちょうどよかった方向け
上級編：本書が物足りなかった方向け

《初級編》

(1) 完全独習 統計学入門

（小島寛之著　ダイヤモンド社）

中学レベルの数式だけで、分散って何？　という初歩の初歩からカイ二乗分布やt分布を使った推測統計の基礎までの概念をざっと理解させてくれる良書。

(2) 佐々木隆宏の 数学I「データの分析」が面白いほどわかる本

（佐々木隆宏著　KADOKAWA/中経出版）

数学Iの必須単元に「データの分析」という統計の単元が加わったことを受けて書かれた高校生向けの参考書。扱っている内容は相関係数まで（本書でいえば第3章まで）ですが、この著者の単元別の参考書はわかりやすいことに定評があります。

(3) 大人のための中学数学勉強法

（永野裕之著　ダイヤモンド社）

本書の内容と重複するところもありますが、こちらでは中学数学の全単元を網羅してあります。各単元の内容についてはもちろん、それらを学ぶ意味や意義についても理解してもらうことを目標に書きました。

《中級編》

(4) 総合的研究 数学I+A（高校総合的研究）
(5) 総合的研究 数学II+B（高校総合的研究）

（長岡亮介著　旺文社）

　私が高校生のとき長岡先生は駿台予備校の超人気講師で、受験数学界のカリスマ的存在でした。しかもその授業は「受験のテクニック」とはかけ離れたまさに本質的なものであり、高校生だった私は「追っかけ」になる程長岡先生の授業に心酔しておりました。(4)は750頁、(5)は1000頁を超えるボリュームを誇る大冊ですが、高校数学までの内容で疑問に思うことについてはすべて答えが書いてあるといっても過言ではありません。端から読むというより辞書的に活用することをお勧めします。

(6) まずはこの一冊から 意味がわかる統計学

（石井俊全著　ベレ出版）

　「とにかくわかりやすいように」という筆者の意気込みが感じられる一冊。他書にはないような独特な説明が特徴で、数式よりも図や言葉での説明が多く、読者にはハードルが低く感じられると思います。

(7) イラスト・図解 確率・統計のしくみがわかる本

（長谷川勝也著　技術評論社）

　書名の通り図が多いのと、確率の説明に多くの紙面を割いているのが特徴です。統計もさることながらまずは確率をしっかりおさえたい人にお勧め。

《上級編》

(8) すぐわかる確率・統計

（石村園子著　東京図書）

大学課程の数学の参考書としてわかりやすさに定評のあるシリーズです。演習が豊富でなおかつ解答の解説も丁寧です。

(9) プログレッシブ 統計学

（刈屋武昭／勝浦正樹著　東洋経済新報社）

大学の統計の授業で教科書として使われることも多いようです。メインターゲットは社会科学系の学部学生。経営や経済への応用を念頭に置かれていて実例が豊富なのが特徴です。

(10) 確率・統計（理工系の数学入門コース 7）

（薩摩順吉著　岩波書店）

(9) が社会科学系学生向けであるのに対し、こちらは理工系学生向けです。といっても式変形の過程に省略が少なく、また解説も丁寧なので決してとっつきにくい本ではありません。また、

$$\int_{-\infty}^{\infty} \frac{1}{\sqrt{2\pi\sigma^2}} e^{-\frac{(x-\mu)^2}{2\sigma^2}} dx = 1$$

の証明もよく工夫されています。数式をアレルギーなく読める方にはお勧めです。

(11) ふたたびの微分・積分

（永野裕之著　すばる舎）

「ふたたびの」とはなっていますが、初めて微分積分に取り組む文系の方にも読んでもらえるようにできるだけ丁寧に解説したつもりです。とかくテクニックの習得ばかりに目が行きがちな微分積分の計算技法の本質をつかみたいという方は御一読ください。

[著者]
永野裕之（ながの・ひろゆき）

1974年東京生まれ。暁星高等学校を経て東京大学理学部地球惑星物理学科卒。同大学院宇宙科学研究所（現JAXA）中退。高校時代には数学オリンピックに出場したほか、広中平祐氏主催の「数理の翼セミナー」に東京都代表として参加。レストラン（オーベルジュ）経営、ウィーン国立音大（指揮科）への留学を経て、現在は個別指導塾・永野数学塾（大人の数学塾）の塾長を務める。これまでにNHK、日本経済新聞、プレジデントファミリー他、テレビ・ビジネス誌などから多数の取材を受け、週刊東洋経済では「数学に強い塾」として全国3校掲載の1つに選ばれた。NHK（Eテレ）「テストの花道」出演。
著作に『大人のための数学勉強法』『大人のための中学数学勉強法』（以上ダイヤモンド社）、『根っからの文系のためのシンプル数学発想術』（技術評論社）、『問題解決に役立つ数学』『東大教授の父が教えてくれた頭がよくなる勉強法』（以上PHP研究所）、『ふたたびの微分・積分』『ビジネス×数学＝最強』（以上すばる舎）がある。プロの指揮者でもある（元東邦音楽大学講師）。

[監修者]
岡田謙介（おかだ・けんすけ）

1981年北海道に生まれる。2004年東京大学教養学部卒業。2009年東京大学大学院総合文化研究科博士課程修了・博士（学術）。現在、専修大学人間科学部准教授。専攻は心理統計学・ベイズ統計学。著書に『伝えるための心理統計』（共著、勁草書房）、『非対称MDSの理論と応用』（共著、現代数学社）がある。

[イラスト]
きたみりゅうじ

もとはコンピュータプログラマ。本業のかたわらウェブ上で連載していた4コマまんがをきっかけとして書籍のイラストや執筆を手がけることとなり、現在はフリーのライター＆イラストレーターとして活動中。『キタミ式イラストIT塾「ITパスポート」』『キタミ式イラストIT塾「基本情報技術者」』（技術評論社）、『フリーランスを代表して申告と節税について教わってきました。』（日本実業出版社）など著書多数。
URL：http://www.kitajirushi.jp/

この1冊で腑に落ちる
統計学のための数学教室

2015年9月10日　第1刷発行
2016年8月26日　第3刷発行

著　者――永野裕之
監修者――岡田謙介
イラスト――きたみりゅうじ
発行所――ダイヤモンド社
　　　　　〒150-8409　東京都渋谷区神宮前 6-12-17
　　　　　http://www.diamond.co.jp/
　　　　　電話／03・5778・7236（編集）03・5778・7240（販売）
ブックデザイン――萩原弦一郎（デジカル）
校正―――加藤義廣（小柳商店）、鷗来堂
製作進行――ダイヤモンド・グラフィック社
印刷―――勇進印刷（本文）・加藤文明社（カバー）
製本―――ブックアート
編集担当――横田大樹

Ⓒ 2015 Hiroyuki Nagano
ISBN 978-4-478-02824-7
落丁・乱丁本はお手数ですが小社営業局宛にお送りください。送料小社負担にてお取替えいたします。但し、古書店で購入されたものについてはお取替えできません。
無断転載・複製を禁ず
Printed in Japan

◆ダイヤモンド社の本◆

あなたが数学ができなかったのは、「勉強法」が間違っていたからです！

私に言わせれば「国語は得意だったけれど、数学（算数）は苦手だった」というのは矛盾しています。そしてそれは「私は数学の勉強方法を間違えました」とほぼ同意義です。国語ができたのなら、文章を読んだり書いたりすることに自信があるのなら、数学は必ずできるようになります。（本文より）

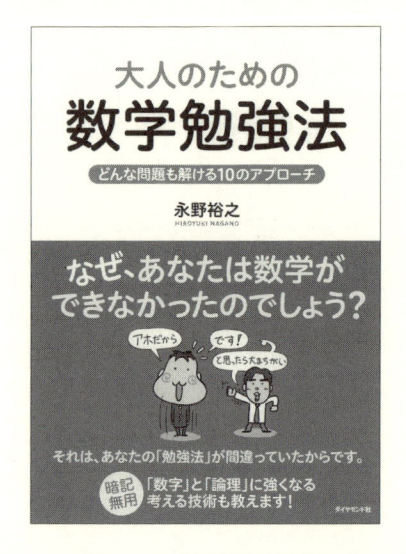

大人のための数学勉強法
どんな問題も解ける10のアプローチ
永野裕之 ［著］

Ａ５判並製　定価（本体1600円＋税）

http://www.diamond.co.jp/